改訂版
入門確率過程

松原　望　編著
山中 卓・小船幹生　著

東京図書株式会社

1.1　世界は事実の総体であって，事物の総体ではない．

1.2　世界は事実に分解される．

　　1.21　そのうちあるものは，その場に起こり，あるいは，起らぬことも
　　　　　ありうる．（ヴィトゲンスタイン）

すべて不可解なものは，それでも依然として存在する．無限の数，有限に
等しい無限の空間．

　　　パスカル『パンセ』第七章　道徳と教義

すべての命題は真か偽であるが，それを知ることはわれわれの面している
状況に依っている（ケインズ）．

反省と計算により精神の錯覚も正される（ラプラス）．

永遠の相のもとに

　　　スピノザ『エティカ』第五部　知性の能力あるいは自由について

Ⓡ〈日本複写権センター委託出版物〉

●本書の全部または一部を無断で複写複製（コピー）することは，著作権法上での例外
　を除き，禁じられています．本書からの複写を希望される場合は，日本複写権センター
　（03-3401-2382)にご連絡ください．

ま え が き

　改訂『入門 確率過程』をお届けいたします．旧版から 22 年，多くの読者にご愛読いただいたのは光栄です．この間大きな進歩がありました．書名は「確率過程」ですが，内容は確率論とその基礎が中心で，「現代確率論」の書です．「確率過程」としては，工学，数理科学，統計学，情報，経済学，経営学，金融数学でも欠かせないランダム・ウォーク，ブラウン運動，伊藤の公式，確率微分方程式など，旧版で扱っていた課題をわかりやすく書き改めました．ここは全分野の現代知識（Global Standard）となってきています．お二人の専門家も執筆にお迎えし，現実の課題の丁寧な解説をいただきました．

　重要な公式は枠で囲んで公式集としても使えます．確率論によくある式の羅列はやめ，分かりやすい説明や証明，基本原理を強化しました．計算例（ほとんどが Excel の計算）は各要所で強調し基本スピリットを養います．演習は 5 題にしぼり，理解していればオートマチックに解けますが，容易だけに解けないとむしろ「手強い」かも知れません．**5 題中 3 題を合格ライン**とします．索引は，和書の最も弱い所ですが，学習者向けに**項目別分類**し，復習に予習に知識の確認に小事典として役立ちます．

　第 1 章～第 5 章が大学 1，2 年（第 1 から 3 章までは将来高等学校必須，あるいは大学文系），第 6，7，8 章は大学 3，4 年から修士，第 9 章は修士以上で，第 10，11 章は金融経済学，計量経済学の基礎レベルです．社会人の読者あるいは高等学校数学・情報の先生方にはまず第 6 章までをお勧めします．計算は特別のソフトは不要で，Excel コマンドで十分可能です．

　日本の確率論リテラシーは 2，3 周遅れで，この 21，22 世紀の不確実性のなかで皆やっていけません．確率論はモノを対象とせず，有限存在の人間でありながら無限の森羅万象の事象が対象ですから全世界，全宇宙の「永遠」に属します．本書は全領域，全レベル（麓より頂まで）対応をモットーとしています．旧版と同様さらに 20 年以上のご愛読をいただければ幸いです．

2024 年初冬　青森県弘前にて　　編著者　識

謝　辞
「勝っているピッチャーを変える必要はない」

　本書の初めの版は 2003 年だが，それから 20 年分野の発展には目覚ましいものがある．そこを読者にとって親切に（かつ簡潔に）解説しておいたので誠に多くの意欲的な読者を得た．まずは著者の感謝はその方々に対してである．さらに，分野の発展の速さは予想を超え，私は書店に早期に改訂版をお願いしたのだが，「勝っているピッチャーを変える必要はない」ということで，ようやく実現したのが今回の改訂版である．したがって，本書は多くの読者のご理解と支持にささえられている．

　私の専門は統計学理論（ベイズ統計学）と確率論で，前者がやや上回るくらいだが，後者は私の関心の中で終始持続している．確率論はとかく近づきがたく敬遠される．ディレッタント学生を育ててくれた東大教養学部基礎科学科数学コースの方々（古屋茂，木村俊房両教授，宮本宗美，辻岡邦夫，野崎昭弘助手）に感謝し，また統計数理研究所第一研究部長松下嘉米男，第一（鈴木雪夫），第三（藤本熙）研究室長，早川毅主任研究員の先生方には心より謝意のことばを送りたい．研究は統計をやれと言われたが確率も大目に見てくれた．

　もちろん，今日も依然私の学問の背骨となっているスタンフォード大学博士課程留学の学識もそのおかげ以外ではありえず，心に残るのは今も厚きappreciation の思いである．（思い出すのは「マルチンゲール収束定理」の証明概要を述べよという口頭試問だった）

　加えて，今次は山中卓青山学院大准教授，京都大学理学部物理学科小船幹生研究員，研究アドバイザー国料誠氏，信頼を置く森本栄一氏（同志社大学），資格専門職岡田啓二氏の貢献がなければ本書は不可能だったことはとどめておきたい．

編集者の理解とサポートは昼夜，休日も分かたず，本当にありがたかった．「どこか分野の本とは違いますね」との感想には張り合いを感じ，「そう感じましたか．ありがたい」と答えたのは実感である．

　最後に，家族には，長い人生の旅路では毎度ながら，執筆の乱雑騒ぎの理解と寛容を感謝したい．長男は

　　　　知足（足るを知る，菜根譚後 21）

と私が行き過ぎにならないよう諫めてくれた．妻は，高齢に入っている私に共感し，昔 Yale 大学留学の折ライト兄弟の初飛行の地キティー・ホーク（アメリカ北カロライナ州）を皆で訪問したことを思い出させてくれた．「少年の父は」

　　　空を飛んだ兄弟の夢に近づけとばかり　少年を高く　抱き上げた

（『キティーホークの丘』）

と妻の自費出版にあるが，確かに何となく今の私の気分にも通じている．万事，学者の家族は大変である．心より感謝したい．

　これこそ最後だが，本書最後の校正作業中，携帯に通信があり大切な友人にあとでゆっくりと思い応答しなかった．今となっては返す返すも残念だが，その日夕畏友猪口孝氏は祝融の災いに見舞われ時ならぬ最期を遂げられた．まだ共に多くのやるべきことがあると何を語りたかったか，心中を思い何とも言い難い悲しみに思いは沈む．ここに生前の感謝を表すとともに心より氏の冥福を祷りたい．　　　　　　　　　2024 年末　松原　望

目　　　次

はじめに ……………………………………………………………………………… iii

第1章　確率の基本　　　1

§1.1　確率の意味 ………………………………………………………… 1
§1.2　確率の定義 ………………………………………………………… 4
§1.3　事象と確率 ………………………………………………………… 8
　　　ワンポイント練習1 …………………………………………… 11

第2章　確率変数と確率分布　　　12

§2.1　確率変数 …………………………………………………………… 12
§2.2　確率分布を表す ………………………………………………… 13
§2.3　期待値の考え方 ………………………………………………… 17
§2.4　分散の考え方と役割 …………………………………………… 24
§2.5　さまざまな確率分布の形：モーメント …………………… 28
§2.6　以下の確率と累積分布関数 …………………………………… 31
§2.7　条件付期待値と条件付分散 …………………………………… 33
　　　ワンポイント練習2 …………………………………………… 34

第3章　いろいろな確率分布　　　35

§3.1　4種の重要分布 …………………………………………………… 35
§3.2　二項分布 …………………………………………………………… 36
§3.3　ポアソン分布 ……………………………………………………… 40
§3.4　指数分布 …………………………………………………………… 42
§3.5　正規分布 …………………………………………………………… 45

vi

§3.6　中心極限定理の始まり ……………………………………………… 49

§3.7　モーメント母関数の効用 ……………………………………………… 50

§3.8　応用上有用な確率分布 ………………………………………………… 53

　　　ワンポイント練習3 ………………………………………………………… 57

第4章　多次元確率変数　58

§4.1　確率変数の集まり：確率過程 ………………………………………… 58

§4.2　同時確率分布 …………………………………………………………… 60

§4.3　周辺確率分布 …………………………………………………………… 61

§4.4　共分散と相関係数 ……………………………………………………… 61

§4.5　同時確率分布の計算手順 ……………………………………………… 65

§4.6　共分散の必要性 ………………………………………………………… 71

　　　ワンポイント練習4 ………………………………………………………… 75

第5章　独立確率変数とその応用　76

§5.1　独立な確率変数 ………………………………………………………… 76

§5.2　和の確率分布：コンボリューション ………………………………… 80

§5.3　2次元正規分布を作成する …………………………………………… 84

§5.4　無相関と独立 …………………………………………………………… 88

§5.5　多次元正規分布 ………………………………………………………… 89

§5.6　多次元正規分布の条件付分布 ………………………………………… 91

§5.7　条件付期待値の演算テクニック ……………………………………… 92

　　　ワンポイント練習5 ………………………………………………………… 95

第6章　ランダム・ウォーク　96

§6.1　単純ランダム・ウォーク ……………………………………………… 96

§6.2　一般的なランダム・ウォーク ………………………………………… 99

§6.3　マルチンゲールの考え方 ……………………………………………… 103

§6.4　ギャンブラーの破産問題 ……………………………………………… 108

目　次　vii

§6.5 原点復帰の確率 ·· 112

§6.6 「つき」は現実に存在：逆正弦法則 ······················· 115

ワンポイント練習6 ·· 119

第7章 極限定理の基礎 120

§7.1 事象の代数 ·· 120

§7.2 公理による確率の定義 ·· 124

§7.3 集合の無限算法も手際よく ·· 128

§7.4 完全加法族の生成 ·· 131

§7.5 いろいろな収束の種類 ·· 134

§7.6 レビュー：強い収束と弱い収束 ······························· 138

§7.7 大数の法則Ⅰ（弱法則）··· 140

§7.8 大数の法則Ⅱ（強法則）··· 143

§7.9 中心極限定理 ·· 145

ワンポイント練習7 ·· 156

第8章 ブラウン運動とマルチンゲール 157

§8.1 時間の連続化 ·· 157

§8.2 ブラウン運動の定義 ·· 162

§8.3 径路の連続性 ·· 164

§8.4 径路の微分不可能性 ·· 166

§8.5 長さ無限と2次変分有限 ··· 167

§8.6 フィルトレーション ·· 169

§8.7 連続時間マルチンゲール ·· 172

§8.8 停止時間と任意停止定理 ·· 174

§8.9 マルチンゲール収束定理 ·· 176

§8.10 マルチンゲール収束定理の例 ··································· 179

§8.11 ポアソン過程 ·· 181

ワンポイント練習8 ·· 183

第9章 確率積分と伊藤の公式—確率微分方程式— 184

§ 9.1 確率積分と確率微分 ……………………………………………… 184
§ 9.2 積分と微分 ……………………………………………………… 185
§ 9.3 確率積分 ………………………………………………………… 187
§ 9.4 伊藤の確率積分 ………………………………………………… 190
§ 9.5 確率微分の伊藤の公式 ………………………………………… 193
§ 9.6 計算応用と確率微分方程式 …………………………………… 195
§ 9.7 多次元ブラウン運動 …………………………………………… 199
§ 9.8 確率微分方程式の解法 ………………………………………… 200
§ 9.9 オルンスタイン‐ウーレンベック過程（O.U. 過程）………… 205
§ 9.10 同値マルチンゲール測度 ……………………………………… 208
§ 9.11 ギルサノフの定理 ……………………………………………… 211
§ 9.12 裁定の存在条件 ………………………………………………… 214
ワンポイント練習 9 …………………………………………… 219

第10章 ファイナンス数理入門 220

§ 10.1 確率微分方程式のファイナンス応用 ………………………… 220
§ 10.2 オプションとは ………………………………………………… 221
§ 10.3 原資産（株価）の分布 ………………………………………… 224
§ 10.4 ブラック‐ショールズの公式 ………………………………… 227
§ 10.5 ブラック‐ショールズ方程式を出す ………………………… 228
§ 10.6 オプションのリスク指標 ……………………………………… 229
§ 10.7 バシチェックの確率微分方程式 ……………………………… 230
§ 10.8 債券価格とイールドカーブとは ……………………………… 234
ワンポイント練習 10 ………………………………………… 240

第11章 信用リスク評価入門 242

§ 11.1 信用リスク評価とは …………………………………………… 242
§ 11.2 構造型アプローチによる信用リスク評価 …………………… 244

目　　次　ix

§11.3 幾何ブラウン運動を用いる構造型アプローチ ……………… 248

§11.4 デフォルト距離によるリスク評価 ………………………… 250

§11.5 信用リスクのある債券の価格 ……………………………… 251

§11.6 初到達時刻アプローチ ……………………………………… 253

§11.7 誘導型アプローチによる信用リスク評価 ………………… 256

§11.8 関連のトピック …………………………………………… 260

ワンポイント練習 11 ………………………………………… 265

参考文献 ……………………………………………………………… 270

索　引 ………………………………………………………………… 273

◆装幀　今垣知沙子

第1章

確率の基本

§1.1 確率の意味

確率過程は，ランダム変量の時間的変化を取り扱う．英語では**ストカス ティック・プロセス**（stochastic process）というが，「ストカスティック」 とはほぼランダム（random）と同義であり，「プロセス」とは過程，つまり 時間的変化をいう．ランダムである以上,「確率」の重要な出番となる．

サイコロを1回投げただけでは確率過程にならないが，何回も投げ続けて 出た目の列を記録，あるいはその目を次々と加えた和をそのたびに記録する と確率過程となる．サイコロのかわりに，コインの表を +1，裏を −1 と決 めて投げ，同様にして +1，−1 を記録したり，あるいはそれらを次々と加 えた和をそのたびに記録すれば，今度はだいぶ様子の異なった確率過程がで きる．

たとえば，15 回試してみると

列：+1, +1, −1, +1, −1, −1, −1, +1, −1, +1, −1, −1, −1, +1, +1
和の列： 1, 2, 1, 2, 1, 0, −1, 0, −1, 0, −1, −2, −3, −2, −1

のような列が確率過程として得られる．

上段の確率過程はバラバラで規則が見られないが，和をとった下段の確率 過程は何らかの傾向も見えており，上段よりは興味深い．第6章で詳しく述 べるが，下段の和の列を**ランダム・ウォーク**ということがある．これをもと

に，さらに複雑にすることで株価などのシミュレーションもできる．

　一般に数学では，一方向に並んだものを**列**といい，数が並んだ $a_1, a_2, a_3,$ …を**数列**という．いまの場合は，並ぶのは「数」でなくいろいろな値が出る「変量」「変数」（上にあげたのはそのひとつの出方）で，これを X とすると

$$X_1, X_2, X_3, X_4, X_5, \cdots \tag{1.1.1}$$

と書ける．ただし，X には「いろいろな値が出る」というだけでなく，「確率的に出る」という点が重要である．各値をそれぞれの確率でとる変数を**確率変数**というが，ファイナンスのように実データを扱う場合には「確率的変量」と言い換えて考えた方がわかりやすいかもしれない．

　確率過程は確率論の重要な一分野であり，確率論はこの確率変数の考えが基礎となっている．確率変数の厳密な定義は第 2 章で行うこととして，ここでは確率変数の重要事項を簡単に述べよう．

　まず，「確率」の意味にはいろいろある．そもそも，2 次方程式の解の「意味」などといわないが（解の計算自体が目的のすべて），確率は「意味」があること自体が確率論の考え方の際立った特徴と無限の発展の可能性である．最初違和感を覚える読者もいるであろうが，読むうちにその違和感は消失する．哲学的議論も場合により必要だが，大ざっぱにいって，確率の意味は大きく 2 つに分けられる．

（ a ）　客観説（頻度説）

（ b ）　主観説

　客観説は，実験を行い，そのことが起こった回数の％（相対頻度）を小数に直せば，それがそのことの確からしさの確率である，とする．ただし，実験の中では十分多い回数だけ試されねばならない．たとえばコインを 1 000 回投げて，表が 513 回なら 0.513，10 000 回投げて 4 935 回なら 0.493 5，…のように，この数列

$$0.513, \ 0.493 \ 5, \ \cdots$$

が近づく先の極限値が「コインの表が出る確率」である．

　この「相対頻度の極限」説は，もし実験が可能なら，科学的には根拠のあ

2　第 1 章　確率の基本

る考え方であるが，近づく先の極限値は無限回試すことを要求しており，現実には完全実行は望めない．確率を簡単に計算できると思っている人は多いが，意味するところは意外に奥が深く案に相違してそれほど単純ではない．コインの表が出る確率は $\frac{1}{2}$ とされるが，20回投げてちょうど10回表が出る確率は他の回よりは大きいが，存外に小さく0.18でむしろ期待薄である．

一方，主観説は，その人の「確信の度合」を数値化して確率とする「ベイズ統計学」の考えである．表も裏も同等と考える人からは，表が出る確率は $\frac{1}{2}$ と，裏が出る確率も $\frac{1}{2}$ となる．そう考えない人からは，別の値の確率となる．この確率は実験に基づかず個人の認識により異なるので，この点が批判されるが，「明日の株価が上がる確率」という場合には，もともと実験は不可能であるから，この批判には反批判が可能である．

さらに，その人の意思決定はその人の主観で決めてよく，実験データに基づかないとしてもやむを得ない．

もともと古来歴史的にいうなら，厳密な計算よりも，日頃の仕事の中で（たとえば商売や取引の中で）十分に通用していた素朴な可能性の算法が本来で，言い方も「見込み」（odds）といい，計算も数学より算数といってよいものであった．次の問はどうだろう．「確率」は必ずしも必要ではなかった．

課題　成功すれば100万円の利益，失敗すれば130万円の損失になる計画がある．成功の見込みは7対3である．この計画は起業する価値があるか，期待値を計算し将来予測する．

答　100，-130，7，3 から

$$\frac{7 \times 100 + 3 \times (-130)}{7+3} = 31$$

で31万円の期待値になる．プラスだから，リスクを承知で起業してよい．

ここに「確率」という言葉は出現していない．正負および比例配分ならだれでもでき，それで問題は解けている．7対3という大まかな言い方もよくあるものである（ベルヌーイ）．必要ならこれを

§1.1　確率の意味　3

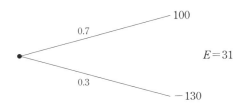

$$\text{確率的期待値} = 0.7 \times 100 + 0.3 \times (-130) = 31 \text{ 万円}$$

のように「確率」を前面に出してあらためて確認するのも自由であり，それが今日の確率論の行き方である．

客観説と主観説は対立するが，必ず起こるという確率は100％（1.0），まったく起こらないという確率は0％（0.0），またAが起こる確率とAが起こらない確率の和は1.0になる，などはいずれでも成立し，それほどに対立するものではない．

§1.2　確率の定義

確率の定義としては，次の定義が必ずといってよいほど用いられる．

> **確率の定義**
> 　実験の基本的結果（集合でいう「要素」「元」に相当する）がN通り，さらにそのできごとAの起こり方がn通りあり，かつ，N通りの結果がすべて平等に確からしいとすると，Aの確率$P(A)$は
> $$P(A) = \frac{n}{N} \quad (1.2.1)$$
> で与えられる．

Pは確率（Probability）の頭文字である．この定義は，フランスの数学者ラプラス（1749-1823）の名をとって**ラプラスの定義**といわれる．『確率の解析理論』Théorie analytique des Probabilités で「第一原理」とされる．ここで「平等に確からしい」という重要な仮定がついているが，明らかとして

チェックは行わないのがふつうである．ただし紛らわしいケースではこの点が誤りの元になる．確率の値の計算が場合の数の勘定でできる点がきわめて有効であり，基本的な確率計算はみなこれによっている．N, n に無限を認め面積，長さを考える「幾何学的確率」もあるが，従来より問題もある．

ポーカー・ゲーム　カードゲーム「ポーカー」の役の強さの順位と確率を求めたのが表 1.2.1 である．ポーカーではランダムにとった 5 枚のカードのそろい方で勝負するが，この 5 枚の出方の場合の数は 52 から 5 をとる**組み合わせの数**（Combination）で

表 1.2.1　ポーカー：5 枚のカード配りで役（手）ができる確率

役	分数表示	小数表示	100 万分比		オッズ
ロイヤルストレートフラッシュ	$\dfrac{4}{2\,598\,960}$	0.000 001 54	100 万分の	1.5	65 万対 1
ストレートフラッシュ	$\dfrac{36}{2\,598\,960}$	0.000 013 85	100 万分の	13.9	7 万対 1
フォーカード	$\dfrac{624}{2\,598\,960}$	0.000 240 10	100 万分の	240.1	4 千対 1
フルハウス	$\dfrac{3\,744}{2\,598\,960}$	0.001 440 58	100 万分の	1 440.6	700 対 1
フラッシュ	$\dfrac{5\,108}{2\,598\,960}$	0.001 965 40	100 万分の	1 965.4	500 対 1
ストレート	$\dfrac{10\,200}{2\,598\,960}$	0.003 924 65	100 万分の	3 924.6	250 対 1
スリーカード	$\dfrac{54\,912}{2\,598\,960}$	0.021 128 45	100 万分の	21 128.5	50 対 1
ツーペア	$\dfrac{123\,552}{2\,598\,960}$	0.047 539 02	100 万分の	47 539.0	20 対 1
ワンペア	$\dfrac{1\,098\,240}{2\,598\,960}$	0.422 569 03	100 万分の	422 569.0	2 対 1
ノーペア	$\dfrac{1\,302\,540}{2\,598\,960}$	0.501 177 39	100 万分の	501 177.4	2 対 1
合計	$\dfrac{2\,598\,960}{2\,598\,960}$	1			

起こりうるすべての場合の数 2 598 960.
ストレートは（A, 2, 3, 4, 5）を入れる場合．これを入れないルールでは，
ストレートが $\dfrac{9\,180}{2\,598\,960}$, ノーペアが $\dfrac{1\,303\,560}{2\,598\,960}$ となる．

$$_{52}C_5 = \frac{52!}{5!\,47!} \qquad (!\text{は階乗記号})$$

$$= 2\,598\,960 \qquad (\text{通り})$$

である．これを分母におき，各役の起こり方の場合の数を分子において確率
を計算した．たしかに，確率は役の強さの順序に一致している．

　ラプラス以前に確率にはじめて関心をもったと知られる数学者には B. パ
スカル（1623-1662），P. フェルマー（1607-1665）がいるが，断片的で，本
格的に確率理論を基礎づけた先駆者は『予測術』Ars Conjectandi のベルヌー
イ（1654-1705）と『偶然の理論』Doctrine of Chance の A. ド・モアブル
（1667-1754）であろう．題名からここにはまだ「確率」は現れず，「予測」
「偶然」として語られていたことがわかる.

　宝くじ　いまひとつの例として，宝くじの各等級の当せん金と本数をあげ
た（表 1.2.2）．p.17 で確率計算を行うと，宝くじが常識からはいかに当た
らないかが納得できる．実際，もともと「宝くじ」は商品名で本来は「富く
じ」である.

　ラプラスの定義では「基本的結果」「できごと」「確率」という重要語句が
用いられるので，ここは数学的に厳密化しておくいいチャンスであろう.

表1.2.2　宝くじの当せん金と本数

等　　級	当せん金	本　　数
1 等	40 000 000 円	7 本
1 等の前後賞	10 000 000 円	14 本
1 等の組違い賞	200 000 円	903 本
2 等	10 000 000 円	5 本
2 等の組違い賞	100 000 円	645 本
3 等	1 000 000 円	130 本
4 等	140 000 円	130 本
5 等	10 000 円	1 300 本
6 等	1 000 円	26 000 本
7 等（末等）	200 円	1 300 000 本
総発行本数		13 000 000 本

6　第1章　確率の基本

（a） **実　験**

　これから確率を求めようとして観察を行う場をいう．サイコロ実験，コイン実験，カード実験など．ただし，理解のためのたとえで，実際にはプロジェクトを実施してみる，投資を試す，などがあるが，最近ではコンピュータ・シミュレーションも実験であろう．

（b） **試　行**

　結果の観察を目的にして，サイコロやコインを投げる，カードを抜くなどの行動，コンピュータで数を（ランダムに）出す操作など．

（c） **可能な結果（根元事象）**

　サイコロでは $\{1, 2, \cdots, 6\}$，コインでは $\{表, 裏\}$ あるいは $\{+1, -1\}$，カードでは 52 枚のカードなど，すべての可能な結果をいう．最も基本的結果で，1 つ 1 つを ω（小文字のオメガ）で表すことが多い．ω を「根元事象」ということがある．

（d） **標本空間**

　すべての可能な結果 ω の集合．$\Omega = \{\omega_1, \omega_2, \cdots, \omega_N\}$ のように表す．ここでは有限集合としているが，一般には無限集合である．

　なお，Ω は大文字のオメガである．

（e） **事象（できごと）**

　Ω の部分集合（$A \subset \Omega$）．どんな部分集合でもよい．サイコロでは $A = \{2, 4, 6\}$（偶数）など．「事象」は確率論用語で，英語では 'event' である．

なお，確率の定義で「平等に確からしい」としたが，このことをどのように確かめるか，その方法はないので，矛盾や逆説（パラドックス）が生じないという保証はなく，ラプラスの定義も完全に十分な定義とはいえない．

また，N が有限であることが仮定されているが，無限であったり限定が困難な場合，たとえば「人間の身長のあらゆる値」は適切に場合が数えられないなど，適用範囲にも限られる点がある．すでに述べたが，考え方を広げて面積や長さの割合から確率を定義することもあるが（幾何学的確率[†]），「面

[†]　松原『意志決定の基礎』第 1 章．

§1.2　確率の定義　7

積」の測り方の難点もある．しかしながら，リスク分析などではよく用いられている．

　現在において，上のような方法で確率を矛盾なく完全に具体的に定義することはできない．そのかわり，あたかも幾何学が公理によって基礎づけられるごとく，「〇〇なる××をもって確率とする」という厳密な定義をする方法がある．コルモゴロフの**公理的定義**がそれであるが，当初からこれが有用とは思われないのでいまは扱わず，ごく常識的基礎事項のみ述べておこう．

§1.3　事象と確率

確率論は確率の計算理論であるが，事象に確率を与える前に，事象のさまざまな組み合わせを考え，矛盾のない確率を与える理論の体系である．

　まず，事象の組み合わせの基本的な定義とルールは次のとおりである．

（ⅰ）**和 事 象**　$A \cup B$　　　$= \{\omega : \omega \in A$ あるいは $\omega \in B\}$

$$A_1 \cup A_2 \cup \cdots \cup A_n = \bigcup_{i=1}^{n} A_i \quad （略記）$$

$$= \{\omega : ある i に対し \omega \in A_i\}$$

（ⅱ）**積 事 象**　$A \cap B$　　　$= \{\omega : \omega \in A$ かつ $\omega \in B\}$

$$A_1 \cap A_2 \cap \cdots \cap A_n = \bigcap_{i=1}^{n} A_i \quad （略記）$$

$$= \{\omega : すべての i に対し \omega \in A_i\}$$

（ⅲ）**補（余）事象**　$A^c = \{\omega : \omega \bar{\in} A\}$

（ⅳ）**空 事 象**　どのような ω も含まない事象を ϕ で表す．

（ⅴ）**排反な事象**　$A \cap B = \phi$ のとき，A, B は「互いに排反」といわれる．

（ⅵ）**ド・モルガンの法則**

$$(A \cup B)^c = A^c \cap B^c$$

$$(A \cap B)^c = A^c \cup B^c$$

　　　これは n 個（実際には無限個）でもよい．

$$(A_1 \cup A_2 \cup \cdots \cup A_n)^c = A_1{}^c \cap A_2{}^c \cap \cdots \cap A_n{}^c$$

$$(A_1 \cap A_2 \cap \cdots \cap A_n)^c = A_1{}^c \cup A_2{}^c \cup \cdots \cup A_n{}^c$$

和事象，積事象は無限個でもよく，また，**和事象**，**積事象**は**事象の和**，**共通事象**（あるいは**共通部分**）ということもある．

このように定めておき，確率を数学的に次の (a), (b), (c) で定義するが，とりわけ (c) が重要である．

確率の公理的定義（コルモゴロフ）
（a） すべての事象 A に対し　　$0 \leq P(A) \leq 1$
（b） $P(\Omega) = 1$
（c） 互いに排反な事象 $A_1, A_2, A_3, \cdots$ に対して
$$P\left(\bigcup_{i=1}^{\infty} A_i\right) = \sum_{i=1}^{\infty} P(A_i) \qquad (1.3.1)$$

和の法則　　$A \cap B = \phi$ なら $P(A \cup B) = P(A) + P(B)$ 　　(1.3.2)

が導かれる．逆に，これを用いれば，一般には
$$P(A \cup B) = P(A) + P(B) - P(A \cap B) \qquad (1.3.3)$$
$$P(A \cup B \cup C) = P(A) + P(B) + P(C)$$
$$- P(A \cap B) - P(B \cap C) - P(C \cap A)$$
$$+ P(A \cap B \cap C) \qquad (1.3.4)$$

が成立することもわかる．これらはよく知られているルールであるが，詳しくは §7.2 で扱う．A, B, C の場合，$+, -$ で重複の調整をすることに注意．

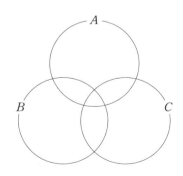

条件付確率　事象 A, B に対し，B が与えられたときの A の条件付確率を

$$P(A\,|\,B) = \frac{P(A \cap B)}{P(B)} \tag{1.3.5}$$

で定義する．B が起こる確率のうち，さらに A が起こる部分の確率の割合である．ただし，条件 B 自体が起こりうること（$P(B) \neq 0$）を仮定する．

式（1.3.5）から

$$P(A \cap B) = P(B) \cdot P(A\,|\,B) \tag{1.3.6}$$

が成立する．ここで，B が A の起こり方に影響せず $P(A\,|\,B) = P(A)$ なら

積の法則　　　$P(A \cap B) = P(A) \cdot P(B)$ 　　　(1.3.7)

が成立する．逆にこれが成立するなら，$P(A\,|\,B) = P(A)$ となる．このとき，「A と B は**独立**である」という．互いに起こり方が影響を及ぼし合わない．

予測の例　条件付確率の例として，サイコロを投げた場合，$A = $ 偶数，$B = 4$ 以上の目とすると $P(A) = \dfrac{1}{2}$ である．しかし，B で条件をつけると

$$P(A\,|\,B) = \frac{P(A \cap B)}{P(B)} = \frac{1/3}{1/2} = \frac{2}{3}$$

となり，4 以上ならば偶数の目は出やすいことがわかる．

＊条件は | で示すのが標準テキストの流儀である．

さいころの目自体を予測することはできないが，外部情報あるいは内部情報（フィードバック）により予測できることがわかる．さらに，予測できれば最適決定も可能になる（制御理論）．

確率測度　数学では確率を「確率測度」(probability measure) という．一般に集合の関数 $\mu(A)$ で，(a) から ‘≤ 1’ を外し (b) のかわりに (b′) $\mu(\phi) = 0$ を置き，(c) を要請する場合「測度」という．測度は長さ，面積，体積など‘測る’ことを公理化した抽象概念で，通常の空間では「ルベーグ測度」といわれる．

10　第 1 章　確率の基本

ワンポイント練習 I （解答は 266 ページ以下）

[1.1] 3つのサイコロを投げて目の和が 9 になる場合と 10 になる場合とは，次のように，いずれも 6 通りしかない．起こる確率は等しいといえるか（ガリレイの問題）．

$$
\begin{array}{ccc|ccc}
1 & 2 & 6 & 1 & 3 & 6 \\
1 & 3 & 5 & 1 & 4 & 5 \\
1 & 4 & 4 & 2 & 2 & 6 \\
2 & 2 & 5 & 2 & 3 & 5 \\
2 & 3 & 4 & 2 & 4 & 4 \\
3 & 3 & 3 & 3 & 3 & 4
\end{array}
$$

[1.2] 宇宙空間から隕石が東京ドームへ飛び込む確率を求めなさい．ただし，東京ドームの面積 $=0.047\,\mathrm{km}^2$，地球の半径 $=6\,400\,\mathrm{km}$ とし，確率は有効数字 2 桁とすること．

[1.3] 次の命題は正しいか．ただし，$P(B)>0$ とする．

（ⅰ） $P(A|B)+P(A^c|B)=1$

（ⅱ） $P(A|B)+P(A|B^c)=1$

（ⅲ） $P(A|B)+P(A^c|B^c)=1$

[1.4] A, B, C は 3 通りの事象で
$$
P(A)=P(B)=P(C)=\frac{1}{3}, \quad P(A\cap B)=P(B\cap C)=P(C\cap A)=\frac{1}{9}, \quad P(A\cap B\cap C)=\frac{1}{27}
$$
のとき，次の確率をそれぞれ求めなさい．

（ⅰ） どの事象も起こらない

（ⅱ） ちょうど 1 通りの事象が起こる

（ⅲ） ちょうど 2 通りの事象が起こる

（ⅳ） ちょうど 3 通りの事象が起こる

[1.5] A 氏の起業が成功する見込みの問題において，成功と失敗がちょうど分かれるオッズを求めなさい．ただし，A 氏には確率の知識はないものとする．

§1.3 事象と確率　11

第2章

確率変数と確率分布

§2.1 確率変数

数学的な変数 X の各値に，その値の確率が組み合わさっている場合，X を**確率変数**といい，確率の集まりを**確率分布**という．この事情は決して当然のことではなくほとんどのランダム量（不確実な量）にはその確率の定義ができない[†]．サイコロはきわめて例外である．同時にサイコロは確率論の出発点であり，確率を求めてそれで終わるわけではない．

確率変数は大文字 $X, Y, \cdots$ で記する約束がある．たとえば，コインの表，裏（$+1, -1$），サイコロの目はいずれも確率変数であり，また2個のサイコ

表 2.1.1　コインの表・裏

X	$+1$	-1
確率	$\dfrac{1}{2}$	$\dfrac{1}{2}$

表 2.1.2　サイコロの目

X	1	2	3	4	5	6
確率	$\dfrac{1}{6}$	$\dfrac{1}{6}$	$\dfrac{1}{6}$	$\dfrac{1}{6}$	$\dfrac{1}{6}$	$\dfrac{1}{6}$

表 2.1.3　2個のサイコロの目の和

$X+Y$	2	3	4	5	6	7	8	9	10	11	12
確率	$\dfrac{1}{36}$	$\dfrac{2}{36}$	$\dfrac{3}{36}$	$\dfrac{4}{36}$	$\dfrac{5}{36}$	$\dfrac{6}{36}$	$\dfrac{5}{36}$	$\dfrac{4}{36}$	$\dfrac{3}{36}$	$\dfrac{2}{36}$	$\dfrac{1}{36}$

[†]　数学で確率変数を「可測関数」で定義するのもこの理由による．

ロの目 X, Y の和 $X+Y$ も確率変数である．余談になるが「さいころ」はれっきとした日本語で正しくは「賽(さい)」というが，わかりやすいために片仮名表記しよう．これらの確率分布は前ページ下の表のようになるが，どの確率もみなラプラスの定義から得られる．

以下，$P(\cdot)$ という記号を，・が起こる確率という意味で用いる．$P(X+Y=7)$ は，2個のサイコロの目の和が7になる確率を表す．(X, Y) の組が36通りあるうち，$X+Y=7$ が成立するのは

$$(1,6),\ (2,5),\ (3,4),\ (4,3),\ (5,2),\ (6,1)$$

の6通りであるから $P(X+Y=7)=\dfrac{6}{36}=\dfrac{1}{6}$ などとなる．

§2.2 確率分布を表す

これらの確率変数の確率分布を図示するには，図 2.2.1 のようにする．なお，統計におけるヒストグラムや棒グラフとは違い，棒に幅をつけないのが厳密なやり方である．なぜなら，$1,2,3,\cdots$ の1は点であって幅はないからである．当然，値は飛び飛びの値となるが，これを**離散（型）確率分布**という．

多くの有用な離散型確率分布があり，現象に応用される．「二項分布」「ポアソン分布」などを第3章で説明する．

一般に確率変数 X が値 x をとる確率 $P(X=x)$ は x の関数であり，それを

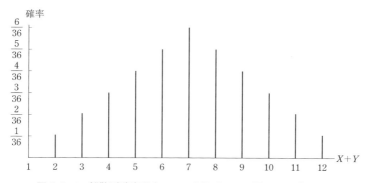

図 2.2.1 離散型確率分布 2つのサイコロの目 X, Y の和 $X+Y$

$f(x)$ とする．$f(x)$ は正または 0，かつ全確率＝1 であるから

（ⅰ）　$f(x) \geqq 0$

（ⅱ）　$\sum_x f(x) = 1$　（すべての x についての和）

(2.2.1)

の2条件を満たすのが離散型確率分布である．

この $X+Y$ の確率の求め方は基本的で，$\dfrac{1}{36}$ を単位としてある．これを左方向に滑らせてずらすと，その多項式の計算と同じ型になることに注意する．実際，X, Y に対応して 1/6 を係数（実際は略）とする多項式

表 2.2.1　2個のサイコロの目 X，Y の組み合わせの同時確率分布 $f(x, y)$，周辺確率分布 $g(x), h(y)$

X \ Y	1	2	3	4	5	6	$g(x)$
6	$\dfrac{\mathbf{1}}{\mathbf{36}}$	$\dfrac{1}{36}$	$\dfrac{1}{36}$	$\dfrac{1}{36}$	$\dfrac{1}{36}$	$\dfrac{1}{36}$	$\dfrac{1}{6}$
5	$\dfrac{1}{36}$	$\dfrac{\mathbf{1}}{\mathbf{36}}$	$\dfrac{1}{36}$	$\dfrac{1}{36}$	$\dfrac{1}{36}$	$\dfrac{1}{36}$	$\dfrac{1}{6}$
4	$\dfrac{1}{36}$	$\dfrac{1}{36}$	$\dfrac{1}{\mathbf{36}}$	$\dfrac{1}{36}$	$\dfrac{1}{36}$	$\dfrac{1}{36}$	$\dfrac{1}{6}$
3	$\dfrac{1}{36}$	$\dfrac{1}{36}$	$\dfrac{1}{36}$	$\dfrac{1}{\mathbf{36}}$	$\dfrac{1}{36}$	$\dfrac{1}{36}$	$\dfrac{1}{6}$
2	$\dfrac{1}{36}$	$\dfrac{1}{36}$	$\dfrac{1}{36}$	$\dfrac{1}{36}$	$\dfrac{1}{\mathbf{36}}$	$\dfrac{1}{36}$	$\dfrac{1}{6}$
1	$\dfrac{1}{36}$	$\dfrac{1}{36}$	$\dfrac{1}{36}$	$\dfrac{1}{36}$	$\dfrac{1}{36}$	$\dfrac{1}{\mathbf{36}}$	$\dfrac{1}{6}$
$h(y)$	$\dfrac{1}{6}$	$\dfrac{1}{6}$	$\dfrac{1}{6}$	$\dfrac{1}{6}$	$\dfrac{1}{6}$	$\dfrac{1}{6}$	1

モーメント母関数によるコンボリューションの方法に基づく多項式計算

					1	1	1	1	1	1		$G(u)$
×)					1	1	1	1	1	1		$F(u)$
					1	1	1	1	1	1
				1	1	1	1	1	1
			1	1	1	1	1	1
		1	1	1	1	1	1
	1	1	1	1	1	1
1	1	1	1	1	1
確率	1	2	3	4	5	6	5	4	3	2	1	×(1/36)
$X+Y$	12	11	10	9	8	7	6	5	4	3	2

14　第2章　確率変数と確率分布

$$F(u) = G(u) = u^6 + u^5 + \cdots + u$$

を定義すると，$X+Y$の確率分布は$f(x)g(x)$の係数として生成する．この生成関数の方法は第4,5章で扱う「モーメント母関数」による「コンボリューション」の方法に他ならない．

Xが整数値だけをとるなら離散型確率分布をもつが，多くの物理的測定値（質量，長さ，時間など）やいくつかの経済変量（利回り，諸比率など）は，連続的にどんな数（実数）もとりうる．この場合はサイコロの目のように出る可能性のあるすべての値を列挙できず，表2.1.3のように表せない．

しかし，値xの出やすさを$f(x)$として，$f(x)$の大きいxは出やすく，小さいxは出にくいとすることはできる．図2.2.2では区間$[0,10]$の上ですべてのxが一様に出る可能性があり，図2.2.3では10を中心にしてそれから遠ざかるにつれて次第に出にくくなることが示されている．

出やすさが高さで表されるから，xにa以上b以下のように幅が指定されているなら，aとbの間の確率は，区間$[a,b]$での$f(x)$の下側の面積

$$P(a \leqq X \leqq b) = \int_a^b f(x)\,dx \qquad (f(x)\text{の下側の面積}) \qquad (2.2.2)$$

であると考えることはわかりやすい．図2.2.3の場合，積分の公式を知らなくても，アミのかかった部分が，同じ大きさの2つの台形からできていることに注意し，台形の面積の公式を用いれば積分せずに

$$P(7 \leqq X \leqq 13) = \frac{51}{100} = 0.51$$

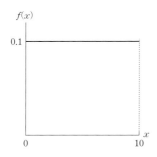

図2.2.2　$f(x)$の出やすさは等しい

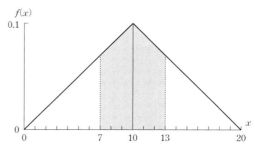

図2.2.3　$f(x)$の出やすさが変化する

と計算される．一般には，しばしば手のこんだ積分計算となる．

　このように X が連続的に値をとるときは，出やすさの関数 $f(x)$ を範囲で積分して，その範囲の確率を求める．このとき，$f(x)$ を**確率密度関数**という．「密度」という言い方で，多少・濃淡の程度を表現している．注意すべきポイントは，$f(x)$ は厳密には確率そのものでなく，<u>ある範囲で積分してはじめて確率になること</u>，よって，「$X=2$ となる確率」は<u>1点（$X=2$）での確率であり，その幅が 0 であるからその値は 0 であること</u>，この 2 つである．

　このように，密度関数で表される確率分布を**連続（型）確率分布**という．連続型分布とは密度関数を持つ確率分布をいい，必ずしも密度関数が連続関数という意味ではない．一般に，連続型分布では，範囲 A の確率は測度として

$$P(A) = \int_A f(x)\,dx \tag{2.2.3}$$

で表されるが，A の幅（長さ）を $l(A)$ とすると

$$l(A) = 0 \quad ならば \quad P(A) = 0$$

が数学的に**絶対連続**という意味である*.

*長さ，面積，体積を「ルベーグ測度」といい，この発展が第 9 章の「同値な測度」である．

　連続型確率分布の密度関数の条件は

> （ⅰ）　$f(x) \geqq 0$
>
> （ⅱ）　$\displaystyle\int_{-\infty}^{\infty} f(x)\,dx = 1$　（全範囲の確率＝1）
>
> $\tag{2.2.4}$

の 2 つである．（ⅱ）においては全範囲を最も広くとってある．

　図 2.2.2，図 2.2.3 でも面積を計算すると，$f(x)=0$ の部分は除外し

$$\int_0^{10} f(x)\,dx = 1, \qquad \int_0^{20} f(x)\,dx = 1 \tag{2.2.5}$$

となっている．高さが $\dfrac{1}{10}$ であるのは全範囲の面積を 1 とするためである．

　多くの有用な連続型確率分布があり，現象に応用される．「正規分布」「指数分布」「ガンマ分布」など，その密度関数 $f(x)$ を第 3 章で解説しよう．

　よく知られるのが「正規分布」とりわけ「標準正規分布」で，見ての通り

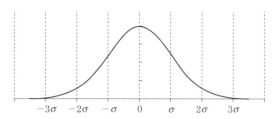

図 2.2.4 確率密度関数の例(標準正規分布)

整った釣鐘型(bell shaped)をしている.正規分布は現実現象によく見出され,この後見るように確率論,統計学で重要な役割を果たしているが,その歴史は長くラプラスに遡る.

なお,「正規」(normal)に「正しい」の意味はなく,「ふつうの」「ありふれた」くらいを指すと考えてよい.数学者の間では理論的に発展させた数学者の名から,「ガウス分布」(Gaussian distribution)の言い方が一般的である.

§2.3 期待値の考え方

期待値の考え方は「確率」の考え方よりも古く,歴史的には先行していた.

確率変数の出る値は文字どおりランダムでバラバラであるから,1つの代表的な値に集約してまとめる必要が生じることがある.さらに,どの程度ランダムか(バラバラか)を知る必要があるかもしれない.これは,**リスク**やファイナンスでいう**ボラティリティ**に相当する.

まず,1つの値への集約は,確率の大小を考えながら(確率の大きい値 x は重要視し,確率で**ウェイト**(**重み**)をつけて)平均をとる計算をすればよい.

表 1.2.2 で見た 1 枚 200 円の「東京都宝くじ」の平均的な当せん金額は

$$\left(40\,000\,000 \times \frac{7}{13\,000\,000}\right) + \left(10\,000\,000 \times \frac{14}{13\,000\,000}\right) + \cdots$$
$$+ \left(200 \times \frac{1\,300\,000}{13\,000\,000}\right) = 89.41$$

で,これが宝くじの合理的な「平均的価値」である.

表 2.3.1　表 1.2.2 の宝くじの当せん金合計（発売数 1300 万枚）

等　　　級	当せん金	本　　数	当せん金小計
1 等	40 000 000 円	7 本	28 000 万円
1 等の前後賞	10 000 000 円	14 本	14 000 万円
1 等の組違い賞	200 000 円	903 本	18 060 万円
2 等	10 000 000 円	5 本	5 000 万円
2 等の組違い賞	100 000 円	645 本	6 450 万円
3 等	1 000 000 円	130 本	13 000 万円
4 等	140 000 円	130 本	1 820 万円
5 等	10 000 円	1 300 本	1 300 万円
6 等	1 000 円	26 000 本	2 600 万円
7 等（末等）	200 円	1 300 000 本	26 000 万円

合　計　116 230 万円

　これは合理的に期待（予期ないしは予想）してよい金額であり，**期待値**といわれる．「期待するなら 4 000 万円だ」という意味の期待ではない．4 000 万円はまず当たらないから，そういう期待ではなく，合理的な期待（科学的な期待）である．つまり，200 円の宝くじは 89.41 円の見返りしか合理的に期待できないわけで，計算上は宝くじを買うことは損，逆に発行する胴元が得をしていることになる．もちろん，平̇均̇的̇に，である．

　では，89.41 は確率論的に何を表すか．この金額は当せん金額にはないが，この宝くじを何回か買い続けると統計的平均値は 89.41 円に近くなる．これは第 7 章で述べる**大数の法則**という有名な法則に相当するが，期待値 89.41 にはそういう数学的（統計的）意味がある．

　この「期待値」の用語を数学的に一般的に用いて，離散型の場合

$$確率変数の値 x \times その確率 f(x)$$

の和を $E(X)$ と記し，X の**確率論的期待値**といい，次の式で表す．

$$E(X) = \sum_x xf(x) \qquad (2.3.1)$$

E は Expectation（期待，予期，予想）の頭文字である．期待値は 1 つの定数であり，しばしばギリシャ文字 μ で表されるから，$E(X)$ のかわりに μ, μ_x

という記法もある．つまり，$E(\,\cdot\,)$ は関数ではなく，数学的には「作用素」あるいは「演算子」(operator) である．

計算例として，サイコロの目 X の期待値は，定義に従い

$$E(X)=1\cdot\frac{1}{6}+2\cdot\frac{1}{6}+\cdots+6\cdot\frac{1}{6}=\frac{21}{6}=3.5$$

となって，$\{1,2,\cdots,6\}$ の中点 3.5 になるが当然であろう．'3.5' という目はない．その意味で期待値は想像上の存在である．ただし，計算しておく（3.5のように）ことは重要である．

宝くじと同じように，サイコロの目に期待値に相当する 3.5 はないから，期待値はある理論上の値である．と同時に，何回もサイコロを投げ続ければ，その統計的平均値は 3.5 に近くなる（大数の法則）ことに注意しよう．

他にも，確率変数がただ 2 つの値だけをとる，よく出てくる例をあげておこう（表 2.3.2，表 2.3.3）．ここで，極めて基礎的な二例を挙げておこう．

ベルヌーイ分布 0 および 1（つまりカウント）だけをとり

$$P(X=1)=p,\quad P(X=0)=q \tag{2.3.2}$$

（ただし $p+q=1$，つまり $q=1-p$）の場合

$$E(X)=1\cdot p+0\cdot q=p$$

となる．これは，次章の二項分布の特別（$n=1$）の場合である．

ランダム・ウォークの一歩 替りに 1 および −1 だけをとり

$$P(X=1)=p,\quad P(X=-1)=q \tag{2.3.3}$$

表 2.3.2　ベルヌーイ分布

X	0	1
確率	q	p

表 2.3.3　ランダム・ウォークの一歩

X	-1	1
確率	q	p

数学的補足

μ はギリシャ文字で，ローマ文字のアルファベット m に対応し「ミュー」と読む．m は mean（平均）の頭文字．やや形式ばる場合にギリシャ文字を用いるのは数学者の習慣で，特別の理由はない．「そういうものだ」と思えばよい．

§2.3　期待値の考え方　19

の場合

$$E(X) = 1 \cdot p + (-1) \cdot q = p - q \qquad (2.3.4)$$

$p > q$ なら $E(X) > 0$, $p < q$ なら $E(X) < 0$, $p = q$ なら $E(X) = 0$ となる.

この例は「単純ランダム・ウォーク」simple random walk といい（厳密にはその1単位），$p = q = \frac{1}{2}$ の場合は「対称（単純）ランダム・ウォーク」symmetric random walk という．これらが加算されて第6章の「ランダム・ウォーク」が定義され，さらに第8章の「ブラウン運動」へと大きく展開する元であり，極めて重要で基礎的な確率変数である．

連続型 確率変数が連続型の場合は，離散型の場合から考えてゆけばよい．確率変数 X が $[0, 10]$ 上に一様に分布する図2.2.2の場合，x 軸の $[0, 10]$ を幅1の区間に10等分すれば（x の小さい幅を Δx と書くと，$\Delta x = 1$），各 Δx は $\frac{1}{10}$ の確率を有し，かつ各幅の中点 $0.5, 1.5, \cdots, 9.5$ で各幅を代表させる（図2.3.1）と，$E(X)$ はほぼ

$$(0.5)\frac{1}{10} + (1.5)\frac{1}{10} + \cdots + (9.5)\frac{1}{10} = 5.0$$

となるが，実は $\Delta x = \frac{1}{100}, \frac{1}{1000}, \cdots$ でも結果は同じである（同一の幅でなくとも，それぞれが0に近づく幅ならよい）．つまり $E(X) = 5.0$ となる．

この考え方から，x 軸を Δx の幅に十分細かく切ると，各 Δx の幅は

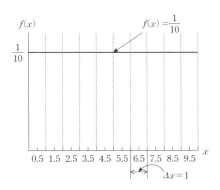

図 2.3.1　離散型確率変数として考える

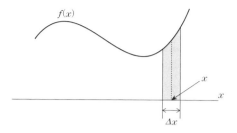

図 2.3.2　Δx を無限に小さくしていくと $\int_{-\infty}^{\infty} x f(x) dx$ となる

$$その点の密度関数 f(x) の値 \times \Delta x$$

の確率をもつから，$E(X)$ はほぼ

$$\sum_{x} x \cdot f(x) \Delta x \quad \text{(全範囲での和)}$$

となる．さらに Δx が無限に小さくなる（$\Delta x \to 0$）極限では

$$\int_{-\infty}^{\infty} x f(x) dx \tag{2.3.5}$$

となる[†]．よって，連続型では，期待値は

$$E(X) = \int_{-\infty}^{\infty} x f(x) dx \tag{2.3.6}$$

と定義される．期待値は積分計算に帰するから，そのルールを用いればよい．簡単なものなら高校数学でも可能である．

$[0, 10]$ 上の一様な分布に対し，密度関数は恒等的に $\dfrac{1}{10}$，つまり

$$f(x) \equiv \frac{1}{10} (0 \leq x \leq 10), \quad f(x) = 0 \quad \text{(それ以外)}$$

だから，積分は $[0, 10]$ 上だけで

$$E(X) = \int_{0}^{10} x \cdot \frac{1}{10} dx = \frac{1}{10} \left[\frac{x^2}{2} \right]_{0}^{10} = \frac{1}{10} \left(\frac{10^2}{2} - \frac{0^2}{2} \right) = 5.0$$

で，すでに求めた値はこれに一致している．また $[0, 10]$ の中点となること

[†]　数学ではオイラーに従って $\Delta x \to 0$ を単に dx と表す．

も当然である.

期待値にはいくつかの有用な基本演算ルールがあり, 断りなしに用いられる.

期待値の基本演算ルール

（ⅰ）　$E(X+c)=E(X)+c$　　　　　（a, b, c は定数. 以下同じ）

（ⅱ）　$E(cX)=cE(X)$

（ⅲ）　$E(aX+b)=aE(X)+b$

（ⅳ）　$E(c)=c$　　　　　　　　　（1 点分布）

（ⅴ）　$E(X+Y)=E(X)+E(Y)$　　　（加法性）

（ⅵ）　$E(aX+bY)=aE(X)+bE(Y)$　（線形性）

証明は略し, 例で確認しよう. （ⅰ）,（ⅱ）,（ⅲ）は, サイコロの目 X に $X+1$, $10X$, $10X+50$ という「新しい目」をつけた例から理解できる（表 2.3.4）.

（ⅳ）は, すべてに「当せん金 100 円」と書いてあるくじは, 引いたくじが常に 100 と表示してあるから, 期待値は 100 となるといった意味である.

（ⅵ）はすぐ後に述べる（ⅴ）から出る.

（ⅴ）は, 2 個のサイコロの和の期待値は p. 12 の表 2.1.3 から

$$E(X+Y)=\quad 2\cdot\frac{1}{36}+\ 3\cdot\frac{2}{36}+\ 4\cdot\frac{3}{36}+5\cdot\frac{4}{36}+6\cdot\frac{5}{36}+7\cdot\frac{6}{36}$$

$$+12\cdot\frac{1}{36}+11\cdot\frac{2}{36}+10\cdot\frac{3}{36}+9\cdot\frac{4}{36}+8\cdot\frac{5}{36}$$

だが, $2+12$, $3+11$, … とまとめて

$$=\frac{14(1+2+3+4+5)}{36}+\frac{7\cdot6}{36}=\frac{210}{36}+\frac{42}{36}=7$$

数学的補足

離散的な和を表す $\sum$ は, sum（和）の頭文字 s に対応するギリシャ文字からきている. この s を長く伸ばして, 連続的な和（積分）の記号 $\int$ としたのが, ドイツの数学者ライプニッツである. 彼は, $\sum f(x)\Delta x$ の極限（$\Delta x\to0$）を $\int f(x)dx$ と表した.

22　第 2 章　確率変数と確率分布

表 2.3.4　期待値の基本演算

X	1	2	3	4	5	6
確率	$\frac{1}{6}$	$\frac{1}{6}$	$\frac{1}{6}$	$\frac{1}{6}$	$\frac{1}{6}$	$\frac{1}{6}$

$$E(X)=3.5$$

$X+1$	2	3	4	5	6	7
確率	$\frac{1}{6}$	$\frac{1}{6}$	$\frac{1}{6}$	$\frac{1}{6}$	$\frac{1}{6}$	$\frac{1}{6}$

$$E(X+1)=E(X)+1=4.5$$

$10X$	10	20	30	40	50	60
確率	$\frac{1}{6}$	$\frac{1}{6}$	$\frac{1}{6}$	$\frac{1}{6}$	$\frac{1}{6}$	$\frac{1}{6}$

$$E(10X)=10\times E(X)=35$$

$10X+50$	60	70	80	90	100	110
確率	$\frac{1}{6}$	$\frac{1}{6}$	$\frac{1}{6}$	$\frac{1}{6}$	$\frac{1}{6}$	$\frac{1}{6}$

$$E(10X+50)=10\times E(X)+50=85$$

と計算され，一方，$E(X)=E(Y)=3.5$ で，$E(X+Y)=E(X)+E(Y)$ が成立していることからもわかる．分布に対称性があれば，期待値はその対称の中心に一致する（図 2.2.1）．

証明は意外と大変で，§5.1 でふれる．

この $E(X+Y)=E(X)+E(Y)$ の演算ルールは確率論全般において，最もよく用いられるものである．

ここからスタートすると

$$E(X+Y+Z)=E(X)+E(Y)+E(Z) \tag{2.3.7}$$

$$E(X_1+X_2+\cdots+X_n)=E(X_1)+E(X_2)+\cdots+E(X_n) \tag{2.3.8}$$

特に，$X_1, X_2, \cdots, X_n$ の確率分布がすべて共通なら，期待値も等しく

$$E(X_1)=E(X_2)=\cdots=E(X_n)=\mu \qquad （同一の期待値）$$

とおくと

$$E(X_1+X_2+\cdots+X_n)=n\mu \tag{2.3.9}$$

も得られる．これらも同じようによく用いられるルールである．

以上，確率変数の和が確率論において持つ意義は途方もなく大きく，大数の法則，中心極限定理をはじめとして，その性質が生み出すランダム・ウォーク，ブラウン運動，伊藤積分などに広くおよんでいる．

§2.3　期待値の考え方　23

§2.4 分散の考え方と役割

確率変数の期待値は，ランダムに出る各値を1つの値（平均的値）にまとめた1つの指標尺度であるが，ランダムさ，バラバラの程度そのものの指標尺度も考えておかないと，期待値だけでは，頼りなく不十分である．そのために用いられるのが，確率変数の**分散**および**標準偏差**である．

「期待値と分数」とか「期待値と標準偏差」というように，分散（標準偏差）は確率論演算のもう一本の柱である．

なお，「確率変数の平均（期待値）・分散」であって，「統計データの平均・分散」と区別すること．両者は関係あるが別物であり，そこがややこしい点であるが，ここではあまり深く考えないで進めよう．

サイコロの例で $E(X)=3.5$（$\mu=3.5$）からの各出目の偏差は

$$-2.5,\quad -1.5,\quad -0.5,\quad 0.5,\quad 1.5,\quad 2.5$$

で，これを平方し

$$(-2.5)^2,\quad (-1.5)^2,\quad (-0.5)^2,\quad 0.5^2,\quad 1.5^2,\quad 2.5^2$$

とすると，偏差の向き（符号）が消えてその大きさの程度が出る．

この6通りの平方偏差が各 $\frac{1}{6}$ の確率で出現するから，期待値をとって

$$\frac{1}{6}(-2.5)^2+\frac{1}{6}(-1.5)^2+\cdots+\frac{1}{6}(1.5)^2+\frac{1}{6}(2.5)^2=\frac{35}{12}$$

が得られる．このように，一般に

$$V(X)=E((X-\mu)^2) \quad (\mu=E(X)) \tag{2.4.1}$$

を確率変数 X の**分散**という．V は Variance の頭文字である．分散は必ず正または0の値をとるが，その値を σ^2 と書いたり σ_X^2 という記法もある．

分散の値が大きい（小さい）ことは，ばらつきが大きい（小さい）ことを意味する．注意すべきことは，分散も期待値演算を含んでいること，また $X-\mu$ が平方された平方量で，単位が X の単位の平方（もとが cm なら cm^2 など）になっていることなどである．記号 σ^2 に ^{2} がつけてあるのもその理

24　第2章　確率変数と確率分布

由からである. さらに, 分散 $V(X)$ から

$$D(X) = \sqrt{V(X)} \qquad (2.4.2)$$

とし, これを確率変数 X の標準偏差という. その値を σ, σ_X と記すること
も多い. 単位は X の単位に戻っていて, むしろ実用で有用である.

分散も標準偏差も, 確率変数 X のばらつきの指標尺度であるが, 平方の
操作がばらつきを強調する傾向があるから ($2^2 = 4$ だが $5^2 = 25$ など), 標準
偏差の方が忠実な尺度といえる. 他方, 分散の方が演算性に富む. つまり,
いろいろな演算ルールの公式が多い. このことは今後第 4, 5 章などで見ると
おりである.

分散 $V(X)$ はばらつきの指標尺度であるが, 期待値 $E(X)$ からのばらつ
きであることに注意しよう.

分散の定義通りの計算は, $\mu = E(X)$ として

$$V(X) = \sum_x (x - \mu)^2 f(x) \qquad \text{(離散型)} \qquad (2.4.3)$$

$$V(X) = \int_{-\infty}^{\infty} (x - \mu)^2 f(x)\,dx \qquad \text{(連続型)} \qquad (2.4.4)$$

による. この計算は実際には複雑であるが, さいわい右辺を変形した公式

$$\begin{aligned} V(X) &= E(X^2) - \mu^2 \\ &= E(X^2) - (E(X))^2 \end{aligned} \qquad (2.4.5)$$

があるので, 単に

$$E(X^2) = \sum_x x^2 f(x) \qquad \text{(離散型)} \qquad (2.4.6)$$

$$E(X^2) = \int_{-\infty}^{\infty} x^2 f(x)\,dx \qquad \text{(連続型)} \qquad (2.4.7)$$

の計算だけでよい. 実際にも, 定義通りよりは, サイコロの目 X でも

$$E(X^2) = 1^2 \cdot \frac{1}{6} + 2^2 \cdot \frac{1}{6} + \cdots + 6^2 \cdot \frac{1}{6} = \frac{91}{6},$$

さらに, $\mu = \dfrac{7}{2}$ から

$$V(X) = \frac{91}{6} - \left(\frac{7}{2}\right)^2 = \frac{35}{12} = 2.92$$

§2.4 分散の考え方と役割 25

と求められる．したがって $D(X)=\sqrt{35/12}=1.70$ で，‘サイコロは 1.7 程度バラつく’といってよい．

2 個のサイコロの目の和 $Z=X+Y$ のケースは，丹念に表 2.1.3 から計算すると

$$E(Z^2)=\frac{329}{6}, \quad E(Z)=7$$

より

$$V(Z)=\frac{329}{6}-7^2=\frac{35}{6}=5.83$$

これはちょうど $V(X)$ の 2 倍である．これは第 4 章で扱う．

連続型の場合の例でも事情は同じで，図 2.2.2 で扱った

$$f(x)\equiv\frac{1}{10} \quad (0\leq x\leq 10), \qquad f(x)=0 \quad (それ以外)$$

に対しては

$$E(X^2)=\int_0^{10} x^2\frac{1}{10}dx=\frac{1}{10}\left[\frac{x^3}{3}\right]_0^{10}=\frac{100}{3},$$

$$V(X)=\frac{100}{3}-5^2=\frac{25}{3}$$

証明 (2.4.5) は次のようにして求められる．

$$V(X)=E((X-\mu)^2)=E(X^2-2\mu X+\mu^2) \tag{2.4.8}$$
$$=E(X^2)-E(2\mu X)+E(\mu^2)=E(X^2)-2\mu E(X)+E(\mu^2)$$

これに対して $E(X)=\mu$，$E(\mu^2)=\mu^2$ を代入すると

$$=E(X^2)-2\mu\cdot\mu+\mu^2=E(X^2)-\mu^2$$

が得られる．

分散に対しても

分散の基本演算ルール

（ⅰ） $V(X+c)=V(X)$ $\qquad$ (2.4.9)

（ⅱ） $V(cX)=c^2V(X), \quad D(cX)=|c|\cdot D(X)$ $\qquad$ (2.4.10)

（ⅲ） $V(c)=0$ $\qquad$ (2.4.11)

26　第 2 章　確率変数と確率分布

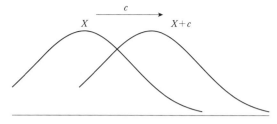

図 2.4.1 ばらつきは移動によらない

（ⅰ）については，ばらつきは確率分布の広がりの形によるから，場所の移動（移動距離＝c）によらない．（ⅱ）では，分散は平方量であるから c^2 倍の効果があるが，標準偏差は 2 乗倍にならない．$c<0$ の場合は $|c|$ 倍となる．（ⅲ）では，定数は文字どおり一定値であり，ばらつきはない．

注意 期待値については，前節で見たとおり
$$E(X+Y)=E(X)+E(Y)$$
が常に成り立ったが，分散については，一般には
$$V(X+Y)\neq V(X)+V(Y)$$
である．ただし，いずれ述べる，ある条件のもとでは
$$V(X+Y)=V(X)+V(Y) \tag{2.4.12}$$
となることが保証されるが，これは第 4, 5 章で本格的に扱おう．

重要性質 分散の値 σ^2 が大きければばらつきが大きく，期待値 μ から大きく離れた位置にも確率が相当程度存在する．そこで，次のことを知っておくと便利である．すなわち
$$P(|X-\mu|\leq k\sigma)\geq 1-\frac{1}{k^2} \tag{2.4.13}$$
がいえる．これを**チェビシェフの不等式**といい，分散の重要な性質である．

> 期待値 μ から標準偏差 σ の単位で k 倍以内の確率は $1-\dfrac{1}{k^2}$ 以上である．

この不等式から，次のような便利なことがいえる．

§2.4 分散の考え方と役割

例 ある確率変数 X に対して，期待値は $\mu=0.4$，標準偏差は $\sigma=0.15$ である．X が 0.4 ± 0.3 に入る確率はいかほどか．

答 μ, σ を入れてみると
$$P(0.1 \leq X \leq 0.7) = P(|X-0.4| \leq 2\times 0.15)$$
$$\geq 1-\frac{1}{2^2} = 0.75$$

すなわち，75%以上の確率となることがわかる．もっとも，不等式だから，0.75以上のいくつであるかは，これだけではわからない．しかし，それ以上に，この確率見積りが何の仮定もなく成り立つことは大きなメリットであり，数学における絶対不等式のような威力がある．

＊チェビシェフ，マルコフ，コルモゴロフは確率論の本場ロシアの歴史的著名な学者として知られる．

§2.5　さまざまな確率分布の形：モーメント

期待値 $E(X)$ と分散 $V(X)$ は確率変数についての重要な情報である．多くの確率論的分析は期待値と分散に基づいている．実際，証券分析が **E-V分析** といわれるのもそれである．しかし，それは動かないとしても実際問題では，確率変数の確率分布は期待値と分散だけでは表しきれない情報がある．図 2.5.1 (a), (b) がそれである．

(a), (b) は共通に $\mu=0$ で（0 でなくてもよいが便宜的に 0 とした），σ^2 は等しい（裏返しにしてある）が，歪み方において異なっている．統計学の専

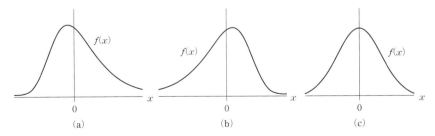

図 2.5.1　さまざまな歪み　歪度から判定される

門的用語では，(a) は右裾が重い，(b) は左裾が重い，といわれる．

(a) のタイプは経済変量の分布に多く，「上が青天井」のタイプである．

「偏り」を理解するために図 2.5.1 を見て，頂点（モード）と平均（ここでは 0）の位置関係に注意しよう．右裾が重いときは，期待値は頂点より大きい方向に偏っている．

実は，(a) では $E(X^3) > 0$，(b) では $E(X^3) < 0$ である．ちなみに (c) では歪みがなく，左右が対称なので $E(X^3) = 0$ である．一般に $E\{(X-\mu)^3\}$ を調べることで，(a)，(b) のいずれの歪み方かわかる．

歪度 確率分布の歪み方に関係する $E(X^3)$ を X の **3 次のモーメント** といい，μ_3 と書く．「モーメント」は物理学（力学）の専門術語からきた用語である．

確率論では，歪みの程度を表す指標

$$\beta_1 = \frac{E\{(X-\mu)^3\}}{\sigma^3}$$

を **歪み度（歪度）** と定義する．ちらばりの影響を除くため，あるいは無次元とするため σ^3 で割っている．

よくある例として，$X(X>0)$ の対数 $\log X$ が正規分布に従うとき，X は「対数正規分布」に従うといわれ，密度関数は図 2.5.2 で示される（くわしくは第 3 章）．見るように右側の「裾」（tail）が重く（長く long），歪度が正

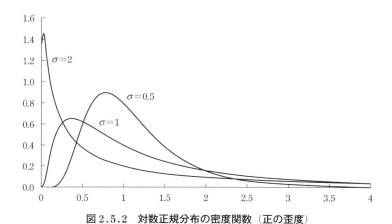

図 2.5.2 対数正規分布の密度関数（正の歪度）

§2.5 さまざまな確率分布の形：モーメント

である典型例として，経済分析でも応用の機会が多い．

記号は $LN(\mu, \sigma^2)$ で，図 2.5.2 は σ を変えてある．歪度 $=(e^{\sigma^2}+2)\sqrt{e^{\sigma^2}-1}$ である．

尖度　ついで，4 次のモーメントである $\mu_4=E(X^4)$ は確率分布の曲り方に関係する．「尖度」[†] は文字通り中心周囲の尖り方をさせる訳語とされてきたが，実は確率分布の左右に大きく外れた「裾」（英語では tail）の出やすさを示すため，適切でないとされている．もっとも中心周囲にもかかわりがないわけではない．そこで，今後はふつうの語感にかかわらず「裾の重さ」(heavy tail, fat tail) の訳語を採用する．

$\mu=0$ を仮定しているが，$\mu\neq 0$ なら $E\{(X-\mu)^4\}$ を考え，
$$\beta_2=\frac{E\{(X-\mu)^4\}}{\sigma^4}-3$$
を**尖度**と定義する．3 を引くのは正規分布の場合を基準にとるからである．

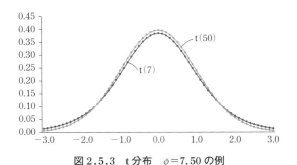

図 2.5.3　t 分布　$\phi=7, 50$ の例

t 分布[‡] **の尖度の例**　自由度 ϕ に対して，$\phi>4$ なら，$\beta_2=6/(\phi-4)$, $\phi\to\infty$ のとき 0 となり正規分布に一致．ϕ が大きいほど short tail，小さいほど long tail になる．

高次のモーメント　$\mu_5=E(X^5)$, $\mu_6=E(X^6)$, …（高次のモーメント）が

[†]　原語 kurtosis はギリシャ語起源で「曲がり度」を意味する．curve も同語源である．

[‡]　統計学における最重要分布の一つで，標準正規分布の代替である．

確率分布の形の何を表すかは知られていないが，何かを表してはいる．このことから，あたかも人体の各部分を測定すればその人の洋服を仕立てることができるように，次のことがいえることは明らかであろう．

すべての次数のモーメント
$$E(X), \ E(X^2), \ E(X^3), \ E(X^4), \ \cdots$$
がわかれば，ただ 1 通りの確率分布が定まる．

1 次のモーメント $\mu_1 = E(X)$ は期待値，2 次のモーメント $\mu_2 = E(X^2)$ は分散を表すことはいうまでもない．では，すべての次数のモーメントをどう求めるか．それが「モーメント母関数」である（第 3 章）．

§2.6 以下の確率と累積分布関数

変数の値の分布を表すとき，70 点以下の人は 75％であった（70 点を超えた人は 25％であった）とか，利回りが 5％以下になる確率は○○％（確率）であった，という言い方（下から積み上げた**以下の確率**）もある．確率変数の確率分布でも，a 以下（a は定数）の確率
$$P(X \leq a)$$
でいう方がわかりやすかったり，実際の用にも意外に密度関数より役立ったりする．この確率はもちろん a の値で変わる，つまり a の関数である．

たとえば，$[0, 10]$ 上だけにある一様な確率分布の密度関数
$$f(x) \equiv \frac{1}{10} \quad (0 \leq x \leq 10), \qquad f(x) = 0 \quad (それ以外)$$
では，$0 < a < 10$ なら
$$P(X \leq a) = \int_0^a \frac{1}{10} dx = \frac{1}{10} \Big[x \Big]_0^a = \frac{a}{10}$$
である．たとえば $X \leq 7$（$a = 7$）は $P(X \leq 7) = 0.7$ と計算される．

ここでは「a 以下」を「x 以下」と言い換えると

$$P(X \leqq x) = \frac{x}{10} \quad (0 < x < 10)$$

また，Xのとりうる値は常に（たとえば）12（>10なら何でもよい）以下であるから $P(X \leqq x) = 1 \quad (x > 10)$ であり，さらに，マイナスの数（たとえば）-1以下は起こりえないから $P(X \leqq x) = 0 \quad (x < 0)$ である．そこで

$$F(x) = P(X \leqq x) \tag{2.6.1}$$

を長いが**累積分布関数**（Cumulative distribution function, CDF）という．累積とは，x以下を積み上げた（積分した）という意味である．

このFは密度関数fの積分では，数学的に

$$F(x) = \int_{-\infty}^{x} f(u)\,du \tag{2.6.2}$$

であるから，微積分の教えるところにより，Fの微分はfで，上の例でも

$$\left(\frac{x}{10}\right)' = \frac{1}{10} \quad (0 \leqq x \leqq 10)$$

また，定数の微分＝0から $f(x) \equiv 0$（$0 < x < 10$以外のx）．そこで，正式に

$$F'(x) = f(x) \tag{2.6.3}$$

このように，密度関数fと累積分布関数Fは互いに一方から他方が求められ，両方とも確率変数の確率分布の表現に適するが，場合に応じて便利な方

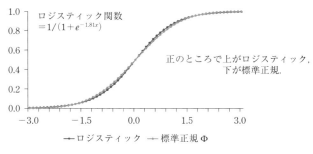

図 2.6.1　シグモイド曲線 2 通り

を用いればよい. 実際, F を出し f にという導出が'定番'ともいえる.

Φ と NORM.S.DIST　次章に述べる標準正規分布は積分できない（不定積分が見出せない）. そのまま

$$\Phi(x) = \int_{-\infty}^{x} \frac{1}{\sqrt{2\pi}} e^{-\frac{u^2}{2}} du$$

として定義し,「標準正規分布の累積分布関数」の数表（Excel では NORM.S.DIST）が準備されている（Excel では, TRUE と指定）. 第 9, 10, 11 章は'Φ の世界'で, これを使いこなすのが熟達の道である.

　連続分布の累積分布関数は一般に, 図 2.6.1 の Φ に見るように, S の字を水平方向に長く引き伸ばした形で「シグモイド型」sigmoid[†]と言われる. 関数名ではなく広く見られる形の総称である.

　なお, 分野によっては $\Phi(x)$ を $N(x)$ と標記しているが, 紛らわしく勧められない.

§2.7　条件付期待値と条件付分散

　条件付確率を使いこなせれば, 確率論のリーチは数倍拡がる.

　条件付確率の分布も §2.2 に続いて「確率分布」であるから, その期待値（条件付期待値）, 分散（条件付分散）がある. テキストの扱いは軽いが, 実用上の重要性は大きい. マルチンゲール理論でも主役となる.

　例　二つのさいころの目の和 $Z = X + Y$ とするとき, $Z \leqq 6$ の条件付確率分布を求め, 条件付期待値 $E(Z|Z \leqq 6)$, 条件付分散 $V(Z|Z \leqq 6)$ を求める.

　解　$P(Z \leqq 6) = \dfrac{1+2+3+4+5}{36} = \dfrac{5}{12}$ から Z の確率分布を $P(Z \leqq 6)$ で割り

[†]　S の対応ギリシャ文字 sigma と -oid（準, 擬）から'擬 S 型'を意味する. ニューラルネットの隠れ層のユニット, 生物統計学の「量−反応関係」, 行動科学の学習曲線, あるいはロジスティック回帰の主役になる「ロジスティック関数」もシグモイド型である. なお, 歴史的に積分記号も同類である（ベルヌーイ, オイラー, ライプニッツ）.

	2	3	4	5	6
	$\dfrac{1}{15}$	$\dfrac{2}{15}$	$\dfrac{3}{15}$	$\dfrac{4}{15}$	$\dfrac{5}{15}$

よって期待値と分散は

$$E(Z|Z \leqq 6) = \frac{1 \cdot 2 + 2 \cdot 3 + 3 \cdot 4 + 4 \cdot 5 + 5 \cdot 6}{15} = \frac{14}{3} = 4.67$$

$E(Z) = 7$ だからさすがに相当小さい.

$$V(Z|Z \leqq 6) = \frac{1 \cdot 2^2 + 2 \cdot 3^2 + 3 \cdot 4^2 + 4 \cdot 5^2 + 5 \cdot 6^2}{15} - \left(\frac{14}{3}\right)^2$$

$$= \frac{70}{3} - \frac{196}{9} = \frac{14}{9} = 1.56$$

条件で範囲が制限され $V(Z) = 35/6 = 2.92$ よりはるかに小さい.

 ワンポイント練習2

[2.1]　確率変数 X が $[0,1]$ 上で一様に分布するとき

$$Y = \frac{2X}{X+1}$$

の累積分布関数, 確率密度関数を求め, グラフに表しなさい.

[2.2]　サイコロの目を X とするとき,

$$P(X \geqq 1) = 1, \quad P(X \geqq 2) = \frac{5}{6}, \quad \cdots, \quad P(X \geqq 6) = \frac{1}{6}$$

このことから直接に $E(X)$ を求めなさい.

[2.3]　X は $[0,1]$ 上の一様分布に従うとする. μ, σ^2 をその期待値, 分散として, $|X - \mu|$ $> 1.5\sigma$ となる確率をチェビシェフの不等式により評価しなさい. さらにその確率を求め, 評価による値を比較しなさい.

[2.4]　X が $[-1,1]$ 上の一様分布に従うとき, $1, 2, \cdots, 5$ 次のモーメント $\mu_1, \mu_2, \cdots, \mu_5$ を求め, 分散, 歪度, 尖度を求めなさい.

[2.5]　4人の集団に対し（ⅰ）同じ誕生日の人がいる確率,（ⅱ）同じ生まれ月の人がいる確率を求めなさい.（「誕生日問題」Parzen, p. 54）

第3章

いろいろな確率分布

§3.1 4種の重要分布

いかに期待値や分散の確率論原論を知っていても，それ自体が課題ならかまわないが，現象ごとに当てはまるふさわしい確率分布を知らなければ問題は解けない．いろいろな分布のライブラリーが本章の分布各論である．取り組みやすい分布は，離散型なら二項分布，ポアソン分布，連続型なら指数分布，正規分布である．これらを学ぶことで，確率論の内容も深くかつ横展開する．そのようにして，本章，および第4, 5章で確率論基礎が定まる．

これらのほかに，離散型確率分布として，超幾何分布，幾何分布，負の二

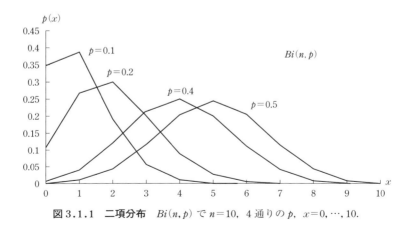

図 3.1.1　二項分布　$Bi(n,p)$ で $n=10$, 4通りの p, $x=0,\cdots,10$.

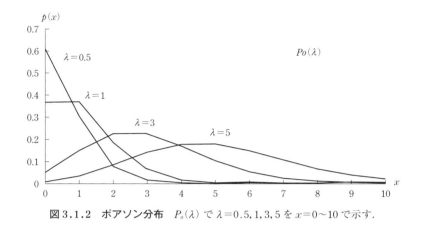

図 3.1.2 ポアソン分布 $P_o(\lambda)$ で $\lambda=0.5, 1, 3, 5$ を $x=0\sim10$ で示す.

項分布などが用いられ,連続型分布として,対数正規分布,ガンマ分布,ベータ分布,コーシー分布などが知られている(最初の 2 つは本書では若干くわしく説明をしてある).

§3.2 二 項 分 布

二項分布は確率論の出発以来の'老舗'であり,確率論の発展を支えて来た重要分布である.それにはベルヌーイ,ド・モアブル,ラプラスなど先駆者の功績も大きい.

1 回の試行あたり 2 つの結果 S, F(何でもよいが,仮に「成功」「失敗」の意味)だけが起こる実験で,確率が

$$P(S)=p, \quad P(F)=1-p(=q)$$

とする.n 回の試行で起こった S の回数を X とすると,X は確率変数で

$$P(X=x)={}_nC_x\, p^x(1-p)^{n-x} \quad (x=0, 1, \cdots, n)$$

となる.これをパラメータ (n, p) の**二項分布**(Binomial distribution)といい $Bi(n, p)$ で表す.

まず,順序は別とすれば成功の確率は $p \cdot p \cdots\cdots p$(x 回),失敗の確率は $q \cdot q \cdots\cdots q$($n-x$ 回)である.ここで確率が積になることの説明が必要となる

が，さしあたり直観ですませよう．次に組み合わせの倍数 $_nC_x$ は，n 回の試行中 x 回の成功の場所の指定に対応する．

$n=4$ の場合を示すと，

$$_4C_0 = \frac{4!}{4!\,0!} = 1, \qquad _4C_1 = \frac{4!}{3!\,1!} = 4, \qquad _4C_2 = \frac{4!}{2!\,2!} = 6, \qquad _4C_3 = \frac{4!}{1!\,3!} = 4,$$

$$_4C_4 = \frac{4!}{0!\,4!} = 1 \quad (0! = 1 \text{ に注意})$$

であるから，$p = \dfrac{2}{3}$ とすると各成功回数は表3.2.1のようになる．

表3.2.1 パラメータ $(n, p) = \left(4, \dfrac{2}{3}\right)$ の二項分布

X	0	1	2	3	4	計
確率	$(1-p)^4$	$4p(1-p)^3$	$6p^2(1-p)^2$	$4p^3(1-p)$	p^4	1
$p = \dfrac{2}{3}$	$\dfrac{1}{81}$	$\dfrac{8}{81}$	$\dfrac{24}{81}$	$\dfrac{32}{81}$	$\dfrac{16}{81}$	1

ここで，$P(X=x)$ の式を，あらためて

$$f(x) = {}_nC_x\, p^x (1-p)^{n-x} \tag{3.2.1}$$

とおくと，表のように

$$\sum_x f(x) = 1$$

となるが，一般の場合にも二項定理を逆に使って

$$\sum_{x=0}^{n} {}_nC_x\, p^x (1-p)^{n-x} \equiv \{p + (1-p)\}^n \equiv 1 \tag{3.2.2}$$

で証明できる．この証明は意表をつくある種の習熟のトリックであろう．

数学的補足

確率分布を決める重要な定数を**パラメータ**という．

	正規分布	二項分布	ポアソン分布	指数分布
パラメータ	μ：平均	n：試行回数	λ：強度	$\dfrac{1}{\lambda}$：平均
	σ：標準偏差	p：確率	（平均＝分散＝λ）	$\left(\text{分散} = \dfrac{1}{\lambda^2}\right)$
	（分散＝σ^2）			

「平均」は「期待値」ともいう．

§3.2 二項分布　37

二項分布の期待値はやや苦労するが，$p = \dfrac{2}{3}$ の場合

$$0 \cdot \frac{1}{81} + 1 \cdot \frac{8}{81} + \cdots + 4 \cdot \frac{16}{81} = \frac{8}{3}$$

で見当をつけると，$4 \cdot \dfrac{2}{3}$ であること，一般には，式 (2.3.2) に準じて

$$E(X) = np \tag{3.2.3}$$

となることがわかる．

　1 回あたりの成功率 p で n 回試行するから，平均的に np 回成功することが期待できることは理解できる．もちろん，平均的であって，実際は np 回からばらつく．その分散 $V(X)$ を求めるために，$n=1$ なら $E(X) = p$ だから

$$V(X) = E(X^2) - (E(X))^2 = \{0^2 \cdot (1-p) + 1^2 \cdot p\} - p^2 = p(1-p)$$

$n = 2$ なら，同じように

$$V(X) = \{0^2 \cdot (1-p)^2 + 1^2 \cdot 2p(1-p) + 2^2 \cdot p^2\} - (2p)^2 = 2p(1-p)$$

で，これから，一般には，(3.2.3) のペアとして

$$V(X) = np(1-p) \tag{3.2.4}$$

であることが予想でき，また，実際そうなる．証明は各自の格好な演習題で，マスターには不可欠である．

　公式 $E(X) = np$ の証明にはいくつかの方法があるが，巧妙なやり方がある．

　x を k と書き換え，かつ t^k を入れて（この t に特に意味はない）

$$_nC_k\, p^k t^k \cdot (1-p)^{n-k}$$

を考える．再び二項定理から

$$\sum_{k=0}^{n} {_nC_k}\, p^k t^k \cdot q^{n-k} = (pt+q)^n \qquad (1-p\ を\ q\ と略記)$$

となるが，これが t の関数（t の n 次式）であることに注意する．

　微分すると $(t^k)' = k t^{k-1}$ であり，右辺は合成関数の微分を行って

$$\sum_{k=0}^{n} (k \cdot {_nC_k}\, p^k q^{n-k}) t^{k-1} = n(pt+q)^{n-1} \cdot p$$

と書ける．ここで $t=1$ とおくと，左辺に期待値が現れ，かつ $p+q=1$ から

$$\sum_{k=0}^{n} k \cdot {}_nC_k \, p^k q^{n-k} = np$$

と，結果が得られる．分散もこの t の式をさらに微分して求められるが省略しよう．

分散は p について 2 次関数で，$p=\dfrac{1}{2}$ で最大値をとる．このことは，成功率 p が $\dfrac{1}{2}$（$=0.5$）であれば結果が最も予測しにくいことからも理解できる．逆に，p が 0 あるいは 1 のときは，F のみあるいは S のみで，ばらつきは完全に $V(X)=0$ である．似たことはエントロピー関数

$$H(p) = -p \log p - (1-p) \log (1-p)$$

でもいえる（$H(0)=H(1)\equiv 0$ とする）．

ランダム・ウォーク　基礎的な確率過程であるランダム・ウォークの「一歩の確率分布」も二項分布に関係している．S の回数を数えることは，1 回あたりの試行で $S \to 1$，$F \to -1$ の数字読み替えをしたことである．

これから，X の期待値，分散は

$$E(X) = 1 \cdot p + (-1) \cdot q = p - q \tag{3.2.5}$$

$$\begin{aligned} V(X) &= \{1^2 \cdot p + (-1)^2 \cdot q\} - (p-q)^2 \\ &= 1 - (p-q)^2 = 4pq = 4p(1-p) \end{aligned} \tag{3.2.6}$$

となる．ここで $1=(p+q)^2$ を利用した．

いま，X_1, X_2, X_3, X_4 がそれぞれ ± 1 の値（位置）をとり

$$P(X_i=1) = \frac{2}{3}, \qquad P(X_i=-1) = \frac{1}{3} \qquad (i=1,2,3,4)$$

としよう．これら ± 1 を加算したランダム・ウォークの $n=4$ で $X_1+X_2+X_3+X_4$ には，-4 から 4 の値が可能で（ただし奇数はとらない），確率分布は表 3.2.2 のようになる．$p=\dfrac{2}{3} > q=\dfrac{1}{3}$ であるから当然であるが，1 次元軸の右（正）への流れ（ドリフト）がある．

ランダム・ウォークについては第 6 章で詳しく解説する．

§3.2　二項分布　39

表 3.2.2 $p = \dfrac{2}{3}$ のランダム・ウォーク　奇数は起こらないことに注意.

(S, F) の回数	$(0, 4)$	$(1, 3)$	$(2, 2)$	$(3, 1)$	$(4, 0)$
$X_1 + X_2 + X_3 + X_4$ の位置	-4	-2	0	2	4
位置の確率	$\dfrac{1}{81}$	$\dfrac{8}{81}$	$\dfrac{24}{81}$	$\dfrac{32}{81}$	$\dfrac{16}{81}$

§3.3　ポアソン分布

ポアソンは人名である. 一つの重要課題を解決した.

二項分布 $Bi(n, p)$ で n がきわめて大, p がきわめて小のとき, 確率の式

$$_n\mathrm{C}_x p^x (1-p)^{n-x}$$

は非常に計算しにくい. その例を考えてみよう.

例　不動産業において, 一定規模以上の契約成立に達する確率はきわめて小さいとし, $p = 0.002$ とする. 1000 件の申し込みに対し, 成立件数が 0, 1, 2, 3 件となる確率はどうなるか.

たとえば, 3 件成立の確率は

$$P(X=3) = {}_{1\,000}\mathrm{C}_3 (0.002)^3 (0.998)^{997}$$

となるが, この計算を精確に行うことは現実的ではない. 二項分布は古来よりよく知られていたが, ここへ来てこのデッドロックである.

数学者ポアソン (1781-1840) は, $n \to \infty$, $p \to 0$ のとき (ただし np については, $np = $ 一定, あるいは少なくとも $np \to$ 一定　とする), 巧妙な計算法 (近似計算) を発見した. すなわちこの一定値 $= \lambda$ とすると, 二項分布について, $n \to \infty$, $p \to 0$ のとき

$$_n\mathrm{C}_x p^x (1-p)^{n-x} \to (2.718\,28\cdots)^{-\lambda} \cdot \frac{\lambda^x}{x!} \qquad (x = 0, 1, 2, \cdots) \qquad (3.3.1)$$

となるのである. この $2.718\,28\cdots$ は数学で**自然対数の底**といわれ, 記号 e で表される. 証明は多くのテキストにあるので, スペースの都合で割愛する.

この, 円周率 $\pi = 3.141\,59\cdots$ と並ぶ重要な定数 e が出現したのは, 上の式

40　第 3 章　いろいろな確率分布

を導く途中で，定義

$$\left(1+\frac{1}{n}\right)^n \xrightarrow{n \to \infty} e \quad (2.718\,281\,828\,4\cdots)$$

を用いたからである．以下，簡単のため e を用いよう．そこで

$$P(X=x)=e^{-\lambda}\frac{\lambda^x}{x!} \qquad (x=0,1,2,\cdots) \tag{3.3.2}$$

を，人名をとって，パラメータ λ の**ポアソン分布**といい $Po(\lambda)$ と書く．また，指数関数 e^x のべき級数展開から

$$\sum_{k=0}^{\infty}\frac{\lambda^k}{k!}=e^\lambda \quad より \quad \sum_{x=0}^{\infty}P(X=x)=1$$

は明らか．この計算もある種の確率論独得のトリックである．

期待値 $E(X)$，分散 $V(X)$ も定義から求めてもよいが，それはやっかいである．むしろ簡単な方法がある．二項分布では

$$E(X)=np, \qquad V(X)=np(1-p)$$

で，$p \to 0$ から $1-p \to 1$，また $np \to \lambda$ を代入すると，意外にシンプルで

$$E(X)=\lambda, \quad V(X)=\lambda \tag{3.3.3}$$

を得る．すなわち，ポアソン分布の特徴として期待値，分散は等しく，しかもそれはポアソン分布のパラメータ λ に等しい．したがって「期待値（平均値）λ のポアソン分布」という言い方をする．要するに，n 大，p 小の二項分布は期待値 np のポアソン分布で確率を計算しても大差ない．

例題 ポアソン分布で $np=1\,000\cdot0.002=2$ であるから（ここがポイント）

$$P(X=3)=e^{-2}\cdot\frac{2^3}{3!}=0.180\,4$$

となる．さらに

$$P(X=0)=e^{-2}=0.135\,3$$
$$P(X=1)=P(X=2)=2\cdot e^{-2}=0.270\,6$$

と計算される．3 件以下となる確率は，以上の和で

$$P(X\leqq3)=0.135\,3+0.270\,6\times2+0.180\,4=0.856\,9$$

§3.3 ポアソン分布　41

となる．1, 2, 3 件は概ね期待してよい．4 件以上はあまり望み得ない．

パラメータ λ は X の期待値であり，また $P(X=0)=e^{-\lambda}$ であるから λ が大きければ何も起こらない確率は小さくなる．すなわち，λ は生起の激しさを示すパラメータで，**強度**（intensity）と呼ばれる．ふつう，起こる回数は時間幅を決めて毎秒，毎時，毎月，毎年，…などのようにカウントする．

確率過程になって時間 t を導入する場合，単位時間あたりの起こり方の強度を λ とすると，幅 t の時間 $[0, t]$ では強度は λt となるから，この間に起こる回数を $X(t)$ とおくと，$X(t)$ の確率分布は $Po(\lambda t)$，つまり

$$P(X(t)=x)=e^{-\lambda t}\cdot\frac{(\lambda t)^x}{x!} \qquad (x=0, 1, 2, \cdots) \qquad (3.3.4)$$

となる．ゆえに時刻 t までの生起カウント数の期待値は $E(X(t))=\lambda t$ で，t に比例する．この確率過程 $X(t)$ を**ポアソン過程**というが，第 8, 11 章で扱う．

ここまでで離散型分布は中断し，連続型に入ろう．

§3.4　指　数　分　布

指数分布は指数関数 e^x を用いて定義され，§3.5 で述べる正規分布に次いで多用される連続型分布である．パラメータ λ を含む密度関数

$$f(x)=\begin{cases} \lambda e^{-\lambda x} & (x\geqq 0) \\ 0 & (x<0) \end{cases} \qquad (3.4.1)$$

によって定められる．この確率分布に従う確率変数 X は負の値はとらない．

$$\int_0^\infty \lambda e^{-\lambda x}dx=\left[e^{-\lambda x}\right]_0^\infty=0-(-1)=1$$

で，$f(x)$ はたしかに密度関数になっている．また，λ が小さいほど x の大きい所へ確率が流出してゆく（図 3.4.1）．実際，期待値は

$$E(X)=\int_0^\infty x\cdot\lambda e^{-\lambda x}dx \qquad (3.4.2)$$

だが，これは部分積分により $\dfrac{1}{\lambda}$ と求まる．すなわち

$$E(X)=\frac{1}{\lambda} \qquad (3.4.3)$$

42　第 3 章　いろいろな確率分布

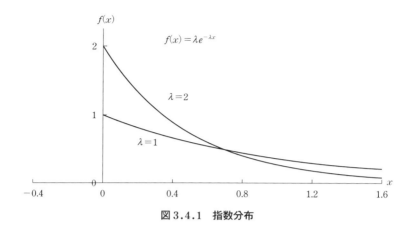

図 3.4.1 指数分布

で λ が小さいほど期待値は大きい（逆になる所が，多少気になる）．

さらに，分散は $V(X) = E(X^2) - (E(X))^2$ で，やはり部分積分から

$$E(X^2) = \int_0^\infty x^2 \cdot \lambda e^{-\lambda x} dx = \frac{2}{\lambda^2} \quad (3.4.4)$$

したがって，分散の計算法から $V(X) = \frac{2}{\lambda^2} - \left(\frac{1}{\lambda}\right)^2 = \frac{1}{\lambda^2}$ となる．以上をまとめて

$$E(X) = \frac{1}{\lambda}, \qquad V(X) = \frac{1}{\lambda^2} \quad (3.4.5)$$

となっている．つまり，λ が小さいほど永く永続する．そこで期待値が λ に直に比例するように形を整えるなら，λ を $\frac{1}{\lambda}$ とし

$$f(x) = \begin{cases} e^{-x/\lambda}/\lambda & (x \geq 0) \\ 0 & (x < 0) \end{cases}$$

と定義しなおせば[†]

$$E(X) = \lambda, \qquad V(X) = \lambda^2 \quad (3.4.6)$$

---

† この定義は少なくないので要注意（例：Excel）．

となって'見た目'都合がよい．計算ソフトの利用では注意しよう．さて指数分布はかなり個性的な特質がある．

待ち時間　指数分布は，決められた事象が生起するまでの時間，つまり**待ち時間**（waiting time）の分布として知られ，災害，事故の生起（到来）時間，システムの寿命，持続時間，作業終了までの時間などはその例である．

確率過程の理論では，ポアソン過程で$X(t)$でカウントされる事象の生起間の時間（たとえば，ある地震から次の地震までの時間など），言い換えると**到来間隔時間**がこの指数分布に従う．この場合，次の次の生起までの時間，言い換えれば，続くk個の到来間時間の和は，後述する**ガンマ分布**に従うが，ブラウン運動が正規分布とつながるのと並行的に，ポアソン過程と指数分布のつながりがある．

大きな期待値　指数分布の期待値$\frac{1}{\lambda}$は「平均」でありながら，かなり上へ偏った位置にあることが知られている．実際，期待値を超える確率は，λに無関係に

$$p\left(X \geqq \frac{1}{\lambda}\right) = \int_{\frac{1}{\lambda}}^{\infty} \lambda e^{-\lambda x} dx = \frac{1}{e} = 0.368 \quad （\lambda に無関係）$$

で，$\frac{1}{3}$をやや上回る程度である．逆に，平均的生起時間内に生起する確率は予想するより大きく，事故防止，災害防止のうえで教訓的と思われる．

無記憶性　指数分布にはその定義から導かれる独特の特色がある．いまXはあるシステムの寿命とし指数分布に従っているとする．$X > a$は時点aで動いていることを意味する．そこで，aで動いているとき（条件），さらにb経っても動いている確率は，条件付確率の定義から

$$P(X > a+b \mid X > a) = \frac{e^{-(a+b)}}{e^{-a}} = e^{-b} = P(X > b)$$

すなわちaに関係ないのみならず，「ブランド・ニュー」としてbだけ経って動いている確率は（aにかかわらず）変わらない．過去を忘れていると言い表していい（**無記憶性**）．（実際には†指数分布に従わないので，成り立たない．）

---

† 実際には初期故障あるいは経年劣化の故障がある．

§3.5 正規分布

いよいよ，確率論や統計学の主役の登場である．正規分布は最初に本格的数理を研究した数学者ガウスの名から数学ではガウス分布とも呼ばれる．統計学では，正規分布は人間の身長などの生物計測，物理的測定誤差など，多くの現象が従う確率分布として有用である．また統計理論（推測や中心極限定理）でも仮定され，理論上も応用上も非常に重要である．歴史的にもこのガウスをはじめ，ラプラス，ド・モアブル，ケトレー，ゴルトン，K. ピアソンなど有名な数学者，統計学者の関心をひいてきた．それは正規分布が 'ユビキタス' ubiquitous，つまり普遍的に 'どこにでもある' 現象だからである．

確率過程の理論でも，ブラウン運動（ウィーナー過程）をはじめ，確率微分方程式の基礎はすべてこの正規分布に基づいているから，これらの理解には正規分布の知識が不可欠である．

正規分布の理解は，まず関数

$$g(x) = e^{-x^2} \qquad (3.5.1)$$

の形から始めるとよい．指数関数を用いているが，x^2 の関数であるため，x 軸の原点 0 に関して左右対称であり，富士山型ないしはカウ・ベル型のよく知られた形をしている．また，この関数は物理学者でもあったガウスによる誤差の研究で現れ，また

$$\int_{-\infty}^{\infty} e^{-\frac{x^2}{2}} dx = \sqrt{2\pi} \qquad (3.5.2)$$

という巧妙な結果も知られている（2 は便宜的につけてある）．円周率 π が現れるのも意外であるが，本式の証明は微積分の教科書にまかせよう．

実際この $\sqrt{2\pi}$ という奇妙な数もただ計算する必要はなく，e^{-x^2} という式の形だけが重要である．正規分布の密度関数は，(3.5.2) の $e^{-\frac{x^2}{2}}$ で x を $x-\mu$ に替え，さらに $x-\mu$ を σ で割って得られ

$$f(x) = C \cdot e^{-\frac{(x-\mu)^2}{2\sigma^2}} \qquad (-\infty < x < \infty) \qquad (3.5.3)$$

となる．C は定数 $C=\dfrac{1}{\sqrt{2\pi}\,\sigma}$ を表す．$\displaystyle\int_{-\infty}^{\infty}f(x)\,dx=1$ とするためである．$\sqrt{}$ は σ にかかっていないことに注意（誤りが多い）．

μ と σ^2　ここで入れた 2 つのパラメータ μ,σ^2 の意味は次のとおりである．まず，$f(x)$ は μ に関して左右対称で，期待値は μ であると予想される．実際，定義に従って計算すると，部分積分を経て

$$E(X)=\int_{-\infty}^{\infty}x\frac{1}{\sqrt{2\pi}\,\sigma}e^{-\frac{(x-\mu)^2}{2\sigma^2}}dx=\mu \tag{3.5.4}$$

となり，同様の計算で，途中を略して

$$E(X^2)=\int_{-\infty}^{\infty}x^2\frac{1}{\sqrt{2\pi}\,\sigma}e^{-\frac{(x-\mu)^2}{2\sigma^2}}dx=\sigma^2+\mu^2 \tag{3.5.5}$$

を得る．つまり，分布名が直接に

$$E(X)=\mu,\qquad V(X)=\sigma^2 \tag{3.5.6}$$

となる．このことから

期待値（平均値）μ，分散 σ^2 の正規分布

という意味で $N(\mu,\sigma^2)$ と記する．N は Normal distribution（正規分布）の頭文字を用いている．したがって分散 σ^2 が大きく（小さく）なるほどベル型は拡がる（縮まる）．

　なお，拡がりのひとつの目安として，σ は 2 つの変曲点（$f(x)$ のグラフの曲がり方，すなわち凹凸が交代する点）間のへだたりの半分に等しい．微積分の知識のある読者は確かめておくとよい．

標準正規分布　統計的推測では，この密度関数による確率計算が必要になる．すなわち，いま μ,σ^2 が与えられているとき，標準化変数

$$Z=\frac{X-\mu}{\sigma} \tag{3.5.7}$$

によって Z に変換すると，Z が $N(0,1)$（標準正規分布）に従い，関数

$$\Phi(z)=\int_{-\infty}^{z}\frac{1}{\sqrt{2\pi}}e^{-\frac{u^2}{2}}du \qquad（累積分布関数） \tag{3.5.8}$$

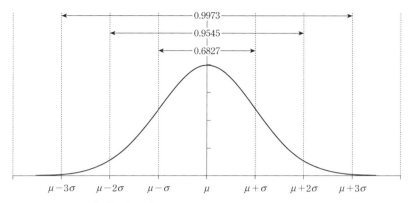

図 3.5.1 標準正規分布の 1σ, 2σ, 3σ 範囲の確率（NORM.S.DIST）

で，z 以下の確率（累積確率）を求めればよい．この積分は解析的に（初等関数の範囲で）積分できないが，Excel を使えば簡単に計算できる．

$N(0,1)$ の主な区間の確率が知られている．図 3.5.1 から，標準化の後

$$P(-k \leqq Z \leqq k) = P(Z \leqq k) - P(Z < -k) = \Phi(k) - \Phi(-k) \quad (3.5.9)$$

で，$k = 1, 2, \cdots$ としてみよう．（　）はその区間外に落ちる確率である．

おもな σ 区間の確率

1σ　$P(-1 \leqq Z \leqq 1) = \Phi(1) - \Phi(-1) = 0.6827$　（ほぼ 1/3）

2σ　$P(-2 \leqq Z \leqq 2) = \Phi(2) - \Phi(-2) = 0.9545$　（ほぼ 1/20）

3σ　$P(-3 \leqq Z \leqq 3) = \Phi(3) - \Phi(-3) = 0.9973$　（ほぼ 3/1 000）

4σ　$P(-4 \leqq Z \leqq 4) = \Phi(4) - \Phi(-4) = 0.9999$　（ほぼ 1/10 000）

＊Excel では NORM.S.DIST（TRUE とする）による．　　　　（3.5.10）

なお，$-3 \leqq Z \leqq 3$ は，もとの X でいえば，$\mu - 3\sigma \leqq X \leqq \mu + 3\sigma$ に相当するが，常識的にいえばこれで事実上すべて（全体の確率＝1）である．「事実上のすべて」の意味で，この区間 $[\mu - 3\sigma, \mu + 3\sigma]$ を **3σ 範囲** という（図 3.5.4）．3σ 範囲の外へはずれる確率は 1 000 に 3 つ，いわゆる「千三つ」である．この言葉は，「きわめて成り立ちにくい」「稀にしか真実でない」の

§3.5　正 規 分 布

意に使われる．また 4σ の外が‘一万分の一’を知っていればなおよい．

偏差値得点と正規分布　偏差値得点 T は平均 50，分散 10^2 に調整されている．正規分布の仮定が成り立つとき，それぞれ得点 T が

$$40 \leqq T \leqq 60, \qquad T \leqq 70, \qquad T \geqq 75, \qquad T \leqq 55, \qquad 50 \leqq T \leqq 51$$

となる確率を求める．100 000 人に対し平均何人がこれに該当するか．

解　たとえば，「一点差」の $50 \leqq T \leqq 51$ の確率を求めると

$$P(50 \leqq T \leqq 51) = P(0 \leqq T - 50 \leqq 1) = P\left(0 \leqq \frac{T-50}{10} \leqq 0.1\right)$$

$$= \Phi(0.1) - \Phi(0) = 0.539\,83 - 0.5 = 0.039\,83$$

となり，3 983 人がこの範囲に入る．ただし，成績の分布は厳密には正規分布に従っているわけではないので，結果は席次などには使えない．

対数正規分布　最近はよくいわれる．また「対数正規ブラウン運動」（幾何ブラウン運動，第 8〜11 章）は主役になっている．X がパラメータ μ, σ^2 の対数正規分布に従うとは，$Y = \log X$（ただし $\log$ は自然対数）が正規分布 $N(\mu, \sigma^2)$ に従うことをいう．逆に，Y が正規分布 $N(\mu, \sigma^2)$ に従うとき，e^Y が従う確率分布がパラメータ μ, σ^2 の対数正規分布である．（図 2.5.2 参照）

対数正規分布は計量経済学で用いられるほか，第 8 章に見るように幾何ブラウン運動として確率過程論でも応用されるが，密度関数，期待値，分散，歪度については憶える必要はないが，向学のため挙げておこう．

$$g(x) = \frac{1}{\sqrt{2\pi}\,\sigma x} e^{-\frac{(\log x - \mu)^2}{2\sigma^2}}, \qquad x > 0 \qquad (3.5.11)$$

より

$$E(e^Y) = \int_{-\infty}^{\infty} e^y \frac{1}{\sqrt{2\pi}\,\sigma} e^{-\frac{(y-\mu)^2}{2\sigma^2}} dy = e^{\mu + \frac{1}{2}\sigma^2}$$

$$V(e^Y) = (e^{\sigma^2} - 1) e^{2\mu + \sigma^2}$$

$$e^Y \text{の歪度} = (e^{\sigma^2} + 2)\sqrt{e^{\sigma^2} - 1}$$

§3.6 中心極限定理の始まり

　測定を何回（あるいは何件，何人）も繰り返した合計量がある山型の対称分布として出現することは昔からよく知られていた．その分布が今でいう「正規分布」であるということ，およびその証明が「中心極限定理」Central limit theorem である．

　計算法としての正規分布の起源はガウス以前に遡る．当初は「ド・モアブル – ラプラスの定理」と呼ばれ，次に述べる二項分布の計算法であった．最初から「正規分布」と呼ばれていたわけではない（ゴルトンの命名）．

> ### ド・モアブル – ラプラスの定理
> 　X が二項分布 $Bi(n, p)$ に従っているとき，n が大きいならば，X はほぼ $\mu = np$（二項分布の期待値），$\sigma^2 = np(1-p)$（同じく分散）であるような正規分布 $N(np, np(1-p))$ に従う．

　この定理が最初の中心極限定理で，その効用は次の例で見るように絶大である．

　中心からのゆらぎ　40 000 回コインを投げて観察し，表が 20 400 回以上あるいは 19 600 回以下出ることは，どの程度の確率であろうか．平均して 20 000 回だけ表が出ることが予想され，差 400 回は 2 ％の誤差であるから，そのゆらぎの外で表が出ることは，直観では，実際上ありふれたことと考えられる．理論上の結論もそうであろうか．

　解　表の回数を X とすると，X は $Bi\left(40\,000, \dfrac{1}{2}\right)$ に従う．しかしながら

$$\sum_{x=19\,600}^{20\,400} {}_{40\,000}C_x \left(\frac{1}{2}\right)^x \left(\frac{1}{2}\right)^{40\,000-x} = \left(\frac{1}{2}\right)^{40\,000} \sum_{x=19\,600}^{20\,400} {}_{40\,000}C_x$$

の計算は不可能である．しかし，期待値は $np = 20\,000$，分散は $np(1-p) = 10\,000$ だから，正規分布による近似で X は $N(20\,000, 100^2)$ に従うとして

$$P(19\,600 \leq X \leq 20\,400) = P\left(-4 \leq \frac{X - 20\,000}{100} \leq 4\right) = \Phi(4) - \Phi(-4)$$
$$= 0.999\,9$$

§3.6　中心極限定理の始まり　49

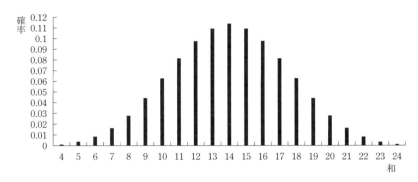

図3.6.1 4個のサイコロの出目の和の確率分布：中心極限定理の好例

求める確率は $\dfrac{1}{10\,000}$ 程度で，たった2％の誤差でさえも事実上あり得ない．

0,1変数（カウント変数）の和は二項分布に従っている．では，それ以外の確率分布に従う一般の確率変数の和（詳しくは§5.2で述べるように，独立で同一分布に従う n 個の確率変数）はどんな分布に従うかという問題が生じる．これがド・モアブル‐ラプラスの定理の発展である**中心極限定理**である．詳しくは第7章で扱うとして，ここでは4個のサイコロの目の和の確率分布がほぼ正規分布に従うことを確認しよう．

図3.6.1は4個のサイコロを $6^4 = 1\,296$ 通りの出目 X_i の和（理論値）の確率を理論計算しグラフにしたものである．みごとな正規分布の形を読みとることができるだろう（Excelを使用して作成）．正規分布以外への適用は，二項分布の期待値 np，分散 $np(1-p)$ に代わって，$\mu = E(X_i)$, $\sigma^2 = V(X_i)$ から $n\mu$, $n\sigma^2$ として第7章で扱う．

§3.7　モーメント母関数の効用

いろいろな確率分布を利用するとき，ほとんどの場合，期待値と分散しか用いない．2つのパラメータでそれが決まるときはそれで十分であるが，一般には，3次以上のモーメントも必要なはずである．

実際，期待値，分散，歪度，尖度などの値をあらかじめ指定すると，それに

該当する確率分布の候補はおのずから制限されてくる．その極限として，すべての次数のモーメントを指定すれば，それにより1つの確率分布が決定されるはずである．Xのすべての次数のモーメントを生成する**モーメント母関数** Moment generating function, MGF を

$$M_X(t) = E(e^{tX}) \tag{3.7.1}$$

のように定義する．tは助変数で特に意味はない．その計算は

$$M_X(t) = \sum_x e^{tx} f(x) \qquad （離散型） \tag{3.7.2}$$

$$M_X(t) = \int_{-\infty}^{\infty} e^{tx} f(x)\,dx \qquad （連続型） \tag{3.7.3}$$

による．ただし，この定義で無限和，積分が存在しないこともある．

式（3.7.1）から，$M_X(t)$を繰り返し微分して$t=0$とおいた導関数は，以下に証明するように

$$M_X'(0) = \mu_1, \qquad M_X''(0) = \mu_2, \qquad M_X'''(0) = \mu_3, \qquad \cdots$$

となる．一般にモーメント母関数のr階導関数から

$$M_X^{(r)}(0) = \mu_r \tag{3.7.4}$$

のように，各次数のモーメントがわかる．このように，モーメント母関数から，期待値，分散，歪度，尖度など，重要なモーメントが，やっかいな積分計算をすることなく（ただし一回は定義（3.7.1）で必要），飛躍的に簡単な微分の計算から求められる．モーメント母関数は，多くの役に立つ性質をもつが，これもその1つである．

証明 $M_X(t)$がモーメント$\mu_1, \mu_2, \mu_3, \cdots$を生成するのは，$e^x$の展開式

$$e^x = 1 + x + \frac{x^2}{2!} + \frac{x^3}{3!} + \cdots$$

にtXを代入し

$$e^{tX} = 1 + tX + \frac{(tX)^2}{2!} + \frac{(tX)^3}{3!} + \cdots$$

で，両辺の期待値をとれば，形式的だが，

$$M_X(t) = 1 + tE(X) + t^2 \frac{E(X^2)}{2!} + t^3 \frac{E(X^3)}{3!} + \cdots$$

§3.7　モーメント母関数の効用　51

$$=1+\mu_1 t+\frac{\mu_2}{2!}t^2+\frac{\mu_3}{3!}t^3+\cdots \qquad (3.7.5)$$

となることから明らかである．つまり，$M_X(t)$ は t に関する展開式の係数に
すべての次数のモーメントを含んでいる．これを微分すれば低次の項は消
え，さらに $t=0$ とおけば当該の次数を除き，高次の項も消える．

次の指数分布では，この関数の効用は直接的で大きい．

計算例 （3.4.1）の指数分布に従う確率変数 X に対し，$t<\lambda$ なら

$$M_X(t)=\int_0^\infty e^{tx}\lambda e^{-\lambda x}dx=\lambda\int_0^\infty e^{(t-\lambda)x}dx=\frac{\lambda}{\lambda-t} \qquad (3.7.6)$$

となる（$t>\lambda$ なら存在しない）．これを繰り返し微分すると

$$M_X{}'(t)=\lambda\cdot\frac{1}{(\lambda-t)^2}, \qquad M_X{}''(t)=\lambda\cdot\frac{2}{(\lambda-t)^3}$$

$$M_X{}'''(t)=\lambda\cdot 2\cdot\frac{3}{(\lambda-t)^4}, \quad \cdots, \quad M_X^{(r)}(t)=\lambda\cdot\frac{r!}{(\lambda-t)^{r+1}}, \quad \cdots$$

となる．これから，$t=0$ とおいて，各次数のモーメントが，次々と

$$\mu_1=\frac{1}{\lambda}, \;\; \mu_2=\frac{2}{\lambda^2}, \;\; \mu_3=\frac{6}{\lambda^3}, \;\; \mu_4=\frac{24}{\lambda^4}, \;\; \cdots, \;\; \mu_r=\frac{r!}{\lambda^r}, \;\; \cdots$$

などと求められる．

モーメント母関数 $M_X(t)$ がすべての次数のモーメント $\mu_1, \mu_2, \mu_3, \mu_4, \cdots$ を
生成することから，確率分布を決定するといってよい．すなわち，モーメン
ト母関数は事実上，確率分布そのもの，身代りである．

本章で扱った重要な X の確率分布のモーメント母関数をあげておこう．
この関数のメリットは第 4，5 章で示される．

モーメント母関数 4 通り

（ⅰ） 二項分布　$Bi(n,p)$　$M_X(t)=\{pe^t+(1-p)\}^n$

（ⅱ） ポアソン分布　　　　$M_X(t)=e^{\lambda(e^t-1)}$

（ⅲ） 指数分布　　　　　　$M_X(t)=\dfrac{\lambda}{\lambda-t}$　　　$(t<\lambda)$

52　第 3 章　いろいろな確率分布

$$\begin{array}{cc} \text{(iv)} \quad \text{正規分布} & M_X(t) = e^{\mu t + \sigma^2 \frac{t^2}{2}} \end{array}$$

数学において，一般に「母関数」generating function は直接には求めにくい目的量を自動的に操作生成する（generate）関数で，実践的効用が大きく重用したのはラプラスである．母関数は操作の方法論上のもので，実体としての意味はないが，「飛び道具」のように強力である．

§3.8 応用上有用な確率分布

確率過程は，二項，ポアソン，指数，正規，対数正規，および指数の拡張としてガンマ分布でほぼ完全に語り尽くされるが，式運用あるいは応用上それ以外の諸分布も望まれることがある．

超幾何分布　要素の個数 N の集団がそれぞれ個数 $M, N-M$ の部分集団 A, B に分かれているとき，全体集団から n 個の要素をランダムに抜き出す．このうち $X, n-X$ がそれぞれ A, B から抜かれたとして，X の確率分布は

$$f(x) = \frac{{}_M C_x \cdot {}_{N-M} C_{n-x}}{{}_N C_n} \tag{3.8.1}$$

期待値と分散はそれぞれ

$$E(X) = \frac{nM}{N}, \qquad V(X) = \frac{nM(N-M)(N-n)}{N^2(N-1)}$$

複雑に見えるが，A の比率 $p = M/N$ を導入すると

$$E(X) = np, \qquad V(X) = np(1-p)\frac{N-n}{N-1} \qquad (<np(1-p))$$

となって，$N = \infty$ のとき二項分布，したがって 'N が有限のときの二項分布'（つぼから玉を抜く実験など）である．

幾何分布　二項分布を逆にした確率分布で，成功の確率を p とし最初の成功を得るまでの失敗の回数を X とするとき X の確率分布は

$$f(x) = p(1-p)^x, \qquad x = 0, 1, 2, \cdots$$

となる．この分布に対し

§3.8 応用上有用な確率分布 53

$$E(X) = \frac{q}{p}, \qquad V(X) = \frac{q}{p^2}$$

となる．'最初の…まで'というケースは日常多いので，有用である．

> これが確率分布であることは，公比 $q=1-p$ の等比数列（幾何数列）の和から
>
> $$\sum_{x=0}^{\infty} p(1-p)^x = p \cdot 1/(1-q) = 1$$
>
> となる．期待値は，
>
> $$E(X) = \sum_{x=0}^{\infty} xpq^x = p\sum xq^x = q/p$$
>
> で，最後は多少骨が折れる．やや天下りだが
>
> $$\sum_{k=0}^{\infty} t^k = 1/(1-t) \qquad (-1 < t < 1)$$
>
> の両辺を微分して t を掛ければ
>
> $$\sum_{k=0}^{\infty} kt^k = t/(1-t)^2$$
>
> これから出る．また，$V(X)$ もややわずらわしいが，同様の方法による．
>
> $$V(X) = q/p^2$$

なお，最初の成功を得るまでの試行回数で定義すると期待値は $E(X) = (q/p) + 1 = 1/p$，$V(X)$ は変わらない．

負の二項分布　幾何分布で1回でなく r 回の成功を得るまでの失敗の回数を X とするとき，X の確率分布は，二項分布に類似し

$$f(x) = {}_{r+x-1}C_x p^r (1-p)^x, \qquad x = 0, 1, 2, \cdots \tag{3.8.2}$$

から容易に $E(X) = rq/p$ を得る，さらに

$$V(X) = rq/p^2$$

以上は離散的な「待ち時間分布」と言われる．

ガンマ分布 $\Gamma(\alpha, \lambda)$　ガンマ分布は名称がなじみがないが指数分布の拡張である．このことから，この分布は多くの活用がある．もともとオイラーのガンマ関数は数学的に，「オイラーの第二積分」として

$$\Gamma(\alpha) = \int_0^{\infty} x^{\alpha-1} e^{-x} dx, \qquad \alpha > 0$$

54　第3章　いろいろな確率分布

で定義された. $\alpha = k$（正整数）に対しては $\Gamma(k) = (k-1)!$ だから階乗の一般化であるが，ここではそれには関わらず，x を λx に変えた積分なら

$$\int_0^\infty x^{\alpha-1} e^{-\lambda x} dx = \Gamma(\alpha)/\lambda^\alpha, \quad \alpha > 0, \ \lambda > 0$$

で，したがって全積分＝1 にした

$$f(x) = \lambda^\alpha \cdot x^{\alpha-1} e^{-\lambda x}/\Gamma(\alpha), \qquad x \geqq 0 \qquad (3.8.3)$$

をパラメータ (α, λ) の**ガンマ分布**という．Excel では GAMMA.DIST が対応している．

この $f(x)$ の式には，$\lambda e^{-\lambda x}$ という部分が含まれていること，さらには $f(x)$ から計算すると一般には

$$E(X) = \frac{\alpha}{\lambda}, \qquad V(X) = \frac{\alpha}{\lambda^2}$$

も導かれて，式 (3.4.5) の一般化，当然 $\alpha = 1$ なら指数分布となる．このことからも一般化が具体的にどの様に有用か第5章で本格的に見ることとする．

$\alpha = 1$ なら指数分布とわかるから，一般には α 個の指数分布の和と想像される．（⇒ポアソン過程．第8章）

モーメント母関数も，指数分布が元になって

$$M_X(t) = \left(-\frac{\lambda}{\lambda - t}\right)^\alpha \qquad (t < \lambda) \qquad (3.8.4)$$

であるが，同じことを示している（以下第5章）．

なお，ガンマ分布のパラメータ α は実際の応用には $\alpha = k$（正整数）ととられるので，$\Gamma(k) = (k-1)!$ に帰し，「ガンマ」というなじみのない名称自体はなじみがなくなる．

ベータ分布 $Be(\alpha, \beta)$　これもオイラーにもどって別名「オイラーの第一積分」である完全ベータ関数

$$B(\alpha, \beta) = \int_0^1 x^{\alpha-1}(1-x)^{\beta-1} dx, \qquad \alpha, \beta > 0$$

の被積分関数を採り，B で規格化した密度関数

$$f(x) = \frac{x^{\alpha-1}(1-x)^{\beta-1}}{B(\alpha, \beta)}, \qquad 0 \leqq x \leqq 1, \qquad \alpha, \beta > 0 \qquad (3.8.5)$$

§3.8　応用上有用な確率分布　55

である．確率過程にはほとんど出現しないが，ベータ関数がガンマ関数と

$$\frac{\Gamma(\alpha)\Gamma(\beta)}{\Gamma(\alpha+\beta)}$$

でつながるところから，多少の必要があるほか，ベイズ統計学では主役を演じる．当然，$\alpha=n$, $\beta=m$（正整数）の折は

$$\frac{\Gamma(n)\Gamma(m)}{\Gamma(n+m)}$$

で有理数になる．一般には超越関数で Excel の BETA.DIST が対応している．

一様分布 $U(a, b)$　ふつうは区間 $[a, b]$ 上で定義され

$$f(x) = \begin{cases} 1/(b-a) & a < x < b \\ 0 & \text{それ以外} \end{cases} \tag{3.8.6}$$

の密度関数をもつ．この確率変数 X の期待値，分散は，容易に

$$E(X) = (a+b)/2, \qquad V(X) = (b-a)^2/12$$

が得られる．また，$[0,1]$ 上の場合はベータ分布 $Be(1,1)$ である．

　一様分布の応用は広い．$[0,1]$ 上の一様分布の乱数（一様乱数）は数理統計学の理論の確認の乱数シミュレーションにしばしば応用されるとともに，とりわけ他の有用な確率分布の乱数生成に利用される．その方法として，連続な累積密度関数 F の乱数 X は，一様乱数 U を**確率積分変換** probability integral transformation

$$X = F^{-1}(U) \tag{3.8.7}$$

で変換して得られる．なぜなら $X \leq x \Leftrightarrow F^{-1}(U) \leq x \Leftrightarrow U \leq F(x)$ だから

$$P(X \leq x) = P(U \leq F(x)) = F(x) \qquad (F(x) \text{ 以下の確率})$$

となって，X は $F(x)$ に従うからである．指数分布では典型的に使える．また $\Phi^{-1}(x)$ も Excel には NORM.S.INV がある（正規乱数）．

§3.9　統計学に用いられる確率分布

標本分布　これは標本の出方という意味でなく，統計分析で用いられる統計量の確率分布を総称していう．その基礎となる3通りの分布として

56　第3章　いろいろな確率分布

カイ 2 乗分布，t 分布，F 分布

がある．確率過程にはほとんど出現しない．ただし，ブラウン運動の二乗は
カイ二乗分布に従い，またパラメータ推定には統計的分布が必要になること
はいうまでもない．

尤度　確率論においてはパラメータは与えられたものとしてそのまま代数
的に扱われるだけであるが，統計学においてはその具体的値を定めることが
目的（検定，推定）である．したがって，確率密度関数をパラメータの関数
と考え（含まない因子は無関係として除く）これを**尤度**（likelihood）という．

　確率過程の関係で尤度が関わるのはマルチンゲール測度の変換（第 9 章）
に**尤度比**（likelihood ratio）が主役を果たすことである．尤度比は統計学用
語であるが，実際はいわゆる「ラドン-ニコディム微分」はこの尤度比に他
ならない．

> **ワンポイント練習 3**

[3.1]　二項分布 $Bi(10, 0.3)$ に対し，$k=5\sim10$ の確率をポアソン分布による近似で比較
　　　しなさい．

[3.2]　X, Y を 2 社株の価格変化量とするとき，$X+Y$ は 1：1 の比率のポートフォリオ価
　　　値の変化量であるが，それがある限界以上大きくなると，大きなリスクを冒してい
　　　ることになろう．その限界を求めなさい（Value at Risk）．

[3.3]　U を一様分布とするとき，（ⅰ）$X=-\dfrac{\log U}{2}$ は $\lambda=2$ の指数分布にしたがうことを
　　　示し，（ⅱ）シミュレーションを試行して 10 個の指数乱数を生成しなさい．

[3.4]　正規分布表（あるいは Excel の NORM.S.DIST）から標準正規分布にしたがう X
　　　に対し，$|X|>5$，$|X|>6$ の確率をそれぞれ求めなさい．また宝くじの当たり確率と
　　　比較して，最も確率の近い等級（1 等〜末等のうち）はどれか．

[3.5]　対数正規分布 $LN(0, 1)$ の平均，分散，歪度を求めなさい．

§3.9　統計学に用いられる確率分布　57

第4章

多次元確率変数

§4.1 確率変数の集まり：確率過程

確率論の理論と応用が単一の確率変数で終わることはほとんどない．コインやサイコロは何回でも投げることができるし，多くのゲームでは実際そうしている．投資戦略では2個以上の資産へのリスク分散を考えるべきことが一般である（ポートフォリオ選択）．数学的にはブラウン運動をはじめとして**確率過程**は多くの（実際は無限個の）確率変数の集まりである．そのようなわけで，多くの確率変数を同時に，言い換えれば，「多次元」あるいは「ベクトル確率変数」を取り扱う考え方が重要である．

とりわけ「過程」process とは，「時間的に動く，変化する様子あるいはそのもの」を指し，「動く，変化する」が確率的なとき「確率過程」stochastic process† という．確率過程は特に難しいものではなく確率論の理論や応用事例の延長にあるものであり，また統計学の時系列分析の基礎になっている．「確率論」も本章から次章と本格的になり基本公式も数としては多くなるので，着実に手際よく学ぶことが重要である．運転免許でたとえると，車の構造，動かし方，交通規則などの「学科」に相当する．

まず，多くの確率変数がある．たとえば

---

† probability は名詞であり形容詞として用いられるときは stochasitic, random が多い．

58　第4章　多次元確率変数

（ⅰ） X, Y （2個）

（ⅱ） $X_1, X_2, \cdots, X_n$ （$n \geqq 3$ 以上の個数）

（ⅲ） $X_1, X_2, X_3, \cdots$ （可算無限個，つまり離散時間確率過程）

（ⅳ） X_t あるいは $X(t)$，ただし t は変数 （連続時間確率過程）

などのタイプがある．しかも，単に多くの確率変数があるというだけでなく，たとえば $Y_1, Y_1+Y_2, Y_1+Y_2+Y_3, \cdots$ を $X_1, X_2, X_3, \cdots$ とした場合のように，$X_1, X_2, X_3, \cdots$ の互いの間に関連があるケースから始める．次章では互いに無関係（独立という）なケースに及ぶ．

簡単のために，2個以上の確率変数の（ⅰ），（ⅱ）の場合につき，基本事項の

表 4.1.1 2次元確率変数の例

（a） 2個のサイコロの場合

X \ Y	1	2	$\cdots$	6	和
1	$\frac{1}{36}$	$\frac{1}{36}$	$\cdots$	$\frac{1}{36}$	$\frac{1}{6}$
2	$\frac{1}{36}$	$\frac{1}{36}$	$\cdots$	$\frac{1}{36}$	$\frac{1}{6}$
$\vdots$	$\vdots$	$\vdots$	$\ddots$	$\vdots$	$\vdots$
6	$\frac{1}{36}$	$\frac{1}{36}$	$\cdots$	$\frac{1}{36}$	$\frac{1}{6}$
和	$\frac{1}{6}$	$\frac{1}{6}$	$\cdots$	$\frac{1}{6}$	1

（b） 2×2 の場合

X \ Y	1	-1	和
1	$\frac{1}{10}$	$\frac{2}{10}$	$\frac{3}{10}$
-1	$\frac{3}{10}$	$\frac{4}{10}$	$\frac{7}{10}$
和	$\frac{4}{10}$	$\frac{6}{10}$	1

（c-1） ランダム・ウォークを生成する場合（独立）

X_1 \ X_2	1	-1	和
1	$p_1 p_2$	$p_1 q_2$	p_1
-1	$q_1 p_2$	$q_1 q_2$	q_1
和	p_2	q_2	1

$p_1 + q_1 = p_2 + q_2 = 1$

（c-2） ランダム・ウォークを生成する場合（独立，対称）

X_1 \ X_2	1	-1	和
1	$\frac{1}{4}$	$\frac{1}{4}$	$\frac{1}{2}$
-1	$\frac{1}{4}$	$\frac{1}{4}$	$\frac{1}{2}$
和	$\frac{1}{2}$	$\frac{1}{2}$	1

§4.1　確率変数の集まり：確率過程　59

解説をしてゆこう。そこで，3つの例を考える。第1は2個のサイコロを投げ，目 (X, Y) を得る場合（表4.1.1 (a)），第2はやはり2つの確率変数 (X, Y) だが，$X = \pm 1$，$Y = \pm 1$ の場合（同 (b)），第3は同じく2つの確率変数 (X_1, X_2) で，同様に $X_1 = \pm 1$，$X_2 = \pm 1$ だが，確率分布に2通りを考える場合（同 (c-1)，(c-2)），以上である。(c-1)，(c-2) は確率過程に発展するので添字1, 2を用いる。いずれも2次元の表になっている。

§4.2 同時確率分布

一般に，2つの確率変数 X, Y があるとし，これを2次元のベクトル (X, Y) として表そう。2変数を同時に考えるのは，それらの間に互いに関係があると考えているからである。とりあえずは，X, Y は離散型とする。

$X = x$ であり同時に $Y = y$ である確率

$$P(X = x, Y = y) = f(x, y) \qquad (4.2.1)$$

を，2次元確率変数 (X, Y) の**同時確率分布**という。$f(x, y)$ は

$$f(x, y) \geqq 0 \quad \text{かつ} \quad \sum_x \sum_y f(x, y) = 1 \qquad (4.2.2)$$

を満たさなければならない。

2次元の確率変数の場合，事象も2次元空間の中にある。**事象**とは，一般に点 (x, y) の部分集合で，それを A とする。その確率 $P(A)$ は

$$P((X, Y) \in A) = \sum_A \sum f(x, y) \qquad (4.2.3)$$

で求められる。

X, Y が連続型の確率変数のときには，$f(x, y)$ は2次元の確率密度関数で，**同時確率密度関数**と呼ばれ

$$f(x, y) \geqq 0 \quad \text{かつ} \quad \iint_\Omega f(x, y) \, dx dy = 1 \qquad (4.2.4)$$

を満たす。ここで Ω は**標本空間**で，2次元ユークリッド空間（平面）の全範囲のことである。この $f(x, y)$ によって，事象 A（Ω の部分集合）の確率は，積分で

60　第4章　多次元確率変数

$$P((X, Y) \in A) = \iint_A f(x, y) \, dx dy \qquad (4.2.5)$$

と定義される.特に,A が区間ならば式（4.2.5）は

$$P(a \leqq X \leqq b, c \leqq Y \leqq d) = \int_c^d \int_a^b f(x, y) \, dx dy \qquad (4.2.6)$$

である.$X + Y \leqq 2$ などのように A が区間でないならば,積分の端の扱いに注意する（図 4.5.1）.

§4.3　周辺確率分布

式（4.2.1）の同時確率分布から,X, Y 単独の確率分布が,横,縦の和で

$$g(x) = \sum_y f(x, y), \qquad h(y) = \sum_x f(x, y) \qquad (4.3.1)$$

と求められる.表 4.1.1 の各表の右および下がそれである.周辺にあるから,それぞれ X, Y の**周辺確率分布**と呼ばれる.

この「同時確率分布」「周辺確率分布」の結びつきをよく呑み込むことが重要である.まず「周辺」とは文字通り周囲,縁にあることをいうが,x（y）について加えると $Y(X)$ だけの周辺確率分布になることに注意する.周辺分布は今後すべての計算の出発点になる.これに対し中央部分の「同時分布」は X, Y 両方をまとめてコミにし周辺分布より次元が高い.実際,同時分布から周辺分布が導けるが逆は（一般的には）成り立たない.

連続型の場合も X, Y の単独の確率密度関数は同時確率密度関数の積分で,

$$g(x) = \int_{-\infty}^{\infty} f(x, y) \, dy, \qquad h(y) = \int_{-\infty}^{\infty} f(x, y) \, dx \qquad (4.3.2)$$

で与えられる.これらを**周辺確率密度関数**という.この場合も周辺確率密度関数が与える確率分布を周辺確率分布という.

§4.4　共分散と相関係数

複数の確率変数を扱うキーワードは互いの「関連」「関係」であり,互い

に無関係で同一性質の複数の X が繰り返される「独立」の場合（さいころを続けて投げるなど）はその特別ケースである．表 4.1.1 (c-1) (c-2) が「独立」のケースである．これらは次章以降で扱うが本節の内容が基礎になる．

2 変数 X, Y の間に関連があれば，一方の変化は他方に及ぶと考えられるから，ばらつきの指標としての分散には，単純な加法は成立せず

$$V(X+Y) \neq V(X) + V(Y) \tag{4.4.1}$$

である．定義に基づいて計算してみると，公式 $(a+b)^2 = a^2 + 2ab + b^2$ より

和の分散

$$V(X+Y) = V(X) + V(Y) + 2\,Cov(X, Y) \tag{4.4.2}$$

ただし，Cov は

$$Cov(X, Y) = E\{(X - \mu_X)(Y - \mu_Y)\} \quad (\mu_X = E(X), \mu_Y = E(Y)) \tag{4.4.3}$$

と定義される．

ここで $Cov(X, Y)$ は X, Y の**共分散**と呼ばれ，X と Y が，それぞれの平均 μ_X, μ_Y から文字通り共に互いに関連しながら，ばらつく程度を表す．分散の加法性 $V(X+Y) = V(X) + V(Y)$ が必ずしも成立しないのは，$X+Y$ のばらつきには，X, Y 単独のばらつきのほかに相互関連によるばらつき $Cov(X, Y)$ が存在し，それを入れてはじめて等号が成立するからである．

$X - \mu_X, Y - \mu_Y$ の正負の符号の全体（平均）的傾向から，$Cov(X, Y) > 0$ なら，X, Y は大小が同傾向，$Cov(X, Y) < 0$ なら反対傾向の関係となる．ここは株式投資の話がわかりやすい．U.S. スチールとシャロン・スチールの株式というように，同一業種の株式に同時に投資することは，一般に勧められない．なぜなら，産業構造など共通の経済的要因によって両社とも同傾向に連動するから，$Cov(X, Y) > 0$ となり，単独の分散（ばらつき）の和 $V(X) + V(Y)$ 以上にばらつき，その意味で，共分散は現象の理解のキーである．変動のリスクが連動の分だけ大きくなる（図 4.4.1）．

傾向の強さ　共分散 $Cov(X, Y)$ は，X, Y の関係の方向を表すが，その強さ

62　第 4 章　多次元確率変数

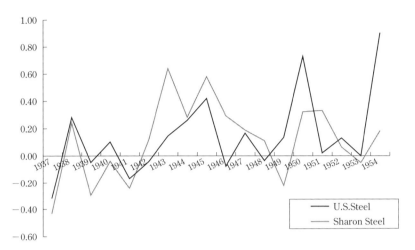

図 4.4.1　同一業種 2 社の株式利得率の時系列データ　相関の好例

の程度を判断する基準がない．この値を標準偏差で割って調整しよう．

確率変数 X, Y の**相関係数**を分散，共分散から
$$\rho_{XY} = \frac{Cov(X, Y)}{\sqrt{V(X)} \cdot \sqrt{V(Y)}} \tag{4.4.4}$$
と定義する．

ρ_{XY} は必ず，不等式で

$$-1 \leqq \rho_{XY} \leqq 1 \tag{4.4.5}$$

の範囲に入ることを証明できるから，関連の絶対的な程度が -1 と 1 の間の数で表される．基本的には共分散も相関係数も共通の意味（関連，関係）を持ち，式（4.4.4）から互いに行き来できるが，理論の展開や計算では共分散 Cov が扱いやすく，他方，実際の結果読みや解釈の上では相関係数 ρ の方がわかりやすい．関係や関連の情報も相関係数に集約される．図 4.4.1 は時系列データに見る高い相関の例である．

以下，ρ_{XY} を簡単に ρ と表そう．ρ の定義から，$\rho > 0$ なら X, Y は同じ大小の向きに変化する傾向があり，$\rho < 0$ なら逆である．ここでいう傾向は平

§4.4　共分散と相関係数　63

均的，確率的傾向であるが，$|\rho|$ が大きくなると確定的な関係に近づく．最も極端な場合は $\rho=\pm1$ であり，X, Y の間には厳密に 1 次式の関係

$$Y=aX+b$$

が成り立つ（ただし，$\rho=1$ なら $a>0$，$\rho=-1$ なら $a<0$）．

　逆に $\rho=0$（つまり $Cov(X, Y)=0$）の場合は，X, Y はどちらの関係をもつともいえない．この場合，X, Y は**無相関**であるという．無相関とは，「関連がない」ということの 1 つの表現である．のちに，第 5 章でわれわれは**独立**という強い場合について学ぶ．

　$-1\leqq\rho_{XY}\leqq1$ の証明　思いつかないと，意外と難しい．x, y を 2 つの実数として x, y の 2 次式

$$\begin{aligned}
Q(x, y) &= V(xX+yY) \\
&= x^2V(X)+2xy\,Cov(X, Y)+y^2V(Y) \\
&= \{t^2V(X)+2tCov(X, Y)+V(Y)\}\cdot y^2 \quad \left(t=\frac{x}{y}\,とおいた\right)
\end{aligned}$$

を考えると，これは負にならない 2 次式であるから判別式 $\leqq0$ でなければならない．このことから，$(Cov(X, Y))^2\leqq V(X)\cdot V(Y)$ がただちに導かれる．

　なお，ρ の計算に必要な X, Y の共分散は，実際には

> **共分散の算出**　X, Y に対し
> $$\begin{aligned}
> Cov(X, Y) &= E(XY)-\mu_X\mu_Y \\
> &= E(XY)-E(X)E(Y) \tag{4.4.6}
> \end{aligned}$$

で計算されることが多い．圧倒的に期待値，分散は高等学校以来おなじみだが，共分散はは̇じ̇め̇て̇の専門であり，一つの関門である．

　定義として共分散 $Cov(X, Y)$ は同時確率分布から

$$Cov(X, Y)=\sum_x\sum_y(x-\mu_X)(y-\mu_Y)\cdot f(x, y) \qquad \text{（離散型）} \tag{4.4.7}$$

$$Cov(X, Y)=\iint_\Omega(x-\mu_X)(y-\mu_Y)\cdot f(x, y)\,dxdy \qquad \text{（連続型）} \tag{4.4.8}$$

64　第 4 章　多次元確率変数

であるが，ほとんど定義通りには使われない．実際には，

$$E(XY) = \sum_x \sum_y xy \cdot f(x, y) \qquad \text{(離散型)} \qquad (4.4.9)$$

$$E(XY) = \iint_\Omega xy\,f(x, y)\,dxdy \qquad \text{(連続型)} \qquad (4.4.10)$$

から式（4.4.6）を用いて計算するのがふつうである．

なお，第2章式（2.4.10）を用いると，（4.4.2）から次の分散の式も実際的で多くの用い方があり，初心者には'プロへの道'の第一歩である．

> **線形式の分散の計算法**　定数 a, b に対し
> $$V(aX+bY) = a^2V(X) + b^2V(Y) + 2ab\,Cov(X, Y) \qquad (4.4.11)$$
> ここで
> $$Cov(X, Y) = \rho_{XY}\sqrt{V(X)}\,\sqrt{V(Y)} \qquad (4.4.12)$$
> と置き換えるのもよい．

相関係数の線形不変性　簡単のために，$X = \pm 1$，$Y = \pm 1$ の例で計算したが，一般的な数値例はないだろうか．これら X, Y の替りに $aX+b$，$cY+d$ とすると，意外に結果は変わらない．すなわち相関係数 ρ_{XY} は正の線形変換で不変である．すなわち $a, c > 0$ なら，$\rho_{aX+b,\,cY+d} = \rho_{XY}$ 実際，この変換で定義の分子は ac 倍，分母はそれぞれ a 倍および c 倍になるからである．b, d は効かない．

例　数値例で表 4.1.1(b)(c) の $X = -1, 1$ を 3, 6 と変換しても相関係数は $\rho = \dfrac{-1}{3\sqrt{14}}$ で不変（次節）．

（変換は $\dfrac{3}{2}x + \dfrac{9}{2}$ であるが，実際には必要ない．）

§4.5　同時確率分布の計算手順

ここまですでに基本公式が多い．概念的な理解でなく（むしろそのために）実地計算がスムースにできることが必須で，ここが抑えられれば，次章以降の理解は楽である．計算ルールは，手順

同時分布⇒周辺分布⇒期待値⇒分散（簡易公式）

⇒共分散（同時分布および簡易公式)⇒相関係数

と進む（筆算によること）．表 4.1.1 (b) の場合を例に，同時確率分布の計算を行おう．次の手順によるというよりはよらないとできない．

まず，全確率＝1を確認しておこう．

$$E(X) = 1 \cdot \frac{3}{10} + (-1) \cdot \frac{7}{10} = -\frac{2}{5}, \quad E(Y) = 1 \cdot \frac{4}{10} + (-1) \cdot \frac{6}{10} = -\frac{1}{5}$$

$$E(XY) = 1 \cdot 1 \cdot \frac{1}{10} + 1 \cdot (-1) \cdot \frac{2}{10} + (-1) \cdot 1 \cdot \frac{3}{10} + (-1)(-1)\frac{4}{10} = 0 ;$$

$$V(X) = \frac{21}{25}, \quad V(Y) = \frac{24}{25} ;$$

$$Cov(X, Y) = E(XY) - E(X)E(Y) = -\frac{2}{25},$$

表 4.1.1 (b) （再掲）

X＼Y	1	-1	和
1	$\frac{1}{10}$	$\frac{2}{10}$	$\frac{3}{10}$
-1	$\frac{3}{10}$	$\frac{4}{10}$	$\frac{7}{10}$
和	$\frac{4}{10}$	$\frac{6}{10}$	1

$$\rho_{XY} = \frac{-\dfrac{2}{25}}{\sqrt{\dfrac{21}{25}}\sqrt{\dfrac{24}{25}}} = -\frac{1}{3\sqrt{14}}$$

したがって

$$E(X+Y) = -\frac{2}{5} + \left(-\frac{1}{5}\right) = -\frac{3}{5}, \quad V(X+Y) = \frac{21}{25} + \frac{24}{25} + 2 \cdot \left(-\frac{2}{25}\right) = \frac{41}{25}$$

となる．なお，$X+Y$ の確率分布から計算してもよく

$$E(X+Y) = 2 \cdot \frac{1}{10} + 0 \cdot \frac{1}{2} + (-2) \cdot \frac{2}{5} = -\frac{3}{5},$$

$$V(X+Y) = 2^2 \cdot \frac{1}{10} + 0^2 \cdot \frac{1}{2} + (-2)^2 \cdot \frac{2}{5} - \left(-\frac{3}{5}\right)^2 = \frac{41}{25}$$

で下表と一致，かつ分数の非加法性 $\left(\dfrac{21}{25} + \dfrac{24}{25} \neq \dfrac{41}{25}\right)$ も確認できた．

表 4.5.1　$X+Y$ の確率分布（表 4.1.1 (b) より作成）

$X+Y$	2	0	-2
確率	$\frac{1}{10}$	$\frac{1}{2}$	$\frac{2}{5}$

条件付計算に慣れる　ここからさらに進み**条件付確率分布**も説明しておこ

う．条件付期待値，条件付分散は条件付確率から順当に求められる．しかし扱いは手薄で実際に詳しく扱っているテキストはほとんどない．しかも，条件付期待値の特別な定理もある．今後「マルチンゲール」（第 6, 8 章）は条件付期待値だからおろそかにはできない．条件付確率の定義から「$Y=1$」の条件で

$$P(X=1|Y=1)=\frac{\frac{1}{10}}{\frac{4}{10}}=-\frac{1}{4}, \quad P(X=-1|Y=1)=\frac{\frac{3}{10}}{\frac{4}{10}}=\frac{3}{4}$$

で，これを $Y=1$ のときの X の条件付確率分布という．同じく

$$P(X=1|Y=-1)=\frac{1}{3}, \quad P(X=-1|Y=-1)=\frac{2}{3}$$

が $Y=-1$ のときの X の条件付確率分布である．当然だが，条件によって変わる．つまり条件の関数である．

これらの期待値は**条件付期待値**（conditional expectation）といわれ

表 4.5.2　**条件付確率分布**（表 4.1.1 (b) より作成）

Y の条件	$Y=1$		$Y=-1$	
条件付 X	1	-1	1	-1
確　　率	$\frac{1}{4}$	$\frac{3}{4}$	$\frac{1}{3}$	$\frac{2}{3}$

$$E(X|Y=1)=1\cdot\frac{1}{4}+(-1)\cdot\frac{3}{4}=-\frac{1}{2}, \quad E(X|Y=-1)=1\cdot\frac{1}{3}+(-1)\cdot\frac{2}{3}=-\frac{1}{3}$$

であり，いずれも $E(X)=-\frac{2}{5}$ に一致せず，$Y=1, -1$ に応じて $-\frac{1}{2}, -\frac{1}{3}$ となる Y の関数，したがってそれ自体確率変数である．さらに

$$P(Y=1)=\frac{4}{10}, \quad P(Y=-1)=\frac{6}{10}$$

表 4.5.3　$E(X|Y)$ **の確率分布**

$E(X|Y)$	$-\frac{1}{2}$	$-\frac{1}{3}$
確率	$\frac{4}{10}$	$\frac{6}{10}$

§4.5　同時確率分布の計算手順　67

だから，$E(X|Y)$ は $-\dfrac{1}{2}, -\dfrac{1}{3}$ に $\dfrac{4}{10}, \dfrac{6}{10}$ の確率がある確率分布をもつ.

> 一般に，$E(\,\cdot\,|Y)$ は Y の関数であるような確率変数であり，その確率分布は Y のそれから求められる.

$E(X|Y)$ の期待値は，それゆえ '期待値の期待値' として

$$E(E(X|Y)) = -\frac{1}{2}\cdot\frac{4}{10} + \left(-\frac{1}{3}\right)\cdot\frac{6}{10} = -\frac{2}{5}$$

であるが，これはすでに計算された

$$E(X) = 1\cdot\frac{3}{10} + (-1)\cdot\frac{7}{10} = -\frac{2}{5}$$

に一致する．実際，容易に証明できるが，一般に（'ダメ押し' のようだが）

> **二段階期待値計算**　X，ついで Y として
> $$E(E(X|Y)) = E(X) \tag{4.5.1}$$

がある．E が重なっているが，左辺の左側の E は Y に関するもので

$$E_Y(E(X|Y)) = E(X) \tag{4.5.2}$$

と書くことも多い．本式は，進んだテキストでは断りなしで用いられる.

連続分布の練習題　連続の場合も，手際のよい計算力によって真の理解が確かめられる.

> 3 人が $[0,1]$ 上の値を独立に，かつランダムに値をコールし，それを X_1, X_2, X_3 とする．X, Y はそれら X_1, X_2, X_3 の最大，最小とする.
> $$X = \mathrm{Max}(X_1, X_2, X_3), \qquad Y = \mathrm{Min}(X_1, X_2, X_3)$$
> このとき，$E(X), E(Y), V(X), V(Y), Cov(X,Y), \rho_{XY}$ を求める.

計算は微積分の型どおりである．(X, Y) の同時確率分布は

$$f(x, y) = \begin{cases} 6(x-y) & 0 \leqq y < x \leqq 1 \\ 0 & \text{それ以外} \end{cases}$$

68　第 4 章　多次元確率変数

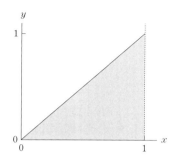

図 4.5.1 密度関数 $f(x,y)$ を考える領域：これを計算題とする

となる（図 4.5.1）．ただし，これを導くことはせず統計学[†]にまかせる．

これから周辺分布は多少注意が必要で（多重積分），y については $0 \leqq y < x$ 以外で被積分関数は 0（x についても同様）に注意して

$$g(x) = \int_0^x 6(x-y)\,dy = 3x^2, \quad h(y) = \int_y^1 6(x-y)\,dx = 3(1-y)^2$$

となる．密度関数 $g(x)$ と $h(y)$ は $\frac{1}{2}$ について線対称である（図 4.5.2）．
まず，期待値は

$$E(X) = \int_0^1 x \cdot 3x^2\,dx = \frac{3}{4} = 0.75, \quad E(Y) = \int_0^1 y \cdot 3(1-y)^2\,dy = \frac{1}{4} = 0.25$$

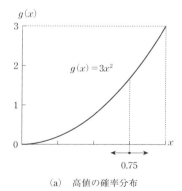

(a) 高値の確率分布　　　　　　　　(b) 安値の確率分布

図 4.5.2 周辺確率密度関数

[†] 一様分布からのサンプルの順序統計量で $n=3$ のケース．

§4.5　同時確率分布の計算手順　69

である．定義から $E(X) > E(Y)$ は当然である．また，分散は両者等しいが，$E(X^2) = \int_0^1 x^2 \cdot 3x^2 dx = \dfrac{3}{5}$ から

$$V(X) = \frac{3}{5} - \left(\frac{3}{4}\right)^2 = \frac{3}{80}, \qquad V(Y) = \frac{3}{80}$$

したがって，$D(X) = D(Y) = \sqrt{\dfrac{3}{80}} = 0.194$ である．

さらに，共分散は次のように丹念に計算される．（途中に関門がある）

$$E(XY) = \int_0^1 \int_y^1 xy \cdot 6(x-y)\, dxdy \qquad \text{（積分区間に注意！）}$$

$$= \int_0^1 y\left\{\int_y^1 (6x^2 - 6xy)\, dx\right\} dy \qquad \text{（同，まず x で積分）}$$

$$= \int_0^1 y\left[2x^3 - 3y \cdot x^2\right]_y^1 dy$$

$$= \int_0^1 y\{2 - 3y - (2y^3 - 3y^3)\}\, dy \qquad \text{（次に y で積分）}$$

$$= \int_0^1 (y^4 - 3y^2 + 2y)\, dy$$

$$= \frac{1}{5},$$

$$Cov(X, Y) = \frac{1}{5} - \frac{3}{4} \cdot \frac{1}{4} = \frac{1}{80}$$

したがって，X と Y の相関係数は

$$\rho_{XY} = \frac{\dfrac{1}{80}}{\sqrt{\dfrac{3}{80}} \cdot \sqrt{\dfrac{3}{80}}} = \frac{1}{3} = 0.333$$

と求められる．実際，Max，Min は同方向に動くので当然である．

連続型確率分布の条件付確率分布　ここでは扱わなかったが，連続型でも同時分布÷周辺分布でよく，それぞれ

$$X = x \text{ を与えた } Y \text{ の条件付確率分布：} f(x, y)/g(x)$$
$$Y = y \text{ を与えた } X \text{ の条件付確率分布：} f(x, y)/h(y)$$

(4.5.3)

となる．これは §4.2, 3 に戻って計算すればよい．原理的には離散型と同じ

70　第 4 章　多次元確率変数

である．2次元正規分布の場合は次章で扱おう．

§4.6　共分散の必要性

相関係数は相関関係の強弱の程度を見るための指標であるが，演算性は乏しい．たとえば，相関係数は加えることには意味がなく，いろいろな確率の分析には，式（4.4.4）で見るように，相関係数 ρ を求める前の共分散 Cov が用いられる．相関係数はよく知られるが，共分散の方が基本である．

実際，ランダム・ウォーク，ブラウン運動ではもっぱらこの演算法が追求される．

共分散の基本演算ルール (4.6.1)

（ⅰ）　$Cov(X, Y) = Cov(Y, X)$ （変数入れ替え）

（ⅱ）　$Cov(cX, Y) = c\,Cov(X, Y)$ （定数倍）

（ⅲ）　$Cov(X_1 + X_2, Y) = Cov(X_1, Y) + Cov(X_2, Y)$ （和）

（ⅳ）　$Cov(X + c, Y) = Cov(X, Y)$

（ⅴ）　$Cov(X, X) = V(X)$ （分散との関係）

3つの確率変数の和 $X + Y + Z$ や多変量解析で出てくる $0.2X + 0.3Y + 0.5Z$ のような確率変数の分散には，多くの共分散の組み合わせが生じる．確率過程の研究や学習では共分散の演算に慣れることが進歩の鍵である．

式（4.4.2）から発展した重要公式として，次の公式はいいだろう．

$$V(X + Y + Z) = V(X) + V(Y) + V(Z) \tag{4.6.2}$$
$$+ 2Cov(X, Y) + 2Cov(Y, Z) + 2Cov(Z, X)$$

$$V(X_1 + X_2 + \cdots + X_n) = \sum_{i=1}^{n} V(X_i) + \sum_{i \neq j} \sum Cov(X_i, X_j) \tag{4.6.3}$$

式（4.6.2）の右辺では $Cov(X_i, X_j) = Cov(X_j, X_i)$ で組み合わせ対 (i, j) と (j, i) が等しい Cov を与えることに注意しよう．したがって多数個あると，

§4.6　共分散の必要性　71

わずらわしいので添字を付けて

$$\sigma_{ij} = Cov(X_i, X_j) \qquad (i \neq j), \quad \sigma_{ij} = Cov(X_i, X_i) = V(X_i) \qquad (i = 1, 2, \cdots, n)$$

の $n + \dfrac{n(n-1)}{2}$ 個の分散, 共分散が出現し. まとめて行列表示すると

$$\Sigma = \begin{pmatrix} \sigma_{11} & \sigma_{12} & \cdots & \sigma_{1n} \\ \sigma_{21} & \sigma_{22} & \cdots & \sigma_{2n} \\ \vdots & \vdots & \ddots & \vdots \\ \sigma_{n1} & \sigma_{n2} & \cdots & \sigma_{nn} \end{pmatrix}$$

と表記すると便利である. この行列 Σ は対称行列で**分散共分散行列**といわれる. なお, σ_{ii} は分散 σ_i^2 を表す.

多次元正規分布のケース 次章および第8章で詳しく扱うが, 分散, 共分散は多次元正規分布ではそれを決定するパラメータとして働く. ブラウン運動定義自体が多次元正規分布に基づくから, したがって, 分散, 共分散の演算ルールも必然的に自在に運用せねばならない. とりわけ共分散にも期待値, 分散と並ぶ計算ルールがあり, かつ断りなく (知っているものとして) 進められる.

72 第4章 多次元確率変数

数学的補足

　分散と共分散の間には関係があることに注意しておこう．$Cov(X, Y)$，$V(X)$，$V(Y)$ はどんな数でもいいというわけではない．実際，$-1 \leqq \rho_{XY} \leqq 1$, $\rho_{XY}{}^2 \leqq 1$ だから

$$\{Cov(X, Y)\}^2 \leqq V(X) \cdot V(Y)$$

となる．これは基本的なもので，たとえば，$V(X) = 1$, $V(Y) = 2$, $Cov(X, Y) = 3$ は，これらの不等式に反し不可能である．$x = 1$, $y = -1$ に対しては，$V(xX + yY) = x^2 V(X) + 2xy\, Cov(X, Y) + y^2 V(Y) = 1^2 \cdot 1 + (-2) \cdot 3 + (-1)2 \cdot 2 = -3$（分散なのに）となる．

　3 変数以上ではどうなるだろうか．考え方は同じである．3 変数 X_1, X_2, X_3 を X, Y, Z と表記しなおすと，x, y, z を実数として，分散

$$V(xX + yY + zZ) = x^2 V(X) + y^2 V(Y) + z^2 V(Z)$$
$$+ 2xy\, Cov(X, Y) + 2yz\, Cov(Y, Z) + 2zx\, Cov(Z, X)$$

は常に $\geqq 0$ で，$V(X)$ を σ_{XX}. $Cov(X, Y)$ を σ_{XY} などとして，分散共分散行列

$$\Sigma = \begin{pmatrix} \sigma_{XX} & \sigma_{XY} & \sigma_{XZ} \\ \sigma_{YX} & \sigma_{YY} & \sigma_{YZ} \\ \sigma_{ZX} & \sigma_{ZY} & \sigma_{ZZ} \end{pmatrix}$$

で表すと，これら 9 つの数が満たすべき必要条件は，

> いかなる x, y, z（ただし，$x = 0, y = 0, z = 0$ ではないとする）に対しても
> $$x^2 \sigma_{XX} + y^2 \sigma_{YY} + z^2 \sigma_{ZZ} + 2xy \sigma_{XY} + 2yz \sigma_{YZ} + 2zx \sigma_{ZX} > 0$$

Σ がこの条件を満たすとき，Σ は「**正定値である**」といわれる．反する一例は

$$\begin{pmatrix} 4 & 5.5 & 0 \\ 5.5 & 9 & 14.5 \\ 0 & 14.5 & 25 \end{pmatrix}$$

とすると

$$\frac{\sigma_{XY}}{\sqrt{\sigma_{XX}}\sqrt{\sigma_{YY}}} = \frac{5.5}{6}, \qquad \frac{\sigma_{YZ}}{\sqrt{\sigma_{YY}}\sqrt{\sigma_{ZZ}}} = \frac{14.5}{15}, \qquad \frac{\sigma_{ZX}}{\sqrt{\sigma_{ZZ}}\sqrt{\sigma_{XX}}} = 0$$

で一見相関係数が定義できそうだが，$x = 1$, $y = -1$, $z = 1$ とおくと -2 となり．この行列は正定値でない．このような分散，共分散のセットが生じることはあり得ない．

数学的補足　73

新・研究課題 **量子コンピューティング**

　量子力学では確率性が前面に押し出される（コペンハーゲン解釈）．確率論研究者にとっては世界は基本「確率的」と考えているから，これは特に目新しく奇異でも逆説でもない．むしろ第2章および本章がこれら確率の実体的扱いの基本ツールを与える．n次元分布はn量子ビットに通じる．つまり量子コンピューティングの秘密は決して並列処理にあるのではないことがわかる．

　たとえば，1量子ビット状態[†]が$|0>$，$|1>$の「重ね合わせ」superposition とは

$$\sqrt{p}\,|0> + \sqrt{q}\,|1> \qquad (p+q=1)$$

をいうが，これは確率論的には実体的に確率分布

$$P(X=0)=p, \qquad P(X=1)=q,$$

を表したものである．重ね合わせでは関数空間（ヒルベルト空間）の座標変換（回転）の都合にあわせて二乗＝確率となっている．さらに，2量子ビット$|00>$，$|01>$，$|10>$，$|11>$の重ね合わせは「エンタングル状態」と言われ，一例として表4.1.1（b）で挙げた同時確率分布の実体を

$$\sqrt{\frac{1}{10}}\,|00> + \sqrt{\frac{2}{10}}\,|01> + \sqrt{\frac{3}{10}}\,|10> + \sqrt{\frac{4}{10}}\,|11>$$

をあらわせることは見易い．

X \\ Y	0	1	
0	$\frac{1}{10}$	$\frac{2}{10}$	$\frac{3}{10}$
1	$\frac{3}{10}$	$\frac{4}{10}$	$\frac{7}{10}$
	$\frac{2}{5}$	$\frac{3}{5}$	1

S_1 \\ S_2	0	1	
0	$\sqrt{\frac{1}{10}}$	$\sqrt{\frac{2}{10}}$	$\sqrt{\frac{3}{10}}$
1	$\sqrt{\frac{3}{10}}$	$\sqrt{\frac{4}{10}}$	$\sqrt{\frac{7}{10}}$
	$\sqrt{\frac{2}{5}}$	$\sqrt{\frac{3}{5}}$	1

　量子ビットのビット数nを上げて行けば（できるとして），極めて高次元の確率変数をコンピュータ上に一度に表現できるから，そこに並列処理の高速計算より極端に速い計算速度を実現できる（量子コンピュータ）．

　[†]　量子力学的固有状態すなわち物理量演算子の固有値，固有関数をいい，実際には量子力学的に構成された電子のスピン$|\uparrow>$．$|\downarrow>$に適用される説明が多い．ただし，ここは理解のために単にコインの裏，表を指すとしてよい．

> **ワンポイント練習4**

[4.1] X は 6 面体，Y は 4 面体（1,2,3,4）のサイコロとするとき，$X+Y$ の確率分布，期待値，分散を求めなさい．

[4.2] X, Y はともに期待値 ＝ 0，分散 ＝ 1 を持ち，$\rho_{XY} = \rho$ とする．$U = aX + bY$，$V = cX + dY$ とするとき，相関係数 ρ_{UV} を求めなさい．

[4.3] 2 次元確率変数 X，その確率分布，定数の行列 A は，それぞれ

$$\begin{pmatrix} X_1 \\ X_2 \end{pmatrix}, \; N_2\left(\begin{pmatrix} 1 \\ -1 \end{pmatrix}, \begin{pmatrix} 4 & 3 \\ 3 & 9 \end{pmatrix}\right), \; \begin{pmatrix} a & b \\ c & d \end{pmatrix}$$

とする．2 次元確率変数 AX の確率分布を求めなさい．

[4.4] $X = \pm 1$，$Y = \pm 1$ の X を与えた Y の条件付確率 $P(Y=j|X=i)$ $(i = \pm 1, j = \pm 1)$ は次の表とする．

		Y	
		1	-1
X	1	$\dfrac{2}{3}$	$\dfrac{1}{3}$
	-1	$\dfrac{1}{4}$	$\dfrac{3}{4}$

（ⅰ）条件付期待値 $E(Y|X=i)$ と $V(Y|X=i)$ を，それぞれ $i = \pm 1$ に対し求めなさい．

（ⅱ）$P(X=1) = \dfrac{3}{5}$，$P(X=-1) = \dfrac{2}{5}$ のとき $E(Y)$ を求めなさい．

[4.5] [4.4] で，$P(X=i|Y=j)$，すなわち Y を与えた X の条件付確率分布をそれぞれ $j = \pm 1$ に対し求めなさい．（ベイズの定理）

§4.6 共分散の必要性 75

第5章

独立確率変数とその応用

§5.1 独立な確率変数

ランダムを式に サイコロやコインあるいは今後展開するランダム・ウォーク（そしてブラウン運動）にすべて共通するのは,「ランダム」random ということ, つまり確率論の本質である. ではそれを数式化できるだろうか. 本質的な問題である. サイコロ（表5.2.1）あるいはランダム・ウォーク（表5.1.1）を見ながら考えよう.

第4章において, X, Y の同時分布が特に周辺分布の積に

$$\text{すべての } x, y \text{ につき} \qquad f(x, y) = g(x) h(y) \qquad (5.1.1)$$

のように分解するとき, いいかえると同時分布が X, Y それぞれの周辺分布の積から求められるとき, (X, Y) は確率論的に**独立** independent[†]という. 式 (1.3.7) で確率について $P(A \cap B) = P(A) P(B)$ と定義したことを確率変数に拡張したと考えてもよい. 意義としては (X, Y) をコミにした特別の結びつきやクセはないことをいい, X, Y は無関係に独立した確率的動きをすることを意味する. いわば2個のコイン投げやさいころ投げのサ̇ラ̇サ̇ラ̇した純粋な「無関係の関係」である.（X と Y の確率分布は同一とは限らない.）サ

[†] 「独立」は形容詞であり「独立する」（動詞）とは言わない.

表 5.1.1　独立な確率変数同時分布, 周辺分布 (表 4.1.1 より改変)

(c-1) ランダム・ウォークを生成する場合（独立）　(c-2) ランダム・ウォークを生成する場合（独立, 対称）

X ＼ Y	1	-1	$g(x)$
1	$p_1 p_2$	$p_1 q_2$	p_1
-1	$q_1 p_2$	$q_1 q_2$	q_1
$h(y)$	p_2	q_2	1

X ＼ Y	1	-1	$g(x)$
1	$\dfrac{1}{4}$	$\dfrac{1}{4}$	$\dfrac{1}{2}$
-1	$\dfrac{1}{4}$	$\dfrac{1}{4}$	$\dfrac{1}{2}$
$h(y)$	$\dfrac{1}{2}$	$\dfrac{1}{2}$	1

$p_1 + q_1 = p_2 + q_2 = 1$

イコロの例ではたしかに成り立っている．だからこそサイコロはランダム現象の見本になるのである．

　式に見るように「独立性」は極めて強く厳密なだけに，これより次々と重要な結果が導かれる．第 4 章および本章は確率論の基礎の中核であり，ここをスタートに次章より確率過程が始まる．

　n 個の確率変数 $X_1, X_2, \cdots, X_n$ に対しても，その同時確率分布 f が，周辺確率分布 $f_1, f_2, \cdots, f_n$ の積

$$f(x_1, x_2, \cdots, x_n) = f_1(x_1) f_2(x_2) \cdots f_n(x_n) \tag{5.1.2}$$

に分解されるなら，$X_1, X_2, \cdots, X_n$ は独立であるという．

　「独立」とは関連がないことであるが，同じ「関連がない」といっても，後で見るように「無相関」よりはずっと強い．無相関は平均的な性質であって確率分布から式（4.4.4）により決まる量 ρ によるが，独立性は表 5.2.1 のような基礎の確率分布そのものに関する仮定だからである．まず，最初の強い結果がある．

積の期待値　X, Y が独立ならば

$$E(XY) = E(X)E(Y) \tag{5.1.3}$$

　実際，離散型の場合なら，（5.1.1）より，ストレートに

§5.1　独立な確率変数　77

$$E(XY) = \sum_x \sum_y xy \cdot f(x,y) = \sum_x \sum_y xy \cdot g(x)h(y)$$
$$= \sum_y \{ yh(y)(\sum_x xg(x)) \} = \mu_X \mu_Y$$

となる．連続型でも同様である．

*幾何学的には，(X, Y) が長方形状に分布するなら，面積＝タテ×ヨコ　を意味する．

独立と無相関　独立ならば無相関となる．式（4.4.6），（5.1.3）から

$$Cov(X, Y) = E(XY) - E(X)E(Y) = 0 \qquad (5.1.4)$$

よって，式（4.4.4）から $\rho = 0$ となる．このことの重要性は第一級であり[†]，マスターするなら「知らない」はあり得ない．

独立⇒無相関

　独立ならば必ず無相関であるが，逆に，無相関でも独立とは限らない（ただし独立となる場合もある）．

---

p.59 の表 4.1.1（c-1）で見ておこう．簡単な例で，

$$E(X_1) = p_1 - q_1, \qquad E(X_2) = p_2 - q_2$$
$$E(X_1 X_2) = p_1 q_2 - p_1 q_2 - q_1 p_2 + q_1 q_2 = (p_1 - q_1)(p_2 - q_2)$$

さらに

$$V(X_1) = 4p_1 q_1, \qquad V(X_2) = 4p_2 q_2$$
$$Cov(X_1, X_2) = E(X_1 X_2) - E(X_1)E(X_2) = 0$$
$$\therefore \rho_{X_1 X_2} = 0$$

で無相関となる．

　ただし，逆は成り立たない．トリックがある．

反例　右の分布で X, Y は，明らかに独立ではない（実際，すべての x, y で，$f(x, y) \neq g(x)h(y)$）．ところが，$E(XY) = 0$，$E(X) = 0$，$E(Y) = 0$ から $Cov(X, Y) = 0$，$\therefore \rho = 0$

　なお，期待値にはかかわりはない．

X \ Y	-1	0	1	$g(x)$
-1	0	$\frac{1}{4}$	0	$\frac{1}{4}$
0	$\frac{1}{4}$	0	$\frac{1}{4}$	$\frac{1}{2}$
1	0	$\frac{1}{4}$	0	$\frac{1}{4}$
$h(y)$	$\frac{1}{4}$	$\frac{1}{2}$	$\frac{1}{4}$	1

[†]　各種検定試験では出題される．

期待値の加法性には独立性は不要である．同時確率分布を使えば

$$E(X+Y) = \sum_x \sum_y (x+y) f(x, y) = \sum_x \{ x \sum_y f(x, y) \} + \sum_y \{ y \sum_x f(x, y) \}$$

$$= \sum_x x g(x) + \sum_y y h(y) = E(X) + E(Y)$$

となるからである．

無相関から独立が導かれる特別ケースとしては，後の §5.4 参照のこと．

分散の加法性　2 個の確率変数 X, Y に対して，期待値については常に加法性

$$E(X+Y) = E(X) + E(Y) \tag{5.1.5}$$

が成り立つが，$V(X+Y)$ には $Cov(X, Y)$ がつきもので，$X+Y+Z+\cdots$ と個数が増えるとわずらわしさは無視できなくなる．**独立性のもと**では $Cov=0$ でこのわずらわしさは解消し，分散にもスッキリと加法性が成り立ってその後の展開が飛躍的に容易になり，以下次々と多くの確率論の重要な事柄が生まれる．

$X+Y$ の分散演算 2 通り

X, Y が独立であるときには，**分散の加法性**

$$V(X \pm Y) = V(X) + V(Y) \tag{5.1.6}$$

が成り立つ（マイナスに注意）．

独立でないときは，既に見たように

$$V(X+Y) = V(X) + V(Y) + 2\,Cov(X, Y) \tag{5.1.7}$$

$$= V(X) + V(Y) + 2\rho_{XY} D(X) D(Y) \tag{5.1.8}$$

となる．(5.1.7), (5.1.8) ともに利用度は大きい．

ただし，この証明から，いささか細かいが，分散の加法性には無相関の条件（$Cov(X, Y) = 0$）があれば十分である．

n 個の場合　n 個の確率変数 $X_1, X_2, \cdots, X_n$ に対しても同じく

$$E(X_1 + X_2 + \cdots + X_n) = E(X_1) + E(X_2) + \cdots + E(X_n) \tag{5.1.9}$$

であるが，$X_1, X_2, \cdots, X_n$ が独立のときには，次も成り立つ．

§5.1　独立な確率変数　79

$$V(X_1+X_2+\cdots+X_n)=V(X_1)+V(X_2)+\cdots+V(X_n) \qquad (5.1.10)$$

同一分布 さらに $X_1, X_2, \cdots, X_n$ が同一の（共通の）確率分布に従うとき，

独立同一分布のケース

これらの同一分布の期待値，分散を μ, σ^2 とすれば

$$E(X_1+X_2+\cdots+X_n)=n\mu, \quad V(X_1+X_2+\cdots+X_n)=n\sigma^2 \qquad (5.1.11)$$

が成立し，標準偏差は

$\sqrt{n}$ **法則** $\qquad D(X_1+X_2+\cdots+X_n)=\sqrt{n}\,\sigma \qquad\qquad (5.1.12)$

となる．

このように和の分散 V は n に比例するが，標準偏差は $\sqrt{n}$ に比例するにとどまる．n が大きいときこの違いは大きい．$n=100$ でも $\sqrt{n}=10$ と小さい．

相加平均 $X_1+X_2+\cdots+X_n$ を n で割った相加平均を

$$\overline{X}=\frac{X_1+X_2+\cdots+X_n}{n} \qquad (5.1.13)$$

とおくと，式（5.1.12），式（2.4.10）から

$1/n$ **法則** $\qquad E(\overline{X})=\mu, \quad V(\overline{X})=\dfrac{\sigma^2}{n} \qquad\qquad (5.1.14)$

を得る．相加平均 $\overline{X}$ は，期待値は n に無関係に常に μ に一致するが，分散は n に反比例して減少し 0 に収束する．この安定化の傾向を定理の形に発展させたのが第7章で述べる**大数の法則**である．この結果は極めて重要で，確率論・統計学を目ざす人で，（5.1.14）を知らない人はいない．いま一つの大定理として**中心極限定理**も（5.1.11）を基礎に成り立つがそれも第7章で述べよう．

§5.2 和の確率分布：コンボリューション

確率変数の和 $X+Y$ の期待値，分散はここまでしばしば挙げてきたが，肝心の確率分布は意外に $2+3=5$ のように代数的に単純ではない．しかも独立

80 第5章 独立確率変数とその応用

のケースに限って公式が知られている.

　離散型の確率変数 X, Y が独立であるとし，その確率分布を $g(x)$, $h(y)$ としよう．和 $X+Y$ の確率分布 $k(z)$ は確率 $P(X+Y=z)$ を考えれば得られる．$X+Y=z$ となるのは，$X=x$, $Y=z-x$ の形の，加えて z になるすべての組み合わせであるから，それを確率の積で表して

$$k(z) = \sum_x g(x)h(z-x) \tag{5.2.1}$$

となる．このことは 2 個のサイコロの目 X, Y の和のケース（この場合，すべての組み合わせが等確率である）からも理解できる．たとえば，和 z が 7 になるような $x, 7-x$ の組み合わせは，$7-x$ を y と表して，表 5.2.1 の太字の 6 通りある.

表 5.2.1 　2 個のサイコロの目 X, Y の組み合わせの同時確率
分布 $f(x, y)$，周辺確率分布 $g(x), h(y)$

X ＼ Y	6	5	4	3	2	1	$g(x)$
6	$\frac{1}{36}$	$\frac{1}{36}$	$\frac{1}{36}$	$\frac{1}{36}$	$\frac{1}{36}$	$\frac{1}{\mathbf{36}}$	$\frac{1}{6}$
5	$\frac{1}{36}$	$\frac{1}{36}$	$\frac{1}{36}$	$\frac{1}{36}$	$\frac{1}{\mathbf{36}}$	$\frac{1}{36}$	$\frac{1}{6}$
4	$\frac{1}{36}$	$\frac{1}{36}$	$\frac{1}{36}$	$\frac{1}{\mathbf{36}}$	$\frac{1}{36}$	$\frac{1}{36}$	$\frac{1}{6}$
3	$\frac{1}{36}$	$\frac{1}{36}$	$\frac{1}{\mathbf{36}}$	$\frac{1}{36}$	$\frac{1}{36}$	$\frac{1}{36}$	$\frac{1}{6}$
2	$\frac{1}{36}$	$\frac{1}{\mathbf{36}}$	$\frac{1}{36}$	$\frac{1}{36}$	$\frac{1}{36}$	$\frac{1}{36}$	$\frac{1}{6}$
1	$\frac{1}{\mathbf{36}}$	$\frac{1}{36}$	$\frac{1}{36}$	$\frac{1}{36}$	$\frac{1}{36}$	$\frac{1}{36}$	$\frac{1}{6}$
$h(y)$	$\frac{1}{6}$	$\frac{1}{6}$	$\frac{1}{6}$	$\frac{1}{6}$	$\frac{1}{6}$	$\frac{1}{6}$	1

　関数 g, h から k を作る数学操作を g, h の**たたみこみ**（convolution）といい，$k = g*h$ と書く．g, h が密度関数のときも同様で，たたみこみは積分

コンボリューション（たたみこみ）

$$k = g*h: \qquad k(z) = \int_{-\infty}^{\infty} g(x)h(z-x)\,dx \tag{5.2.2}$$

---

§5.2　和の確率分布：コンボリューション　81

となる．つまり，＊は確率変数の和を作る操作を，対応する確率分布に移して表したものである．

この操作 $k=g*h$ は長さ z を x と y の2つに分割（したがって $y=z-x$ でなくてはならない）して敷き詰めることをいうが，x（したがって $z-x$ も）は一通りでなくさまざまにあるから，ときには面倒な和や積分計算が残る．

＊深層学習の CNN でも，$g,h \Rightarrow k$ の和演算が行われ，画像の情報圧縮に活用されている．

たとえば，ポアソン分布についても

$$\sum_{x=0}^{z} e^{-\lambda} \frac{\lambda^x}{x!} e^{-\mu} \frac{\mu^{z-x}}{(z-x)!} = \frac{e^{-(\lambda+\mu)}}{z!} \sum_{x=0}^{z} {}_z C_x \mu^{z-x} \lambda^x = e^{-(\lambda+\mu)} \frac{(\lambda+\mu)^z}{z!}$$

のように証明される．二項分布についても同じ方針で計算するが，やはり技術的であるから数理統計学の教科書を見られたい．

モーメント母関数のメリット　モーメント母関数はもとは確率分布の替りであったが，大きなメリットがあるコンボリューションの面倒な計算を単なる積演算として一切をバイパスし不要となる．大定理といえよう．

モーメント母関数の効用　X, Y が独立なら

$$M_{X+Y}(t) = M_X(t) M_Y(t) \tag{5.2.3}$$

証明　独立性から $E(e^{t(X+Y)}) = E(e^{tX} e^{tY}) = E(e^{tX}) E(e^{tY})$ となる．

一般に「母関数」の効用は数学全般に渉ってきわめて大きいもので，しばしばいろいろの定理の証明で中心的な道具として用いられる．この定理が強力なことは次の例で理解されよう．

このたたみこみをモーメント母関数で実行することで，いくつかのよく知られた確率分布に対して次の結果が得られ，確率変数の和 $X+Y$ の分布の問題は解決する（なお，確率分布の命名記号 Bi, Po, N などを用いる）．

> **主要な分布のコンボリューション：和の分布**
>
> **二項分布**　X, Y が独立で，それぞれ $Bi(n, p)$，$Bi(m, p)$ に従っているとき，$X+Y$ は $Bi(n+m, p)$ に従う．
> $$Bi(n, p) * Bi(m, p) = Bi(n+m, p)$$
>
> **ポアソン分布**　X, Y が独立で，それぞれ $Po(\lambda)$，$Po(\mu)$ に従っているとき，$X+Y$ は $Po(\lambda+\mu)$ に従う．
> $$Po(\lambda) * Po(\mu) = Po(\lambda+\mu)$$
>
> **正規分布**　X, Y が独立で，それぞれ $N(\mu_1, \sigma_1{}^2)$，$N(\mu_2, \sigma_2{}^2)$ に従っているとき，$X+Y$ は $N(\mu_1+\mu_2, \sigma_1{}^2+\sigma_2{}^2)$ に従う．
> $$N(\mu_1, \sigma_1{}^2) * N(\mu_2, \sigma_2{}^2) = N(\mu_1+\mu_2, \sigma_1{}^2+\sigma_2{}^2)$$
>
> **指数およびガンマ分布**[*]　X, Y が独立で，それぞれ $\Gamma(\alpha_1, \lambda)$，$\Gamma(\alpha_2, \lambda)$ に従っているとき，$X+Y$ は $\Gamma(\alpha_1+\alpha_2, \lambda)$ に従う．
> $$\Gamma(\alpha_1, \lambda) * \Gamma(\alpha_2, \lambda) = \Gamma(\alpha_1+\alpha_2, \lambda)$$
>
> [*]　$\alpha=1$ なら指数分布．

X, Y は独立でそれぞれ正規分布 $N(\mu_1, \sigma_1{}^2)$，$N(\mu_2, \sigma_2{}^2)$ に従うとき，$X+Y$ の分布は，たたみこみとしてためしに (5.2.2) の

$$\int_{-\infty}^{\infty} \frac{1}{\sqrt{2\pi}\,\sigma_1} e^{-\frac{(x-\mu_1)^2}{2\sigma_1^2}} \cdot \frac{1}{\sqrt{2\pi}\,\sigma_2} e^{-\frac{((z-x)^2-\mu_2)^2}{2\sigma_2^2}} dx = \frac{1}{\sqrt{2\pi(\sigma_1^2+\sigma_2^2)}} e^{-\frac{(z-(\mu_1+\mu_2))^2}{2(\sigma_1^2+\sigma_2^2)}}$$

の積分 $(-\infty < x < \infty)$ の実行をしてみるのもよい．上記積分から $N(\mu_1+\mu_2, \sigma_1{}^2+\sigma_2{}^2)$ となるが，相当繁雑である．

実際，各分布について，モーメント母関数の積を作って

二項分布：　$(pe^t+q)^n \cdot (pe^t+q)^m = (pe^t+q)^{n+m}$

ポアソン分布：　$\exp\{\lambda(e^t-1)\} \cdot \exp\{\mu(e^t-1)\} = \exp\{(\lambda+\mu)(e^t-1)\}$

正規分布：　$\exp\left(\mu_1 t+\dfrac{\sigma_1^2 t^2}{2}\right)\exp\left(\mu_2 t+\dfrac{\sigma_2^2 t^2}{2}\right) = \exp\left\{(\mu_1+\mu_2)t+\dfrac{(\sigma_1^2+\sigma_2^2)t^2}{2}\right\}$

のように，たちどころに証明できる．

指数およびガンマ分布：$\left(\dfrac{\lambda}{\lambda-t}\right)^{\alpha_1} \cdot \left(\dfrac{\lambda}{\lambda-t}\right)^{\alpha_2} = \left(\dfrac{\lambda}{\lambda-t}\right)^{\alpha_1+\alpha_2}$

§5.2　和の確率分布：コンボリューション　83

再生性　たたみこみの結果として，まったく別の分布でなく再び同一種類の確率分布（確率分布族）が得られるならば，取り扱いが便利である．このとき，この確率分布族は**再生的** reproductive であるという．二項分布，ポアソン分布，正規分布は再生的である．待ち時間分布として，ガンマ分布（指数分布を含む），負の二項分布（幾何分布の一般化）についても再生性が成り立つ．

正規分布のメリット　再生性は正規分布において最高のメリットとなる．実際，次のまとめにて無限に細かい（n が大きい）ときの（a）(ii)が伊藤の確率積分（第9章）に他ならない．

正規分布：総合まとめ

（a）　$X_1, X_2, \cdots, X_n$ が独立で，それぞれ正規分布 $N(\mu_1, \sigma_1{}^2), N(\mu_2, \sigma_2{}^2), \cdots, N(\mu_n, \sigma_n{}^2)$ に従っているならば

（ⅰ）　$X_1 + X_2 + \cdots + X_n$ は $N(\mu_1 + \mu_2 + \cdots + \mu_n,\ \ \sigma_1{}^2 + \sigma_2{}^2 + \cdots + \sigma_n{}^2)$

（ⅱ）　$c_1 X_1 + c_2 X_2 + \cdots + c_n X_n$ は $N(c_1\mu_1 + c_2\mu_2 + \cdots + c_n\mu_n,\ c_1{}^2\sigma_1{}^2 + c_2{}^2\sigma_2{}^2 + \cdots + c_n{}^2\sigma_n{}^2)$

にそれぞれ従う．

（b）　特に $X_1, X_2, \cdots, X_n$ の確率分布がすべて正規分布 $N(\mu, \sigma^2)$ なら

（ⅰ）　$X_1 + X_2 + \cdots + X_n$ は $N(n\mu,\ n\sigma^2)$

（ⅱ）　$\bar{X} = \dfrac{X_1 + X_2 + \cdots + X_n}{n}$ は $N\left(\mu, \dfrac{\sigma^2}{n}\right)$

にそれぞれ従う．　　　　　　　　　　　　　　　　　　　　　　　　(5.2.4)

---

§5.3　2次元正規分布を作成する

(X, Y) の2次元正規分布では，X, Y は独立でなく，相関（だからこそ2次元である）がある．

「2次元正規分布」とは，2次元確率変数 (X, Y) で X, Y はそれぞれ（1次元）正規分布に従うが独立でなく相関がある場合の同時分布 $f(x, y)$ のこと

である．X, Y の周辺分布はそれぞれ正規分布であるが相関係数 ρ_{XY} はある値 ρ となっている．独立なら単に1次元正規分布が単に2個ある名目だけで，格別のものではない．ふつうは天下りに密度関数で定義されるが，ここではそのような確率変数 (X, Y) を現実に作成して示してみよう．

まず，その準備に，独立な確率変数 Z_1, Z_2 は

Z_1 は正規分布：　$\mu_1 = 1$，$\sigma_1{}^2 = 1$ の正規分布 $N(1, 1)$

Z_2 は正規分布：　$\mu_2 = -1$，$\sigma_2{}^2 = 1$ の正規分布 $N(-1, 1)$

に従うものとしよう．独立だから共分散したがって相関係数は0で，これら一括して，(Z_1, Z_2) は2次元正規分布

$$N_2\left(\begin{pmatrix} 1 \\ -1 \end{pmatrix}, \begin{pmatrix} 1 & 0 \\ 0 & 1 \end{pmatrix}\right)$$

に従う．これら Z_1，Z_2 から1次変換で新しい確率変数 $X = Z_1 - 3Z_2$，$Y = 2Z_1 - 4Z_2$ つまり

$$\begin{pmatrix} X \\ Y \end{pmatrix} = \begin{pmatrix} 1 & -3 \\ 2 & -4 \end{pmatrix} \begin{pmatrix} Z_1 \\ Z_2 \end{pmatrix}$$

を定義し，この X, Y について確率分布を調べよう．

X, Y の期待値は，1次変換そのままで

$$E(X) = 1 \cdot 1 + (-3)(-1) = 4, \quad E(Y) = 2 \cdot 1 + (-4)(-1) = 6$$

であり，また分散は，Z_1，Z_2 が独立だから

$$V(X) = V(Z_1 - 3Z_2) = 1^2 \cdot 1 + (-3)^2 \cdot 1 = 10,$$
$$V(Y) = V(2Z_1 - 4Z_2) = 2^2 \cdot 1 + (-4)^2 \cdot 1 = 20$$

となることは順調である．ところが共通の Z_1, Z_2 に基づくから X, Y には相関が生じる．実際，式 (4.6.1) を繰り返し用い，かつ式 (5.1.4) により

$$Cov(X, Y) = Cov(Z_1 - 3Z_2, 2Z_1 - 4Z_2)$$
$$= 1 \cdot 2 Cov(Z_1, Z_1) + (-3)(-4) Cov(Z_2, Z_2)$$
$$= 1 \cdot 2 \cdot 1 + (-3)(-4) \cdot 1 = 14$$

$$\rho_{XY} = \frac{14}{\sqrt{10}\sqrt{20}}$$

となる．以上よりまず (X, Y) の平均ベクトル，分散共分散行列は

§5.3　2次元正規分布を作成する　85

$$\begin{pmatrix} 1 & -3 \\ 2 & -4 \end{pmatrix}\begin{pmatrix} 1 \\ -1 \end{pmatrix} = \begin{pmatrix} 4 \\ 6 \end{pmatrix},$$

$$\begin{pmatrix} 1 & -3 \\ 2 & -4 \end{pmatrix}\begin{pmatrix} 1 & 0 \\ 0 & 1 \end{pmatrix}\begin{pmatrix} 1 & 2 \\ -3 & -4 \end{pmatrix} = \begin{pmatrix} 10 & 14 \\ 14 & 20 \end{pmatrix}, \quad \rho = \frac{14}{\sqrt{10}\sqrt{20}}$$

$$(5.3.2)$$

とまとめられる．このベクトル，行列算法は便利なので覚えよう．

(X, Y) への分布の変換　以上で済んだも同然だが，肝心の理論は，(X, Y) の 2 次元確率分布である．余裕があれば目を通しておこう．

まず，もとの (Z_1, Z_2) の確率分布はやさしく，独立だから，両者の密度関数の積で

$$g(z_1, z_2) = \frac{1}{\sqrt{2\pi}}e^{-\frac{(z_1-1)^2}{2}} \cdot \frac{1}{\sqrt{2\pi}}e^{-\frac{(z_2+1)^2}{2}} = \frac{1}{2\pi}e^{-\frac{1}{2}((z_1-1)^2 (z_2+1)^2)} \quad (5.3.1)$$

となる．これから (X, Y) の確率分布に移るには，変換

$$x = z_1 - 3z_2, \quad y = 2z_1 - 4z_2$$

を逆に解いた逆変換

$$z_1 = \frac{-4x+3y}{2}, \quad z_2 = \frac{-2x+y}{2}$$

を代入する方針（それだけではすまないが）でゆけばよい．めんどうなので $z_1 - 1$，$z_2 + 1, x - 4, y - 6(4, 6$ は期待値 $\mu_X, \mu_Y)$ をそれぞれ $z_1{}', z_2{}', x', y'$ とすると，$x' = z_1{}' - 3z_2{}'$ などとなり式 (5.3.1) に使うと，$-\frac{1}{2}$ を除き

$$z_1{}'^2 + z_2{}'^2 = 5x'^2 - 7x'y' + \frac{5}{2}y'^2 = 50\left(\frac{x'^2}{2} - \frac{7x'y'}{50} + \frac{y'^2}{20}\right)$$

ただし，$x' = x - 4, \ y' = y - 6$

でややこみ入っているが，X, Y の分散の $\sigma_X^2 = 10, \ \sigma_Y^2 = 20$ が表れている．

念押しだが中間の項については，先に得た $\sigma_{XY} = 14$ をヒントに

$$\frac{7}{50} = 2 \cdot \frac{14}{10 \cdot 20} = \frac{2 \cdot 14/\sqrt{10}\sqrt{20}}{\sqrt{10}\sqrt{20}} = \frac{2\rho}{\sigma_X \sigma_Y}$$

であるが，$\rho = \dfrac{14}{\sqrt{10}\sqrt{20}}$ に注意する．

よって，式 (5.3.2) は

$$\frac{x'^2}{\sigma_X^2} = 2\rho\frac{x'y'}{\sigma_X \sigma_Y} + \frac{y'^2}{\sigma_Y^2}$$

となりそうである．

以上は知られている形に‘天下り’に誘導したのであって証明をしたのではない．さらに $\dfrac{1}{1-\rho^2} = 50$ となることに注意しておこう．

86　第 5 章　独立確率変数とその応用

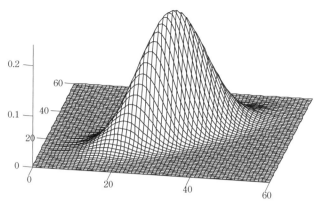

図 5.3.1　2 次元正規分布

以上から，2 次元正規分布の求め方を次にまとめておこう．

---

2 次元正規分布 $N(\mu, \Sigma)$

2 次元確率変数 (X, Y) に対し，平均ベクトルおよび分散共分散行列がそれぞれ

$$\mu = \begin{pmatrix} \mu_X \\ \mu_Y \end{pmatrix}, \qquad \Sigma = \begin{pmatrix} \sigma_X^2 & \rho\sigma_X\sigma_Y \\ \rho\sigma_X\sigma_Y & \sigma_Y^2 \end{pmatrix} \text{ あるいは } \begin{pmatrix} \sigma_{XX} & \sigma_{XY} \\ \sigma_{YX} & \sigma_{YY} \end{pmatrix}$$

で決まる 2 次元正規分布の同時密度関数 $f(x, y)$ は

$$C \cdot \exp\left[\frac{1}{1-\rho^2}\left\{\frac{(x-\mu_X)^2}{\sigma_X^2} - 2\rho\frac{(x-\mu_X)(y-\mu_Y)}{\sigma_X\sigma_Y} + \frac{(y-\mu_Y)^2}{\sigma_Y^2}\right\}\right] \quad (5.3.3)$$
$$-\infty < x, y < \infty$$

で，C は全積分 $=1$ となるための定数である：

$$C = \frac{1}{2\pi\sigma_X\sigma_Y\sqrt{1-\rho^2}}$$

* N を N_2 と表示することもある．

よって，(X, Y) の確率分布は，平均ベクトル，分散共分散行列

$$N_2\left(\begin{pmatrix} 4 \\ 6 \end{pmatrix}, \begin{pmatrix} 10 & 14 \\ 14 & 20 \end{pmatrix}\right)$$

となる．密度関数は（5.3.3）による．

相関のある正規＋正規　確率変数 $aX+bY$ は

$$\text{期待値}\quad a\mu_X+b\mu_Y,\quad \text{分散}\quad a^2\sigma_X^2+2ab\rho\sigma_X\sigma_Y+b^2\sigma_Y^2$$

をもち，その確率分布は正規分布

$$N(a\mu_X+b\mu_Y,\ a^2\sigma_X^2+2ab\rho\sigma_X\sigma_Y+b^2\sigma_Y^2) \tag{5.3.4}$$

である．このマトリックス表示も併せて知っておくとよく，係数ベクトルを $\boldsymbol{c}=\begin{pmatrix} a \\ b \end{pmatrix}$ とすると，$aX+bY$ の分布は 1 次元正規分布

$$N(\boldsymbol{c}'\boldsymbol{\mu},\ \boldsymbol{c}'\textstyle\sum\boldsymbol{c})$$

となる．

2 次元正規分布のこの密度関数を覚える必要はないが，（5.3.3）に ρ があることだけは注目しよう．さらに関心ある読者のために，3 次元以上への発展（§5.5）を述べておこう．

§5.4　無相関と独立

正規分布は特別　2 次元正規分布（5.5.3）の主な性質として繰り返すが，

（ⅰ）　期待値（平均）　　$E(X)=\mu_X,\quad E(Y)=\mu_Y$ $\tag{5.4.1}$

（ⅱ）　分散，共分散，相関係数

$$V(X)=\sigma_X^2,\ V(Y)=\sigma_Y^2,\ Cov(X,Y)=\sigma_{XY}=\rho\sigma_X\sigma_Y,\ \rho_{XY}=\rho \tag{5.4.2}$$

（ⅲ）　ここで重要なのは，X あるいは Y の周辺確率分布で，一次元では

$$X \text{ は正規分布 } N(\mu_X,\sigma_X^2),\ Y \text{ は正規分布 } N(\mu_Y,\sigma_Y^2)$$

に従うことである．

$\rho=0$ のケース　重要な性質は，まだその先がある．（5.3.3）で $\rho=0$ なら，中間の積 $(x-\mu_X)(y-\mu_Y)$ の項が落ちて

$$e^{-\frac{Q}{2}}=e^{-\frac{(x-\mu_X)^2}{2\sigma_X^2}}\cdot e^{-\frac{(y-\mu_Y)^2}{2\sigma_Y^2}} \tag{5.4.3}$$

のように（ⅲ）の積に分かれることから，（5.1.1）が成立し

（ⅳ）　2 次元正規分布においては，$X,\ Y$ が無相関（$\rho=0$）なら独立

88　第 5 章　独立確率変数とその応用

でもある．すなわち，式（5.1.4）と考え合わせると，周知のように

正規分布の特別ケース

2次元正規分布においては**無相関**と**独立**はまったく同値．

実際，独立も無相関も漠然と'無関連'を表すが正確には区別され，独立から無相関は必ず出るが，逆は必ずしも真ではない．この逆が成立する特別ケースが2次元正規分布である．ただし，極めて限られたケース（コイン投げ，あるいは完全に別領域の現象）を別として，両者の違いを意識することはほとんどない）．

§5.5 多次元正規分布

3次元以上の正規分布（多次元正規分布）に発展させることは容易である．実際，'3変数の共分散'$Cov(X_i, X_j, X_k)$などを考える必要はなく，あくまで期待値$E(X_i)$，分散$V(X_i)$，各ペア(X_i, X_j)の共分散$Cov(X_i, X_j)$，その相関係数$\rho_{X_iX_j}$を，必要な組み合わせだけ指定する．すなわち，p個の確率変数の組$(X_1, X_2, \cdots, X_p)$に対し，

（ⅰ） 期待値　$\mu = \{\mu_i\}$　　　　　　　　　　　　　　（5.5.1）

（ⅱ） 分散共分散行列より $\mathbf{\Sigma} = \{\sigma_{ij}\}$　　　　　　　　（5.5.2）

と指定する．ことに

（ⅲ） 各X_iは正規分布$N(\mu_i, \sigma_i^2)$に従う$(i=1, 2, \cdots, p)$．ただし$\sigma_{ii} = \sigma_i^2$特別ケースで

（ⅱ）′　$\rho_{ij}=0$ならX_iとX_jは独立

　まず，2次元正規分布の式（5.5.3）はいかにも複雑に見えたが，それでも次の多次元正規分布の$p=2$の場合である．一般の多次元では，かえって形式化で見やすくなる．式（5.5.1），（5.5.2）で指定したパラメータ$\left(\text{合計}\ 2p + \dfrac{p(p-1)}{2}\ \text{個ある}\right)$を

$$\boldsymbol{\mu} = \begin{pmatrix} \mu_1 \\ \mu_2 \\ \vdots \\ \mu_p \end{pmatrix}, \qquad \boldsymbol{\Sigma} = \begin{pmatrix} \sigma_{11} & \sigma_{12} & \cdots & \sigma_{1p} \\ \sigma_{21} & \sigma_{22} & \cdots & \vdots \\ \vdots & \vdots & \ddots & \vdots \\ \sigma_{p1} & \cdots & \cdots & \sigma_{pp} \end{pmatrix}$$

のように表記すると，多次元正規分布は，$x_1, x_2, \cdots, x_p$ の縦ベクトルの密度関数[*]

多次元正規分布（行列表示）

$$N_p(\boldsymbol{\mu}, \boldsymbol{\Sigma}) \qquad f_{\mu, \Sigma}(\boldsymbol{x}) = \frac{1}{(2\pi)^{\frac{p}{2}} |\boldsymbol{\Sigma}|^{\frac{1}{2}}} \cdot \exp\left(-\frac{1}{2}(\boldsymbol{x} - \boldsymbol{\mu})' \boldsymbol{\Sigma}^{-1} (\boldsymbol{x} - \boldsymbol{\mu})\right)$$

で表される．ここで$|\ |$は行列式，$\exp$ は指数関数 e^x（つまり $\exp x = e^x$）である．この式を覚える必要はない．$p \geqq 3$ のときは，図 5.3.1 のような図も描けない．

[*] $'$は行列の転置．

よくある確率変数 $\sum_{i=1}^{p} b_i X_i$ の期待値は b の縦ベクトルを $\boldsymbol{b}$ として $\boldsymbol{b}' \boldsymbol{\mu}$，分散は $\boldsymbol{b}' \boldsymbol{\Sigma} \boldsymbol{b}$ で，その確率分布は正規分布

$$N(\boldsymbol{b}' \boldsymbol{\mu}, \ \boldsymbol{b}' \boldsymbol{\Sigma} \boldsymbol{b}) \tag{5.5.3}$$

となることは $p = 2$ の場合（式（5.3.4））と同様である．

確率積分のベース　多次元正規分布は複雑に見えるが，後に §8.2 に見るようにブラウン運動の増分（変化量）による確率積分を考えるときは，あらゆる $\rho_{ij} = 0$（$i \neq j$）で，$(X_1, X_2, \cdots, X_p)$ は独立な確率変数の組になるケースが多い．このときは，分散共分散行列では左上から右下（**対角項**という）にある分散 σ_i^2（または σ_{ii}）のみ残り，すべての共分散は消え，

$$\boldsymbol{\Sigma} = \begin{pmatrix} \sigma_1^2 & 0 & 0 & \cdots & 0 \\ 0 & \sigma_2^2 & 0 & \cdots & 0 \\ 0 & 0 & \sigma_3^2 & \cdots & 0 \\ \vdots & \vdots & \vdots & \ddots & \vdots \\ 0 & 0 & 0 & \cdots & \sigma_p^2 \end{pmatrix}$$

の形となる．この独立性をフルに用いるのがブラウン運動および伊藤の確率積分であるが，これは第 6, 9 章に詳しく扱うことにしよう．

§5.6　多次元正規分布の条件付分布

　逆に独立でない場合は X, Y の相関関係を元に X から Y の出方が決まる.
その条件付分布には，やはり正規分布の使い勝手がよい．この課題は統計学
がいろいろな結果をもたらしてくれる.

　ことに，$f(x, y)$ が 2 次元正規分布 $N_2(\mu_X, \mu_Y ; \sigma_X{}^2, \sigma_Y{}^2, \rho)$ ならば $X = x$ を
与えた Y の条件付確率分布 $f(x, y)/g(x)$ は，単純だが煩雑な計算のあと
1 次元正規分布

$$N\left(\rho \frac{\sigma_Y}{\sigma_X}(x - \mu_X) + \mu_Y\right), \qquad \sigma_Y{}^2(1 - \rho^2)$$

となる．この結果は周知で，後にブラウン運動（たとえばブラウン橋）など
で有用となるが，結果式だけなら，統計学の回帰方程式

$$y - \bar{y} = r \frac{s_y}{s_x}(x - \bar{x}), \quad R^2 = r^2 \text{（決定係数）}$$

を迂回路に使って $x \to \mu_X$, $y \to \mu_y$, $s_x, s_y \to \sigma_X, \sigma_Y$, $r \to \rho$ の対応で到達で
きる.

（研究課題）

　独立確率変数の和の代数計算　かなり以前には確率計算が代数の範囲であった
（日本では第 2 次大戦前の代数学全盛時代）．X が有限の非負整数値なら，$M_X(t)$ は u
$= e^t$ の多項式となる．したがって 3 個のさいころの目 X, Y, Z の和 $(X + Y) + Z$ の 3〜
18 の確率分布は，モーメント母関数の積

$$(u^{12} + 2u^{11} + \cdots + 5u^8 + 6u^7 + 5u^6 + \cdots + 2u^3 + u^2) \times (u^6 + u^5 + \cdots + u)/36 \cdot 6$$

の多項式代数計算から $u^3 \sim u^{18}$ の係数で与えられる（形式変数は省略，係数のみ）．理
論というほどではないが，気の利いた方法である.

	3	4	5	6	7	8	9	10	11	12	13	14	15	16	17	18	計
						1	2	3	4	5	6	5	4	3	2	1	
											1	1	1	1	1	1	
						1	2	3	4	5	6	5	4	3	2	1	
					1	2	3	4	5	6	5	4	3	2	1		
				1	2	3	4	5	6	5	4	3	2	1			
			1	2	3	4	5	6	5	4	3	2	1				
		1	2	3	4	5	6	5	4	3	2	1					
	1	2	3	4	5	6	5	4	3	2	1						
	1	3	6	10	15	21	25	27	27	25	21	15	10	6	3	1	216
確率	1/216	1/72	1/36	5/108	5/72	7/72	25/216	1/8	1/8	25/216	7/72	5/72	5/108	1/36	1/72	1/216	1
$X+Y+Z$	3	4	5	6	7	8	9	10	11	12	13	14	15	16	17	18	

Excel ずらし操作によるさいころ 3 個の目の和の確率分布（関数コマンド不要）

一般のランダム・ウォーク　次もある．X_1, X_2 は独立で，$P(X_i=-1)=P(X_i=1)=1/4$，$P(X_i=0)=1/2\,(i=1,2)$ とする．$S=X_1+X_2$ の確率分布を求める．

$$u+2+u^{(-1)}=(u^2+2u+1)/u$$

と変形し $(u^2+2u+1)^2$ から，$-2,-1,0,1,2$ の確率はそれぞれ $1/16, 1/4, 3/8, 1/4, 1/16$ と得られる．

	-2	-1	0	1	2	計
			1	2	1	
			1	2	1	
			1	2	1	
		2	4	2		
	1	2	1			
	1	4	6	4	1	16
確率	1/16	1/4	3/8	1/4	1/16	1
$S=X_1+X_2$	-2	-1	0	1	2	

これが発展すれば，式 (5.2.3) の大定理になるから，意義深いといえよう．

§5.7　条件付期待値の演算テクニック

(X, Y) が独立でなければ，$X(Y)$ により $Y(X)$ の出方が左右され，$X(Y)$ 次第と，つまり条件付となる．条件付期待値は今後しばしば出現するが，条件付分布の定義に関わることなく結果に直行する式展開が多い．また，その 'ハイテク' を知っておくのが上達の道である，

二段階 (X, Y) が独立でない場合は，X の条件付期待値 $E(X|Y)$ は $E(X)$ に一致せず Y の値に関係し，Y の出方（確率分布）で平均したとき，二段階で

$$E_Y(E(X|Y)) = E(X)$$

となることが，一般ルールとして成立することはすでに §4.6 において例で示した．Y 自体がベクトル確率変数であってもよく，(Y, Z) とすると

$$E_{Y,Z}(E(X|Y,Z)) = E(X)$$

なども自然に得られる．

独立なら条件は'スルー' 独立の場合は「条件付」は消える．これは重要ポイントで，§4.1 の表 4.1.1 (c-1) のケースにおいて，X_2 で条件をつけると，§4.6 で見たように

$$P(X_1 = 1|X_2 = 1) = \frac{p_1 p_2}{p_2} = p_1, \quad P(X_1 = -1|X_2 = 1) = \frac{q_1 p_2}{p_2} = p_1,$$

$$P(X_1 = 1|X_2 = -1) = \frac{p_1 p_2}{q_2} = p_1, \quad P(X_1 = -1|X_2 = -1) = \frac{q_1 p_2}{q_2} = q_1$$

となるが，これを表の

$$P(X_1 = 1) = p_1, \quad P(X_1 = -1) = q_1$$

と比べると，一切の条件づけが無条件と同一になっている．だから期待値も

$$E(X_1|X_2 = 1) = E(X_1|X_2 = -1) = E(X_1)$$

となり $E(X_1|X_2) = E(X_1)$，つまり X_2 は効かずスルーする．この処理の仕方は，今後ランダム・ウォーク，ブラウン運動，マルチンゲールなどでは，計算上絶大な力を発揮する．

X, Y が独立なら $\qquad\qquad E(X|Y) = E(X)$ $\qquad\qquad\qquad$ (5.7.1)

さらに，X が (Y, Z) と独立なら $\quad E(X|Y,Z) = E(X)$ $\qquad\qquad$ (5.7.2)

もちろん，一般には以下の期待値演算のルールがある．

期待値演算ルール 期待値演算のそのまま，ストレートである．

$$E(X_1 + X_2|Y) = E(X_1|Y) + E(X_2|Y) \qquad\qquad (5.7.3)$$

$$E(cX|Y) = cE(X|Y) \qquad\qquad\qquad\qquad\qquad\quad (5.7.4)$$

$$E(aX + b|Y) = aE(X|Y) + b \qquad\qquad\qquad\quad (5.7.5)$$

$$E(c|X) = c \qquad\qquad\qquad\qquad\qquad\qquad\qquad\quad (5.7.6)$$

---

§5.7　条件付期待値の演算テクニック　93

関数の期待値　式展開の中で '当り前' のものもある．X が Y の関数 $X=g(Y)$ なら，Y が与えられれば $X=g(Y)$ は当然ただ1通りに定まり，1点分布（$Y=c$ なら $g(Y)=g(c)$）となるから，

$$E(g(Y)|Y)=g(Y) \tag{5.7.7}$$

である．断りなしに使われる．条件が2次元の場合も

$$E(g(Y,Z)|Y,Z)=g(Y,Z) \tag{5.7.8}$$

$$E(g(Y)|Y,Z)=g(Y) \tag{5.7.9}$$

などとなる．

定数取り出し　一般に $E(XY) \neq E(X)E(Y)$ だが，条件付なら，条件が定数となっているから

$$E(XY|X)=X E(Y|X) \tag{5.7.10}$$

が成立する．ここでも，'$X=c$ のとき' と考えればよい．

条件の1対1変換　たとえば，$E(X|Y,Z)=E(X|Y+Z,Y-Z)$ である．実際，(Y,Z) と $(Y+Z,Y-Z)$ は互いにほかから求められる（1対1）ので，「Y,Z を与えられて」は「$Y+Z,Y-Z$ を与えられて」と同じ条件となる．

一般に (Y,Z) と (U,V) が1対1変換で結ばれるなら

$$E(X|Y,Z)=E(X|U,V) \tag{5.7.11}$$

となる．ただし両辺の Y,Z の関数と U,V の関数は，関数形は異なる．

よくあるのが，部分和への変換で

$$S_1=X_1, \quad S_2=X_1+X_2, \quad \cdots, \quad S_n=X_1+X_2+\cdots+X_n$$

のときで，逆に $X_1=S_1,\ X_2=S_2-S_1,\ X_3=S_3-S_2$ と求められるから

$$E(\,\cdot\,|X_1,X_2,\cdots,X_n)=E(\,\cdot\,|S_1,S_2,\cdots,S_n) \tag{5.7.12}$$

である．これらは次章以下ランダム・ウォーク，ブラウン運動，マルチンゲールでしばしば出会う計算ルールである．

対称性　展開が進んでくるといちいち説明されないことも多い，わかりやすさのため，一例をあげて進めよう．サイコロを2個投げたとき，その目を X,Y とする．$X+Y$ が与えられたとき（たとえば8）の X の期待値 $E(X|X+Y)$ を求めると，答は $\dfrac{X+Y}{2}$ である．たしかに，$X+Y=8$ のときの X の可能性は $X=2,3,4,5,6$ で各確率は $\dfrac{1}{5}$ だから

$$E(X|X+Y=8)=2\cdot\frac{1}{5}+3\cdot\frac{1}{5}+4\cdot\frac{1}{5}+5\cdot\frac{1}{5}+6\cdot\frac{1}{5}=4$$

94　第5章　独立確率変数とその応用

となっている．これは予想通りであろう．

実はサイコロである必要はなく，何であっても，X, Y が同一の分布に従っていれば答は $\dfrac{X+Y}{2}$ となる．この証明はテクニックを要する．実数値関数 $g(x, y)$ が変数の交換で不変，つまり $g(x, y) = g(y, x)$ とする．X, Y が同じ確率分布をもつなら

$$E(X|g(X, Y)) = E(Y|g(X, Y)) \qquad (5.7.13)$$

となる．一例がこの $g(x, y) = x + y$ のケースで，期待値演算と関数関係から

$$E(X|X+Y) + E(Y|X+Y) = E(X+Y|X+Y) = X+Y$$

となる．しかるに上記の対称性から $E(X|X+Y) = E(Y|X+Y)$ で最左辺は $2E(X|X+Y)$ と求まる．よって $E(X|X+Y) = \dfrac{X+Y}{2}$. これの類例として，$X, Y$ が同一分布に従うなら

$$E(X-Y|X+Y) = 0 \qquad (5.7.14)$$

である．左辺は $E(X|X+Y) - E(Y|X+Y)$ となるからである．

ワンポイント練習 5

[5.1] コインを 6 000 回投げ，1 の目の回数が $1\,000 \pm 1\,000 \times 0.01$（1％範囲）に入る確率を求めなさい．（Parzen, p.220）

[5.2] 12 個の一様乱数の和から $Z = X_1 + X_2 + \cdots + X_{12} - 6$ を作れば，標準正規乱数の代用とできることを示しなさい．

[5.3] あるジャンボジェット機の定員は 400 人，乗員の体重の平均は 60 kg，標準偏差は 8 kg とする．乗機者の総体重の標準偏差は一人当たり平均体重の何人分となるか．

[5.4] 確率変数 $Y_1 + Y_2 + \cdots + Y_5$ がそれぞれすべて独立で $N(1, 1)$ にしたがっているとする．このとき，

$$1.5Y_1 + 0.2Y_2 + 1.8Y_3 + 0.9Y_4 + 1.5Y_5$$

の確率分布を求めなさい．

[5.5] 5 地域のそれぞれの交通死亡事故が 1 日あたり独立に $Po(1)$，$Po(0.8)$，$Po(1.4)$，$Po(5)$，$Po(2.1)$ で発生しているとき，総計件数の確率分布を求め，件数が最大で 5 件以下となる確率を求めなさい．

§5.7　条件付期待値の演算テクニック　95

第6章

ランダム・ウォーク

§6.1 単純ランダム・ウォーク†

第5章まで確率論の基礎事項が終わった．頂をめざして麓から中腹を少し過ぎたところで，ようやく見晴らしも開けてきたところである．ここからがいよいよ後半で，確率過程への第一歩をここからふみだそう．

ランダム・ウォーク（「酔歩」との訳もある）は本書では確率過程論のスタート点，つまり最初の確率過程との出会いである．現代確率論の歴史に残

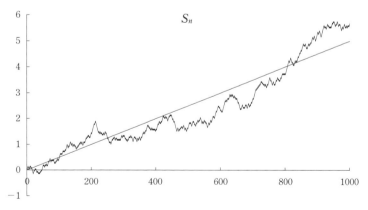

図 6.1.1 非常に細かいランダム・ウォークの確率過程の径路 (n, S_n)

---

† ◆◆◆ https://www.bayesco.org/top/books/stocpr

る大家 W. フェラー[†] は「極端に単純な方法からとてつもない重要な結果が導かれている」と評し，また「思いがけないのみならず直観や常識にはショックであるような理論的結論も得られている」といっている．直接的には「逆正弦法則」や極限的には「ブラウン運動」などを指すのであろうが，とくに「ブラウン運動」は 21 世紀には数理科学の中央まで進出している．たしかにこれを基礎として，ブラウン運動（ウィーナー過程），マルチンゲール，マルコフ過程，確率積分，伊藤過程が構成され，確率微分方程式，伊藤の公式に発展し，ギルサノフの定理が証明され，ブラック–ショールズの公式が導かれる．ランダム・ウォークの理論や方法は，確率過程全体の基礎を形づくっている．

　ランダム・ウォークは，また，広く確率論の基礎知識の集約点でもある．確率変数，コイン投げ，二項分布（ベルヌーイ分布），独立性，確率変数の和，中心極限定理など，**単純**[‡] **ランダム・ウォーク**といわれながらも，このような基礎知識の総体なしには，議論できない．同時にランダム・ウォークはこれらの知識の復習ポイントにもなっている．

　ランダム・ウォーク（単純ランダム・ウォーク）は，まず確率変数

$$X_i = 1 \quad （確率 \ p）, \quad X_i = -1 \quad （確率 \ q = 1 - p） \quad (i = 1, 2, \cdots, n)$$

があり，かつそれらが独立として，それらの和

$$S_n = X_1 + X_2 + \cdots + X_n \quad (n = 1, 2, 3, \cdots) \tag{6.1.1}$$

として定義される．

　期待値，分散，確率分布　式（3.2.6）より，X_i の期待値，分散は

$$E(X_i) = p - q, \quad V(X_i) = 4pq \quad (i = 1, 2, 3, \cdots, n) \tag{6.1.2}$$

であり，また各 X_i は独立ゆえ，式（5.1.12）から

[†]　W. Feller, Introduction to Probability Theory and its Applications I.

[‡]　$P(X_i = 1) = P(X_i = -1) = 1/4$, $P(X_i = 0) = 1/2$ のケースは「単純」ではない．$E(X_i) = 0$, $V(X_i) = 1/2$ で，$E(S_n) = 0$, $V(S_n) = n/2$ となる．（p. 92 参照）

§6.1　単純ランダム・ウォーク　97

$$E(S_n) = n(p-q), \qquad V(S_n) = 4npq \qquad (n=1,2,3,\cdots) \quad (6.1.3)$$

であることに注意する．したがって，確率過程の軌跡 (n, S_n) は，原点を通り，傾き $p-q$（正，0，負）の直線に平均的に沿いながらも，この直線のまわりでの変動が n の進展とともに比例的に増大するような折れ線である．

また確率分布 $P(S_n = x)$ は，x が小さい場合，$+1$（S）の個数，-1（F）の個数をそれぞれ e, f とおくと，$e+f=n$，$e-f=x$ から

$$e = \frac{n+x}{2}, \qquad f = \frac{n-x}{2}$$

なので，二項分布より

$$P(S_n = x) = \begin{cases} {}_n C_{\frac{n+x}{2}} \, p^{\frac{n+x}{2}} q^{\frac{n-x}{2}} & (n+x = \text{偶数}, \ -n \leqq x \leqq n) \\ 0 & (\text{それ以外}) \end{cases} \quad (6.1.4)$$

となる．$n=4$ の場合に，確率および，$p=\dfrac{2}{3}$ のときの値を与えよう．

表 6.1.1　ランダム・ウォーク （$n=4$ の場合）

(e,f)	$(0,4)$	$(1,3)$	$(2,2)$	$(3,1)$	$(4,0)$
S_4	-4	-2	0	2	4
確率	q^4	$4pq^3$	$6p^2q^2$	$4p^3q$	p^4
確率 $\left(p=\dfrac{2}{3}\right)$	$\dfrac{1}{81}$	$\dfrac{8}{81}$	$\dfrac{24}{81}$	$\dfrac{32}{81}$	$\dfrac{16}{81}$

すなわち二項分布 $Bi\left(4, \dfrac{2}{3}\right)$ を $\{-4, -2, 0, 2, 4\}$ に帖り替えればよい．念のために期待値は，帖り替えたので

$$(-4)\cdot\frac{1}{81} + (-2)\cdot\frac{8}{81} + 0\cdot\frac{24}{81} + 2\cdot\frac{32}{81} + 4\cdot\frac{16}{81} = \frac{4}{3}$$

で，$n=4$，$p=\dfrac{2}{3}$，$q=\dfrac{1}{3}$ から $n(p-q)$ に合致している．

n が大なるときは，S_n の確率分布の計算は困難となってくるが，§3.6（および第7章）の中心極限定理より，$N(n(p-q), 4npq)$ で，いま $n=30$，$p=\dfrac{2}{3}$ なら $N\left(10, \dfrac{240}{9}\right)$ で近似できる．これから，たとえば $S_{30} < 0$ となる確率は，標準化して

98　第6章　ランダム・ウォーク

$$P(S_{30}<0)=P\left(\frac{S_{30}-10}{\sqrt{\frac{240}{9}}}<\frac{-10}{\sqrt{\frac{240}{9}}}\right)=\Phi\left(-\frac{\sqrt{15}}{2}\right)=0.026\,404$$

などという計算ができる.

$p=q=\dfrac{1}{2}$（対称単純ランダム・ウォーク）なら，S_4 の確率分布は同様にして次のようになる.

表 6.1.2　対称単純ランダム・ウォーク

S_4	-4	-2	0	2	4
確率	$\dfrac{1}{16}$	$\dfrac{4}{16}$	$\dfrac{6}{16}$	$\dfrac{4}{16}$	$\dfrac{1}{16}$

S_6 の $2^6=64$ 通りの全ての径路（path）のリストを X の辞書式順序で次ページに示した（表 6.1.3）. 例示ではあるが，極めて重要な結果や性質がここにまとまってあらわれており，条件ごとに数え上げ確認して見ることも，今後の理論のフルの納得のために有益であろう.

$(S_1, S_2, S_3, S_4, S_5, S_6)$ の全径路　　　　　　　　　　64

　（ⅰ）　$S_6=0$ となる径路　　　　　　　　　　20（原点復帰）

　　　　うち $S_1\neq0,\ \cdots,\ S_5\neq0,\ S_6=0$ となる径路　　4（原点復帰）

　（ⅱ）　$S_1\geqq0,\ S_2\geqq0,\ \cdots,\ S_6\geqq0$ となる径路　　20

　（ⅲ）　$S_1\leqq0,\ S_2\leqq0,\ \cdots,\ S_6\leqq0$ となる径路　　20

　（ⅳ）　$S_1\neq0,\ S_2\neq0,\ \cdots,\ S_6\neq0$ となる径路　　20

このように分類条件が微妙にあるいは大幅に異なっても径路数がみな等しいのはむしろ驚きである.

§6.2　一般的なランダム・ウォーク

（6.1.2）をみると，（6.1.2）はより一般的に成立することがわかる. $X_1,$ $X_2, X_3, \cdots, X_n, \cdots$ が独立で，かつ同一分布に従い

$$E(X_i)=\mu, \qquad V(X_i)=\sigma^2 \tag{6.2.1}$$

とする. これらの和を

§6.2　一般的なランダム・ウォーク　99

表 6.1.3 ランダム・ウォーク $S_1 \sim S_6$ の径路全リスト（左半）：$2^6 = 64$ 通り

網掛けは原点復帰 $S_6 = 0$ のものを示す． ＊初めての原点復帰

X_1, S_1	X_2	X_3	X_4	X_5	X_6	S_2	S_3	S_4	S_5	S_6
1	1	1	1	1	1	2	3	4	5	6
1	1	1	1	1	-1	2	3	4	5	4
1	1	1	1	-1	1	2	3	4	3	4
1	1	1	1	-1	-1	2	3	4	3	2
1	1	1	-1	1	1	2	3	2	3	4
1	1	1	-1	1	-1	2	3	2	3	2
1	1	1	-1	-1	1	2	3	2	1	2
1	1	1	-1	-1	-1	2	3	2	1	0^*
1	1	-1	1	1	1	2	1	2	3	4
1	1	-1	1	1	-1	2	1	2	3	2
1	1	-1	1	-1	1	2	1	2	1	2
1	1	-1	1	-1	-1	2	1	2	1	0^*
1	1	-1	-1	1	1	2	1	0	1	2
1	1	-1	-1	1	-1	2	1	0	1	0
1	1	-1	-1	-1	1	2	1	0	-1	0
1	1	-1	-1	-1	-1	2	1	0	-1	-2
1	-1	1	1	1	1	0	1	2	3	4
1	-1	1	1	1	-1	0	1	2	3	2
1	-1	1	1	-1	1	0	1	2	1	2
1	-1	1	1	-1	-1	0	1	2	1	0
1	-1	1	-1	1	1	0	1	0	1	2
1	-1	1	-1	1	-1	0	1	0	1	0
1	-1	1	-1	-1	1	0	1	0	-1	0
1	-1	1	-1	-1	-1	0	1	0	-1	-2
1	-1	-1	1	1	1	0	-1	0	1	2
1	-1	-1	1	1	-1	0	-1	0	1	0
1	-1	-1	1	-1	1	0	-1	0	-1	0
1	-1	-1	1	-1	-1	0	-1	0	-1	-2
1	-1	-1	-1	1	1	0	-1	-2	-1	0
1	-1	-1	-1	1	-1	0	-1	-2	-1	-2
1	-1	-1	-1	-1	1	0	-1	-2	-3	-2
1	-1	-1	-1	-1	-1	0	-1	-2	-3	-4

（続き）前表と上下反転している.

X_1, S_1	X_2	X_3	X_4	X_5	X_6	S_2	S_3	S_4	S_5	S_6
-1	1	1	1	1	1	0	1	2	3	4
-1	1	1	1	1	-1	0	1	2	3	2
-1	1	1	1	-1	1	0	1	2	1	2
-1	1	1	1	-1	-1	0	1	2	1	0
-1	1	1	-1	1	1	0	1	0	1	2
-1	1	1	-1	1	-1	0	1	0	1	0
-1	1	1	-1	-1	1	0	1	0	-1	0
-1	1	1	-1	-1	-1	0	1	0	-1	-2
-1	1	-1	1	1	1	0	-1	0	1	2
-1	1	-1	1	1	-1	0	-1	0	1	0
-1	1	-1	1	-1	1	0	-1	0	-1	0
-1	1	-1	1	-1	-1	0	-1	0	-1	-2
-1	1	-1	-1	1	1	0	-1	-2	-1	0
-1	1	-1	-1	1	-1	0	-1	-2	-1	-2
-1	1	-1	-1	-1	1	0	-1	-2	-3	-2
-1	1	-1	-1	-1	-1	0	-1	-2	-3	-4
-1	-1	1	1	1	1	-2	-1	0	1	2
-1	-1	1	1	1	-1	-2	-1	0	1	0
-1	-1	1	1	-1	1	-2	-1	0	-1	0
-1	-1	1	1	-1	-1	-2	-1	0	-1	-2
-1	-1	1	-1	1	1	-2	-1	-2	-1	0^*
-1	-1	1	-1	1	-1	-2	-1	-2	-1	-2
-1	-1	1	-1	-1	1	-2	-1	-2	-3	-2
-1	-1	1	-1	-1	-1	-2	-1	-2	-3	-4
-1	-1	-1	1	1	1	-2	-3	-2	-1	0^*
-1	-1	-1	1	1	-1	-2	-3	-2	-1	-2
-1	-1	-1	1	-1	1	-2	-3	-2	-3	-2
-1	-1	-1	1	-1	-1	-2	-3	-2	-3	-4
-1	-1	-1	-1	1	1	-2	-3	-4	-3	-2
-1	-1	-1	-1	1	-1	-2	-3	-4	-3	-4
-1	-1	-1	-1	-1	1	-2	-3	-4	-5	-4
-1	-1	-1	-1	-1	-1	-2	-3	-4	-5	-6

§6.2 一般的なランダム・ウォーク 101

$$S_n = X_1 + X_2 + \cdots + X_n \qquad (n = 1, 2, \cdots) \qquad (6.2.2)$$

と表すとき，§5.1の諸公式より次の諸性質が成立する．

より一般的なランダム・ウォークの性質

（ⅰ）　$E(S_n) = n\mu,\quad V(S_n) = n\sigma^2$ $\qquad\qquad$ (6.2.3)

（ⅱ）　$m > n$ のとき，$S_m - S_n$ と S_n は独立

（ⅲ）　$m > n$ のとき，$Cov(S_n, S_m) = n\sigma^2$

$\qquad$ したがって，S_m と S_n は正の相関をもつ．

（ⅳ）　$m > n$ のとき，$\rho_{S_m S_n} = \sqrt{\dfrac{n}{m}}$ $\quad$（μ, σ^2 は $\rho_{S_m S_n}$ に無関係）$\quad$ (6.2.4)

$\qquad$ したがって，n と m が近いほど $\rho_{S_m S_n}$ は1に近い．

　ランダム変動が，時間的に変わらない確率分布をもつ独立な単純ランダム要素の積み重ねから生成しているとき，異時点での相関はプラス（同方向）で，かつ2時点が接近しているほど完全な相関となる．また，その相関係数は時点の近さだけで決まり，変動を作っている確率分布によらない．

　上の証明は，（ⅰ）は式（5.1.11），（ⅱ）は

$$S_n = X_1 + \cdots + X_n, \qquad S_m - S_n = X_{n+1} + \cdots + X_m$$

で，両者は独立な，異なった確率変数のセットに基づいていることによる．よって，（ⅲ）は

$$Cov(S_m, S_n) = Cov(S_m - S_n + S_n, S_n)$$
$$= Cov(S_m - S_n, S_n) + Cov(S_n, S_n)$$

から導かれる．ここで，式（5.1.4）の結果および式（4.6.3）の（ⅲ），（ⅴ）を用いた．（ⅳ）は相関係数の定義と（ⅰ），（ⅲ）からただちに出る．この Cov の計算テクニックは今後ブラウン運動やマルチンゲールの計算のために頻出であり，慣れておくことが求められる．

　また，（ⅱ）を強くすると次のこともいえる．

（ⅱ）′　$m > n > m' > n'$ のとき，$S_m - S_n$ と $S_{m'} - S_{n'}$ は独立　　　（独立増分）

102　第6章　ランダム・ウォーク

すなわち，互いに重ならない時間幅における S の増分は独立である．この性質は極めて重要で，以後第 8 章のブラウン運動へも引き継がれる．

§6.3　マルチンゲールの考え方

$p=q=\frac{1}{2}$ のとき，ランダム・ウォークはわかり易いマルチンゲールの例となる．確率過程として一刻も早く「マルチンゲール」を学びたい人のために早速に入ろう．最初の理解を深めるため，最も時点が近いケースとして，n に対して $m=n+1$ を考え，X_1，X_1+X_2 のケースで最も簡単な単純ランダム・ウォークを扱ってみる．樹形図 tree diagram で考えると，同時分布は図 6.3.1 のようになる．確率論に樹形図はめずらしいとの感じ方もあるが（本来は意思決定理論やゲーム理論のツール），確率計算にはしばしば錯覚による誤りが避けられず，意外に思考の規正に役立つものである．これを表にまとめると，表 6.3.1 が導かれる．

当然ながら，X_1 と X_2 は独立だが，X_1 と X_1+X_2 は独立でない（実際，式

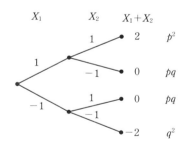

図 6.3.1　単純ランダム・ウォークの樹形図 ($n=2$)

表 6.3.1　図 6.3.1 を基にした同時確率分布

X_1 \ X_1+X_2	-2	0	2	
-1	q^2	pq	0	q
1	0	pq	p^2	p
	q^2	$2pq$	p^2	1

(6.2.4) から $\rho_{X_1, X_1+X_2} = \dfrac{1}{\sqrt{2}}$ となる). したがって，関連がある以上，X_1 から X_1+X_2 を予測できるだろうか．$X_1=-1$ の条件付確率は

$$P(X_1+X_2=2\,|\,X_1=-1)=0, \qquad P(X_1+X_2=0\,|\,X_1=-1)=p,$$
$$P(X_1+X_2=-2\,|\,X_1=-1)=q \tag{6.3.1}$$

となるから，この条件付期待値は

$$E(X_1+X_2\,|\,X_1=-1)=-2q$$

となり，同様にして

$$E(X_1+X_2\,|\,X_1=1)=2p$$

と表せる．ところで，$1+p-q=2p$，$-1+p-q=-2q$ に注意すると，これらは

$$E(X_1+X_2\,|\,X_1)=X_1+(p-q)$$

と一本化される．もし $p=q$ なら

$$E(X_1+X_2\,|\,X_1)=X_1$$

となり，さらに $S_2=X_1+X_2$，$S_1=X_1$ と表すと

$$E(S_2\,|\,S_1)=S_1 \tag{6.3.2}$$

となる．条件 S_1 が役を果たすことになっている．

　このことをさらに確かめよう．多少骨が折れるが，X_1+X_2 と $X_1+X_2+X_3$ の組に対して試してみると，X_1+X_2 のほかに X_1 も指定しないと樹形図は成り立たない．この図 6.3.2 によって，同時確率分布が表 6.3.2 のように得られる．

　なお，実際，ファイナンスの分野（コックス-ロス-ルビンスタインのモデル）においては，この樹形図は「格子モデル」ともいわれ，ゲーム理論，ベイズ統計，オペレーションズ・リサーチで有用で，株式市場の格子モデルをわかりやすく表現するのに用いられている．

　この表（あるいは樹形図）から，たとえば

$$P(X_1+X_2+X_3=3\,|\,X_1+X_2=2, X_1=1)=p$$
$$P(X_1+X_2+X_3=1\,|\,X_1+X_2=2, X_1=1)=q$$

で

$$E(X_1+X_2+X_3\,|\,X_1+X_2=2, X_1=1)=3\cdot p+1\cdot q$$

104　第6章　ランダム・ウォーク

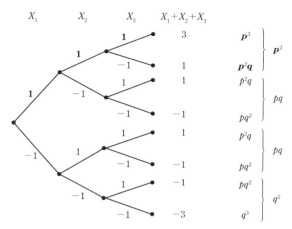

図 6.3.2 樹形図 ($n=3$) マルチンゲールが説明できる図

表 6.3.2 樹形図の集計から求めた同時確率分布

(X_1+X_2, X_3) \ $X_1+X_2+X_3$	-3	-1	1	3	
$(-2, -1)$	q^3	pq^2	0	0	q^2
$(0, -1)$	0	pq^2	p^2q	0	pq
$(0, 1)$	0	q^2	p^2q	0	pq
$(2, 1)$	0	0	$\boldsymbol{p^2q}$	$\boldsymbol{p^3}$	$\boldsymbol{p^2}$
	q^3	$3pq^2$	$3p^2q$	p^3	

注）表中太字は図 6.3.2 の太字に対応

$$=2+p-q \quad (\because\ (c+1)\cdot p+(c-1)q=c+p-q)$$

がいえる．同様に進むと，あらゆる組み合わせに対し

$$E(X_1+X_2+X_3|X_1+X_2, X_1)=X_1+X_2+p-q$$

とまとめられ，$p=q$ なら

$$E(X_1+X_2+X_3|X_1+X_2, X_1)=X_1+X_2$$

つまり，今度も，（最後の）条件が出て

$$E(S_3|S_2, S_1)=S_2 \tag{6.3.3}$$

となることがわかる．一般に

> ### 条件付期待値とマルチンゲール
> $$E(S_{n+1}|S_n, S_{n-1}, \cdots, S_1) = S_n \qquad (6.3.4)$$
> であることが示せて
> ——$1, 2, \cdots, n$ 期日(最直近)までの値が定まっていて,次の
> $(n+1)$ 期の期待値を求めると,最直近の値になっている——
> という確率過程を**マルチンゲール**[†],その性質を**マルチンゲール性**という.

ここで S_{n+1} は S_m $(m > n)$ でもよい.証明は下で与える.

これは,ファイナンスの言葉でいえば,市場には特定の上がる情報も下がる情報もない,ということである.$p = q = \dfrac{1}{2}$ のランダム・ウォークは一例である.より一般に,次の定理も成立する.

> ### マルチンゲールの一般的な例
> $X_1, X_2, \cdots, X_n$ が独立で
> $$E(X_i) = 0 \qquad (i = 1, 2, \cdots, n) \qquad (6.3.5)$$
> とする.これらの和を
> $$S_n = X_1 + X_2 + \cdots + X_n \qquad (n = 1, 2, 3, \cdots) \qquad (6.3.6)$$
> とする.このとき $m > n$ なら
> $$E(S_m|S_n, S_{n-1}, \cdots, S_1) = S_n \qquad (6.3.7)$$
> で,この確率過程 $S_1, S_2, \cdots$ は**マルチンゲール**(の一例)となる.マルチンゲールは公正な賭けの記録と考えられる.

[†] 「マルチンゲール」という用語は,数学用語として対応する日本語がない.したがって表音的に訳すほかなく,それがこの概念をわかりにくくしている.強いていえば「標準公平賭け過程」というべきであろう.なお,原義は'馬具のむながい''三角帆の下の索''コートの裏側のベルト'などあるが内容に対応しない.一説に,「倍賭け方式をさす」という説明もある(フランス語辞書).これなら一定の条件では定義どおりのマルチンゲールになることが証明される(Siegmund 他).

証明 $S_m = (S_m - S_n) + S_n$ と分けて行う．いつも通りの式展開で

$$E(S_m | S_n, S_{n-1}, \cdots, S_1)$$
$$= E(S_m - S_n | S_n, S_{n-1}, \cdots, S_1) + E(S_n | S_n, S_{n-1}, \cdots, S_1)$$
$$= E(S_m - S_n) + E(S_n | S_n, S_{n-1}, \cdots, S_1)$$
$$= S_n$$

ここで，第1項は変数の組 $(X_m, X_{m-1}, \cdots, X_1)$ を $(X_m, X_{m-1}, \cdots, X_{n+1})$ と $(X_n, X_{n-1}, \cdots, X_1)$ に分け，前半から作った $S_m - S_n$ が後半と独立なことから，式（5.1.4）と式（6.3.5）を用い，ここでも第2項は式（5.7.8）と同じ考え方を用いた．この導出テクニックと理由はマルチンゲールの本質をよく表しており，記憶に値する．

さまざまなマルチンゲール 「マルチンゲール」は性質の呼び名で，従来より意外に多くの確率過程が属する．解説を割愛して挙げておこう．(S. Karlin, *1st Course*, D. Williams, etc.)（a），（d），（e），（h）には触れる．

（a） 期待値＝0の独立確率変数の和，例として対称ランダム・ウォーク

（b） 非負，期待値1の独立確率変数の積

（c） 同じく，分散 $X_n = (\sum_1^n Y_i)^2 - n\sigma^2,\ V(Y_i) \equiv \sigma^2$

（d） 二確率分布の尤度比

（e） ラドン-ニコディム微分

（f） ワルド（A. Wald）のマルチンゲール

（g） 分枝過程

（h） ポリヤのつぼ（W. フェラー）

（i） ドゥーブ（Doob）のマルチンゲール過程

（j） マルコフ連鎖から導かれるマルチンゲール

（k） 同，推移行列の固有ベクトルから導かれるマルチンゲール

（l） （d）の一般化

多くの洋書テキストがこれらを扱っている．これに加うるに，確率積分を介したいくつかのマルチンゲールも知られている．

マルチンゲールの強い性質はさまざまな場面で有用な働きをしており，ブラウン運動（a），破産問題（c），統計学の逐次分析（f），同値マルチンゲー

§6.3 マルチンゲールの考え方 107

ル (d, e),収束定理の例 (h) などが挙げられる.今後,いくつかについては触れていこう.

§6.4 ギャンブラーの破産問題

流れを変えて,他の有名問題2題にふれてみよう.

今日,ランダム・ウォークはマルチンゲールや以下に続く「ブラウン運動」を構成する準備ととらえられているが,固有の現象論的に奥深いものがありその研究の歴史は長い.そのための数学的方法にも確率論の基礎として学ぶべき意義がある.ここでは (i)「ギャンブラーの破産問題」(Gambler's ruin) および (ii)「原点復帰」(Return to the origin) と (iii)「逆正弦法則」(Arcsine law) の三つの話題をとり上げてゆこう.

ランダム・ウォークは 0 から出発すると仮定しなくてもよい.そこで,式 (6.1.1) のかわりに,いま $z>0$ から出発するランダム・ウォーク

$$S_0=z, \quad S_n=z+X_1+X_2+\cdots+X_n \quad (n\geq 1) \quad (6.4.1)$$

が z の上,下側におかれた**吸収壁** $0, a$(固定)>0 のどちらかにはじめて到達し,吸収されるまで続くとしよう.そのどちらかへの最初の到達の時間

$$N=\min\{n\geq 0 : S_n=0 \text{ あるいは } S_n=a\}$$

の期待値,および吸収壁 0 への吸収確率 $P(S_N=0)$ 等を求める問題が**破産問題** ruin problems である.ここで N は確率変数となることに注意する.

いうなれば,ギャンブラー (A) は初期資産 z,相手方 (B) は $a-z$ を有し,両者併せて a(固定)を保有している状態からプレーを始め,ギャンブラーの勝ち,負けに応じてギャンブラーは $+1$, -1 を得る.いわゆるゼロ

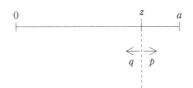

図 6.4.1 破産問題 初期資産 z, $a-z$ から変動

サム・ゲームである. この $P(S_N=0)$ が**破産確率**（*a probability of ruin*）である. 当然初期の z が a に近いほどギャンブラーには有利（破産しにくい）であろう. ちなみに第 11 章の信用リスクの課題は本問題にかかわる.

問題の第 1 は, z からスタートして, 破産確率
$$u(z)=P(S_N=0)$$
を z の関数として求めることである.

まず, 関係式
$$u(z)=pu(z+1)+qu(z-1) \qquad (z=1, 2, \cdots, a-1) \qquad (6.4.2)$$
に注意する. これは, z から 0 への経路は, $z \to z+1$ を経て 0 へと, $z \to z-1$ を経て 0 へと向う経路の 2 通りで, それぞれ確率 p, q で生じるからである.

この関係式は z の差分（階差）方程式であり, u は境界 $0, a$ では $u(0)=1$, $u(a)=0$ となっていなくてはならないが（差分方程式の境界条件）, わかりやすい方法をとろう. $p+q=1$ に注意して（6.4.2）の左辺を $(p+q)u(z)$ とすれば
$$p\{u(z+1)-u(z)\}=q\{u(z)-u(z-1)\} \qquad (6.4.3)$$
すなわち, 一階差分 $\{\quad\}$ は公比 $\dfrac{q}{p}$ の等比数列となる.

よって, $p \neq q$ なら適当な定数 c で, 順次
$$u(z+1)-u(z)=c\left(\frac{q}{p}\right)^z \quad (z=0, 1, 2, \cdots, a-1),$$
より, c を除いて定まる.

$$u(z)-u(0)=\sum_{x=0}^{z-1} c\left(\frac{q}{p}\right)^x=c \cdot \frac{1-\left(\dfrac{q}{p}\right)^z}{1-\dfrac{q}{p}} \qquad (6.4.4)$$

最後に境界条件 $u(a)=0$ および $u(0)=1$ から, c が決まる. $p=q=\dfrac{1}{2}$ なら等比数列のかわりに等差数列を考えればよい. 結果, p と z を決めれば, $u(z)$ の式を得る.

§6.4　ギャンブラーの破産問題　109

> **ギャンブラーの破産** $z=0, 1, 2, \cdots, a$ に対し，破産の確率は
>
> $$u(z) = \begin{cases} \dfrac{\left(\dfrac{q}{p}\right)^z - \left(\dfrac{q}{p}\right)^a}{1 - \left(\dfrac{q}{p}\right)^a} & (p \neq q) \\[6mm] 1 - \dfrac{z}{a} & (p = q) \end{cases} \qquad (6.4.5)$$
>
> で与えられる．

有利，不利　表 6.4.1 で $p<q$（上半）のときは，$a=100$ に対して $z=90$ から始めると，スタートが有利でも $p=0.45$ の不利が影響して結局破産確率 $=0.866$ と高率である．ただしこれは賭け単位 $=1$ の場合で，もしそれが 10 となると，$a=10$，$z=9$ のケースとなって破産確率 $=0.210$（B を破って成功する確率 $=0.790$）に低下する．もっとも賭け単位 $=1$ の場合も $z=99$ ならさすがに破産確率 $=0.182$ と再び低率である．下半の $p=q=\frac{1}{2}$ の場合は，確率は位置に均等に作用するから，縦列の空間的位置（a に対して 9 割）がそのままの比率で破産確率に直結する（1 対 9）．

$a \to \infty$ のケース：無限に資力の大きい相手とギャンブルになる場合，$p>q$ なら $u(z) \to (q/p)^z$ で破産しない一定レベルの確率を維持するが，$p<q$ なら $u(z) \to 1$ で破産は確実である．$p=q$ ならば z にかかわらず破産となる．

いつ決着するのか　関心は最終的な破産確率だけではない．戦争も国力比で勝敗は決まることは確かだが，戦争が長びくことで（戦争の終結時間）も大きな問題であるのと同様，破産までの時間（ゲームの平均継続時間 duration of the game）も重要である．これも p, q, a, z から決まり，z が 0 あるいは a に賭け単位を基準にして近ければ早くゲームは決着するだろう．

継続時間 D_z は，方程式

$$D_z = p(D_{z+1}+1) + q(D_{z-1}+1)$$

を満たすから（なぜか？），境界条件は明らかに $D_0 = 0$，$D_a = 0$（すでに結着している）から，これを解くと，$p \neq q$ なら

110　第 6 章　ランダム・ウォーク

$$D_z = \left\{ z - a\frac{1-(q/p)^z}{1-(q/p)^a} \right\} \Big/ (q-p)$$

と得られる．$p = q = \dfrac{1}{2}$ のとき確率の有利不利は全く互角だから，一般には結着まで時間を要するだろう．$a = 10\,000$，$z = 8\,000$ でスタート位置としてはギャンブラーに有利でも，結着には桁外れに長い平均的に 1600 万時間単位の時間がかかる．

ゲームの価値　破産すれば現有 z を失い，B に対して勝ち抜けば $a-z$ を得るのだからゲームの期待価値は

$$E_z = (1-u(z))(a-z) - u(z) \cdot z = a(1-u(z)) - z \qquad (6.4.6)$$

$p = q$ なら $u(z) = 1-(z/a)$ より $E_z \equiv 0$ は当然として，$p < q$ ならギャンブラーには明らかにこれより不利だから $E_z < 0$．一例で $p = 0.4$，$q = 0.6$ のとき $a = 100$ に対して $z = 90$ から始めると，破産確率 $= 0.983$ で圧倒的にギャンブラーには不利で $E_z = -88.3$ である．ところがその結着には 441.3 と以外に長い時間を要し，有利，不利と結着時間は別問題であるのは興味深い．

確率論上の意義　$p = q$ ならマルチンゲールであり，さまざまの有用な結果を与える．停止時間，任意停止（抽出）定理はその一つである（第 8 章）．

表 6.4.1　破産問題の破産確率，利益，結着（存続）時間

p	q	z	a	破産確率	成功確率	期待利益	期待存続期間
0.45	0.55	9	10	0.210	0.790	-1.1	11
0.45	0.55	90	100	0.866	0.134	-76.6	765.6
0.45	0.55	99	100	0.182	0.818	-17.2	171.8
0.4	0.6	90	100	0.983	0.017	-88.3	441.3
0.4	0.6	99	100	0.333	0.667	-32.3	161.7
0.5	0.5	9	10	0.1	0.9	0	9
0.5	0.5	90	100	0.1	0.9	0	900
0.5	0.5	900	1 000	0.1	0.9	0	90 000
0.5	0.5	950	1 000	0.05	0.95	0	47 500
0.5	0.5	8000	10 000	0.2	0.8	0	16 000 000

（Feller）

§6.5 原点復帰の確率

次に，破産問題から離れて，原点 0 へ戻る確率自体は関心を引く（a は考えない）．$p \neq q$ なら $p > q$，$p < q$ に応じて原点へ戻ることは大きくは期待できないだろう．$p = q = \frac{1}{2}$ の場合はきわどい場合で，何が起るか興味深い．ここではこの課題をとり上げ後に続けよう．

n が偶数（あらためて $2n$ とおく）の回のみ $S_{2n} = 0$ となることが可能で，その確率は，$e = f$ から

$$P(S_{2n} = 0) = {}_{2n}C_n p^n q^n \tag{6.5.1}$$

で，$2n = 4$ のときは，$p = \frac{2}{3}, \frac{1}{2}$ に対して，それぞれ $P(S_4 = 0) = \frac{24}{81} = 0.296$ および $\frac{6}{16} = 0.375$ である．前者では流れが正へ向いている分（$p > q$）原点に戻る確率が小さい．ことに $p = q = \frac{1}{2}$ なら，当然

$$P(S_{2n} = 0) = {}_{2n}C_n \left(\frac{1}{2}\right)^{2n}$$

となる．

$p = q$ のケースの問題は**原点への復帰**確率の問題（probability of return to the origin）として知られる．たしかに，上がり基調の株価がもとへ戻るとか，大きく下がってしまった株価がもとへ戻るなどの可能性の大きさは，関心を呼び起こすであろう．数学的に深められ従来より「拡散過程」diffusion process に発展している歴史があるが，ここではそこまで触れない．

偶数回のときにしか 0 へ戻れないから，それを $2n$ として，式（6.1.4）で見たごとく $+1$，-1 がちょうど等しく n 回出て，一般に

$$P(S_{2n} = 0) = {}_{2n}C_n p^n q^n = \frac{(2n)!}{n!n!}(pq)^n$$

である．ここで，n が大きいところが問題になるが，どの程度の数になるだろうか．ことに $p = q = \frac{1}{2}$ で $\left(\frac{1}{2}\right)^{2n}$ となる場合はどうか．そこを探ってみよう．

原点復帰の確率計算　原点 0 への復帰は偶数回 $2n$ でのみ可能であり

$$u_{2n} = P(S_{2n} = 0) = {}_{2n}C_n \left(\frac{1}{2}\right)^{2n} \tag{6.5.2}$$

112　第 6 章　ランダム・ウォーク

は次表となる. さらに興味深いのは $2n$ で初めて原点へ復帰する確率

$$f_{2n} = P(S_1 \neq 0, S_2 \neq 0, \cdots, S_{2n-1} \neq 0, S_{2n} = 0)$$

である. u_{2n} は容易だが, f_{2n} は多少骨が折れる. そこはとばして

$$f_{2n} = u_{2n-2} - u_{2n} \qquad\qquad (6.5.3)$$

であることが証明されている. f_{2n} も下表に示したが, u_{2n} も f_{2n} も n とともに単調に減少する. なお, 上式以外に u_{2n} と f_{2n} には直接的関係がある.

また, 理解を深めるため, S_6 について径路数カウントは表 6.1.3 のごとくである. $2n = 6$ の場合にこれから確率を求めてみよう.

$$u_6 = 20/64 = 0.3125, \qquad f_6 = 4/64 = 1/16 = 0.0625$$

また

$$f_6 = u_4 - u_6 = 0.375 - 0.3125 = 0.0625$$

である (表 6.5.1, 6.5.2).

表 6.5.1 原点復帰の確率
$u_{2n} = {}_{2n}\mathrm{C}_n (1/2)^{2n}, \ n = 0, 1, 2, \cdots$

$2n$	u_{2n}
0	1
2	0.5
4	0.375
6	*0.3125*
8	0.2734
10	0.2461
12	0.2256
14	0.2095
16	0.1964
18	0.1855
20	0.1762

表 6.5.2 初めて原点復帰する確率
$f_{2n} = u_{2n-2} - u_{2n}, \ n = 1, 2, \cdots$
(左表参照)

$2n$	f_{2n}
2	0.5
4	0.125
6	*0.0625*
8	0.0391
10	0.0273
12	0.0205
14	0.0161
16	0.0131
18	0.0109
20	0.0093

復帰確率の近似値 一般に正整数 m に対し, m が大きいとき

$$m! = 1 \cdot 2 \cdot 3 \cdots\cdots m$$

は途方もない大きい数であるが, どのくらい途方もなく大きいのか. そこで

$$\log m! = \log 1 + \log 2 + \cdots + \log m \qquad (\log は自然対数)$$

§6.5 原点復帰の確率 113

から左辺を求めよう．これに近いのは $\int_1^m \log x\, dx = m \log m - m$ で
$$\log m! \sim m \log m - m \qquad (\sim \text{は近似})$$
つまり，最初の近似の式として
$$m! \sim m^m e^{-m} \qquad (\text{スターリングの公式})^\dagger$$
これを用いた少し良い近似式
$$m! \sim \sqrt{2\pi}\, m^{m+(1/2)} e^{-m} \qquad (6.5.4)$$
を $_{2n}C_n$ に適用し，$p=q=\dfrac{1}{2}$ なら
$$P(S_{2n}=0) \sim \frac{\sqrt{2\pi}\,(2n)^{2n+(1/2)} e^{-2n}}{(\sqrt{2\pi}\,n^{n+(1/2)} e^{-n})^2} \cdot \left(\frac{1}{2}\right)^{2n} = \frac{1}{\sqrt{\pi n}}$$
となって，近似だが，意外にあっさりと出る．

原点復帰の確率

$$p=q=\frac{1}{2} \text{ のとき} \qquad P(S_{2n}=0) \sim \frac{1}{\sqrt{\pi n}} \qquad (6.5.5)$$

計算例 $\sqrt{\pi}$ が残るこの結果はいろいろと使いやすい．$n=10$ とすると $1/\sqrt{10\pi}=0.1784$ で表 6.5.1（$2n=20$）の 0.1762 と比べて，近似は悪くな

微積分のテキストにある第 2 近似は
$$m! \sim \sqrt{2\pi}\left(m+\frac{1}{2}\right)^{m+\frac{1}{2}} e^{-\left(m+\frac{1}{2}\right)}$$
である．これを用いれば，たとえば 30! はどの程度の桁数か，有効数字の最初の 2, 3 桁はいくつになるか，容易に計算される．

い．

---

† $\alpha=m$ なら $(m+1)!=\Gamma(m)$ で，Excel 関数の Γ 関数の対数 GAMMALN($\cdot$) が使える．$m=99$ として GAMMALN(99) $=354.5391$ で，100! の計算は $\log_{10} e = 0.43428$ を乗じて，有効数学および本行数が出る．

§6.6 「つき」は現実に存在：逆正弦法則

人生の禍福の偶然に通じる面があるので，触れておこう．「禍福はあざなえる縄のごとし」とか「人間万事塞翁が馬」などは禍福が確率的に目まぐるしく交代するとの楽観を表現したものだが，幸運（不運）はむしろ継続しがちであるという逆説がランダム・ウォークに現れる科学法則である．ちなみに筆者のシミュレーション例および W. フェラーが挙げている詳しい可視的な例を示した．

確率法則には「ベイズの定理」のように主観対客観の見方の哲学的逆説になるものもあるが（それを確率論の主題とするテキストも多い）観察事実対仮説の実体的食い違いの逆説もある．「つき」は非科学的で本来存在は否定されるのがふつうである所，つきは実体として存在も証明できるというのが，それである．

もう一度，原点 0 から出発する $p=q=\frac{1}{2}$ のランダム・ウォーク
$$S_n = X_1 + X_2 + \cdots + X_n, \quad S_0 \equiv 0$$
を考えよう．±1 がそれぞれ確率 $\frac{1}{2}$ で出るのだから，$S_n=0$ となることが，いつまでも頻繁に起こるであろうことが予想される．ところが，意外なことに，0 のまわりに激しくギザギザに振動するケース（図 6.6.1）は起こりにくい．言い換えると，$S_n>0$ を勝っている状態，$S_n>0$ を負けている状態とするとき，長い期間 $S_n>0$ のままという現象がけっこうよく起こり，つきが確率論的に根拠をもつのである．言いかえると，つきには単なる心理上の好運以上の科学的存在の根拠がある．「つき」に対応する英語は「リード」（lead）で，'勝ち（負け）が先行する'の「先行」に当っている．

シミュレーション例 例として，±1 を筆者が試した確率 $\frac{1}{2}$ ずつでとる確

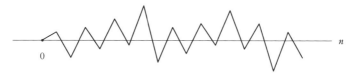

図 6.6.1　実際には起こりにくいケース

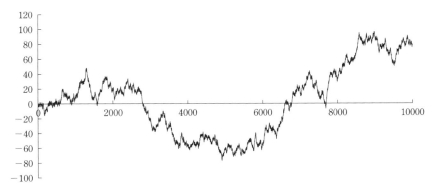

図 6.6.2 ランダム・ウォークに表れる長大なリード（つき）：エクセルで作成（作成：著者）

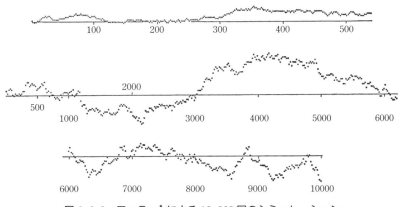

図 6.6.3 フェラー[†]による 10,000 回のシミュレーション

率変数の和 S_n の動きを $n=1\sim10\,000$ で見たのが，図 6.6.2 である．図はありふれた例で例外を示したものではない．これを見て驚くのは約 3 000 回〜約 6 500 回まで続く正の，また約 6 500〜約 10 000 回まで続く負の長大なリードである．カウント報告で勝から負へ，あるいは負から勝へ符号変化する回数は著しく小さい．符号変化はわずか 62 回で $62/10\,000=\approx 0.0062$（0.6％）に過ぎない．

---

† W. Feller, Introduction to Probability Theory and its Applications Vol 1.

表6.6.1 図6.6.2に対する S_n の符号変化のカウント

全回数	10,000	回
$S_n \neq 0$ の回数	9,848	回
$S_n = 0$ の回数	152	回
符号　変化	62	回
不変化	90	回

　長大なリードがいかに起こりやすいか，符号の折半点がいかに起こりにくいかが，これでもわかるであろう．これを深めた結果が**逆正弦法則**である．

　逆正弦法則　幾何学か天文学の法則のように聞こえるが，深遠さでは劣らない確率論の法則である．$p=q$ のランダム・ウォーク S_n のうち $S>0$ となる k 回（k 時間）と $S<0$ になる（$n-k$）回の分かれ方は，「直観的には」（intuitively, W. フェラー）等しくなる折半の傾向が想像されるのに，自然の中では実際には「反対が真」であり（the opposite is true，同）どちらかに偏ることが証明される．

　n が小さい所で，S_{20} につき厳密計算した確率数値が下表である．両最極端 $k=0, 20$ では併せて 0.352，準極端の $k=2, 18$ を入れれば 0.538 で，これですでに過半である．この傾向は精密なもので式表現できる．

$k=$	0, 20*	2, 18	4, 16	4, 14	8, 12	10
確率	0.1762	0.0927	0.0736	0.0655	0.0655	0.0606
同累積	0.3524	0.5379	0.6851	0.8160	0.9394	1

＊　それぞれ 0.1762 で，他も同様．

逆正弦法則 arcsine law

　正負の回数の割合を $x=\dfrac{k}{n}$, $1-x=\dfrac{n-k}{n}$ とすると，x は確率的で，$n \to \infty$ のとき密度関数は

$$\frac{1}{\pi\sqrt{x(1-x)}} \tag{6.6.1}$$

となる．$x=0, 1$ に偏る確率は，0 の周辺なら α を小さくとり，これを

§6.6 「つき」は現実に存在：逆正弦法則　117

積分した逆正弦関数[†]

$$\frac{1}{\pi}\int_0^\alpha \frac{dx}{\sqrt{x(1-x)}} = \frac{2}{\pi}\arcsin\sqrt{\alpha} \qquad (6.6.2)$$

から得られる.

証明の方針　証明の筋はむずかしくないが，細かい点を追うと長くなるので思い切って要点の流れに添って述べよう.

最初に，S_1 から S_{2n} のうち $2k$ 回正で，$2n-2k$ 回負である確率は，$u_{2n}=P(S_{2n}=0)$ を用いて

$$u_{2k}u_{2n-2k}$$

である．実際，正負の符号変化がないことは 0 を通過しないことであるが S_6 で見たように（表6.1.3），その径路数（iv）は $S_6=0$ となる径路数（ⅰ）に等しい．このことより，$2k, 2n-2k$ の確率は $u_{2k}u_{2n-2k}$ となる.

ここで $2n, 2n-2k$ が十分に大きければ（6.5.5）より，確率は

$$\frac{1}{\sqrt{\pi k}}\frac{1}{\sqrt{\pi(n-k)}} = \frac{1}{n}\left(\frac{1}{\pi}\sqrt{\frac{k}{n}\left(1-\frac{k}{n}\right)}\right)$$

となるが，これより先，例えば k の小さい割合 $k=0\sim n\alpha$ にわたる和は，$n\to\infty$ のとき，積分

$$\frac{1}{\pi}\int_0^\alpha \frac{dx}{\sqrt{x(1-x)}} = \frac{2}{\pi}\arcsin\sqrt{\alpha}$$

となって，証明は終わる.

計算例　ランダムウォーク S_n の径路が正（>0）である時間割合が大で 75% 以上あるいは小で 25% 以下に偏る確率は，$\sin\frac{\pi}{6}=\frac{1}{2}$ より

$$\frac{2}{\pi}\arcsin\sqrt{\frac{1}{4}}\times 2 = \frac{4}{\pi}\arcsin\frac{1}{2} = \frac{4}{\pi}\cdot\frac{\pi}{6} = \frac{2}{3}$$

となる．半々を中心とする広い範囲（$25\sim 75\%$）の確率は $\frac{1}{3}$ に過ぎない．たしかに長いリードは確率論的に生じ易い.

[†]　三角関数の和名は，「正弦」（sin），「余弦」（cos），「正接」（tan）で，角度を表す．逆三角関数の 'arc' は角度を弧長（arc length）で定義することによる（ラジアン法）.

一見して無関係と思われるランダム・ウォークに（逆）三角関数や $\sqrt{\pi}$ が出現することが，確率論の世界の底知れぬ深遠さを思わせる結果であろう．それが本章を独立した章としたねらいである．

ワンポイント練習6

[6.1] $p=\dfrac{3}{5}$, $q=\dfrac{2}{5}$ のランダムウォークの S_{10} の確率分布を求めなさい（Excel の BINOM を利用してよい）.

[6.2] S_{10} の原点復帰確率の近似値 u_{10} および 2^{10} の値から S_{10} の原点復帰の径路数の近似値を求めなさい.

[6.3] 破産問題で $p=\dfrac{3}{5}$, $q=\dfrac{2}{5}$，吸収境界が 0, 10，初期資産が $z=4$ のときの破産確率および最終的価格を求めなさい.

[6.4] $p=q$ のランダムウォーク S_n が，n の時間割合にして 80% 以上あるいは 10% 以下のとき正の側に居る確率を，n が十分大きいとして求めなさい．（Feller, p.80）

[6.5] （i） X が $N(0,1)$ に従っているとき，独立で正規分布に従う $X_1, \cdots, X_{100}$ を見出して，X を
$$X = X_1 + X_2 \cdots + X_{100}$$
のように分割しなさい.

　　　（ii） X が $\lambda=1$ のポアソン分布に従っているとき，独立でポアソン分布にしたがう $X_1, \cdots, X_{100}$ を見出して，X を
$$X = X_1 + X_2 \cdots + X_{100}$$
のように分割しなさい. *

　　＊100 は任意の n でよい．この性質を「無限分解可能」という.

第7章

極限定理の基礎

§7.1　事象の代数

「ランダムウォーク」から次の「ブラウン運動」へは考え方は順当だが，ただ時間刻みが連続で無限に小さい極限であることには，最小限の知識は必要で，事象の復習，収束と極限，三大極限定理を押えておこう．数学的にはコルモゴロフ体系の初歩になる．厳密の確保のために，式が多くかつ細かい．

本章では確率論の今後のための基礎内容を厳密性と並んで分かりやすく解説する．厳密なやり方としては，まず「事象」（できごと）を定義し，そのあとで「確率」を与えるが，事象の定義は数学的に（公理的に）最小限で述べておこう†．ただし，最小限とはいっても，今後のために無限（および極限）を扱うことがキーポイントである．したがって，初学者は飛ばしてもよい．

（a）　これから確率を与える（与えたい）ベースとなる**事象**のルールと，**確率**そのもののルールとを明確に区別して論じる．

（b）　事象のルールは厳密に，ただし用いやすく，つまりは当然成り立ってよいと期待されることはなるべく取り入れる．

　　コインの表が出る，あるいは2個のサイコロの目の和が7である，という程度しか扱えないのでは不都合である．ことに**無限**（☞ p. 151）と

---

†　事象として成り立つが確率＝0のケースもでてくる（コインを無限回投げてすべて表が出るなど）．

120　第7章　極限定理の基礎

いう考え方が重要で，これがこれから述べる事象の**完全加法族**である．

ただし，「無限」を扱うが，「無限」は「可算無限」「可付番無限」（1, 2, 3, …と数えられる[†]無限）であることに注意しよう．（さもなくば和をとるときに大きな困難が生じてしまう．）

（c）確率のルールは厳密に，ただし用いやすく，つまりは当然成り立ってよいと期待されることはなるべく取り入れられ，かつ事象のルール（b）とつじつまが合うように定める．これが**確率測度**（単に**確率**という）である．

まず§1.2を復習しておき，その上でこれを厳密化したコルモゴロフの**測度論的確率**（確率測度）の公理を述べよう．なお，一般に**測度** μ（メジャー）とは集合の関数で，長さ，面積，体積，個数など，図形・集合を測ることを抽象化した数学（解析学）の「実関数論」で「加法的集合関数」として扱われる．このうち最も基本的要求は加算演算で，今のところ

測度の基本

（1）　$\mu(A) \geqq 0$

（2）　$\mu(\phi) = 0$

（3）　$A_1, A_2, \cdots$ が互いに交わらないなら，$\mu\left(\bigcup_i A_i\right) = \sum_i \mu(A_i)$

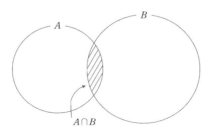

図 7.1.1　測度の考え方

[†]　Countable, abzählbar.

§7.1　事象の代数

である（図 7.1.1）．これを次の（7.2.1）–（7.2.3）へ展開する．

　そのために，確率論でいう事象の**完全加法族**とは，結果においてここに示した（1），（2），（3）——とりわけ，無限和で——がいえるように事象が満たしてほしい最低限の基本演算ルール（一般に「代 数〔アルジェブラ〕」といわれる）をそなえた，Ω の部分集合の集合いわゆる**集合族**をいい，これを集合の加法算法も含めて $\mathscr{F}$ で記し

完全加法族

　（ⅰ）　$\Omega \in \mathscr{F}$ 　　　　　　　　　　　　　　　　　　　　（7.1.1）

　（ⅱ）　$A \in \mathscr{F}$ なら $A^c \in \mathscr{F}$ 　　　　　　　　　　　　（7.1.2）

　（ⅲ）　$A_1, A_2, \cdots \in \mathscr{F}$ なら $\displaystyle\bigcup_{i=1}^{\infty} A_i \in \mathscr{F}$ 　　　（7.1.3）

なるものをいう．この $\mathscr{F}$ の元〔げん〕（ここでは Ω の部分集合）A を**可測事象**（集合としては**可測集合**）という（☞ p. 152）．

この $\mathscr{F}$ の定義（ⅰ），（ⅱ），（ⅲ）はおのおの

——「Ω は（確率を）測れるべきである」

数学的補足

　多くの集合が集まったもの，つまり「集合の<u>集合</u>」を集合族という．つまり，下線の集合を「族」family と呼ぶ．

　「犬」は集合であり「猫」も集合である．「「犬」「猫」「牛」「馬」「羊」…」はしたがって集合が集まったもの「動物」である．そこで集合族とは，「集合の集合」をいい，同じ語が 2 度続く言い回しを避けている．

　「完全加法族」には本，著者によっていろいろな言い方があり，σ 代数（ブール代数に関連させて），σ 集合体，σ 体（同じく代数系の体），ユークリッド空間の場合は，ボレル集合体，ボレル集合族などである．σ は可算無限を意味し，加法は集合の和，またボレルとはルベーグと同時代のフランスの数学者 E. ボレルである．本書では「完全加法族」という最も無難な用語を用いている．

―「A（の確率）が測れるべきなら，A が起こらないこと（の確率）も測れるべきである」

―「$A_1, A_2, \cdots$ が測れるべきなら，'そのどれかが起こる'ことも測れるべきである」

を意味する．ただし，「可測」とはいえ，これはまだ測度の定義では$\dot{な}\dot{い}$．

　この 3 つの要求で確率の定義には十分で，きつすぎもせず，緩すぎもせず合理的なものである．もちろん，この定義は性質による定義（内包的定義）で，必ずしも具体的に何を $\mathscr{F}$ にするか（外延的定義）を与えるものではない．当然何通りもの $\mathscr{F}$ が必要に応じて（かつその限りにおいて）定義されうるし，実際，マルチンゲール理論ではそうなっている．

　定義の中でのポイントは（iii）で，A に可算無限個が許される．ここで有限個のみ許される場合は**有限加法族**といわれるが，順列・組み合わせの個数計算の世界を脱け出せず，実質面白くない無意味な定義になってしまう．

　無限個が許されることは重要で

「いつかは○○○となる」

「×××以後，○○○となることはない」

「いつかは○○○となることは終わる」

「○○○となったりならなかったりすることが永遠に続く」

などの言明はいずれも無限個の A を必要とし，確率過程の議論の中心をなすものであろう．（iii）はそれを保証する．なお，（ii），（iii）と§1.3 のド・モルガンの法則から

　（iii）′　$A_1, A_2, \cdots \in \mathscr{F}$ なら $\bigcap_{i=1}^{\infty} A_i \in \mathscr{F}$　　　　　　　　　　(7.1.4)

が導かれ，また（iii）′から（iii）が導かれるので，（iii）にかえて（iii）′を要求しても同一の $\mathscr{F}$ が定義される．

　ここで，「無限インフィニット」といっても$\dot{適}\dot{度}$の無限で，**可算無限**（countably infinite）であることが重要である．可算とは自然数の番号 $1, 2, 3, \cdots$ で番号づけ（'数える'ように）されうることを意味し，いわゆる連続体無限は要求しない．$A_{1.825}$ とか $A_{\frac{2}{3}}$ とか $A_{\sqrt{3}}$ などは考えない．これでは多すぎるのである．具体

§7.1　事象の代数　123

的な $\mathscr{F}$ の作り方は，定義とは別個の話となる．

§7.2 公理による確率の定義

このように完全加法族 $\mathscr{F}$ を定義し準備がすんだので，次のように確率測度 P を定義する． $\mathscr{F}$ の上で定義され，実数値をとる関数 $P(\cdot)$ は次の公理を満たすとき， $\mathscr{F}$ 上の（あるいは $(\Omega, \mathscr{F})$ 上の）「確率測度」あるいは単に「確率」といわれる．

確率の公理

I．　$A \in \mathscr{F}$ に対し $P(A) \geqq 0$ $\hspace{3cm}$ (7.2.1)

II．　$P(\Omega) = 1$ $\hspace{5cm}$ (7.2.2)

III．　$A_1, A_2, A_3, \cdots \in \mathscr{F}$ で $A_i \cap A_j = \phi$ $(i \neq j)$ ならば

$$P\Big(\bigcup_{i=1}^{\infty} A_i\Big) = \sum_{i=1}^{\infty} P(A_i) \hspace{1cm} (\text{完全加法性}) \hspace{1cm} (7.2.3)$$

'一発' でいえば，「確率」とは数学的には全測度が 1 であるような（II．）特別の測度であると考えることもできる（数学的には '厳密' になったが[†]，確率論的に内容が大きく増えたわけではない）．

これによって $(\Omega, \mathscr{F}, P)$ の 3 点セットが完成した．この 3 点セット $(\Omega, \mathscr{F}, P)$ を**確率空間**ということがある．（なお，「空間」という言葉にこだわらないこと．これは数学の習慣で用いられている．）

確率はマイナスにならず，全体の確率は 1（100％）で，かついわゆる「和の法則」が無限個に対しても成立するような，集合（事象）の関数である．これら確率の公理 I．，II．，III． から，今後用いる多くの有用な定理，性質が出る．たとえば

[†]　コルモゴロフの立場に対し P. Levy はこれには大きく賛同しなかった．

124　第 7 章　極限定理の基礎

> **空事象の確率** 　　空事象 ϕ に対し　$P(\phi)=0$

なぜなら，$A\in\mathscr{F}$ から
$$A_1=A,\ A_2=A^c,\ A_3=\phi,\ A_4=\phi,\cdots\text{(以下，すべて ϕ とおく)}$$
とすると，$A_i\cap A_j=\phi\ (i\neq j)$ だから，公理（Ⅲ）より
$$1=P(\Omega)=P(A)+P(A^c)+P(\phi)+P(\phi)+\cdots$$
左辺は有限だから，右辺で $P(\phi)=0$ でなければならない．

> **補（余）事象の確率**　　$P(A^c)=1-P(A)$

上式で $P(A)+P(A^c)=1$ より．図 7.2.1 参照．

> **大小関係の保存**
> $A,B\in\mathscr{F},\ A\subset B$（$A$ が B の部分事象）ならば　$P(A)\leqq P(B)$ 　　(7.2.4)

これは $A_1=A,\ A_2=A^c\cap B$ とおくと，$A_1\cup A_2=B,\ A_1\cap A_2=\phi$ だから
$$P(B)=P(A_1)+P(A_2)\geqq P(A_1)=P(A)$$
となる．包含の大小関係（大きい事象が小さい事象を含む）がそのまま確率の大小関係になる（図 7.2.1）．この性質はきわめて多用される．

> **確率の範囲**　　すべての $A\in\mathscr{F}$ に対し，$0\leqq P(A)\leqq 1$

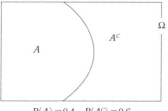 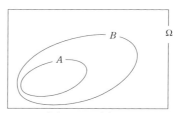

$P(A)=0.4,\ P(A^c)=0.6$ 　　　　$P(A)=0.3,\ P(B)=0.5$

図 7.2.1　補事象の確率および確率の大小関係

式 (7.2.4) と公理II., さらにI. から出る. 公理I. は $P(A) \leqq 1$ を含んでいないことに注意. 当然

> **有限加法性**
> $A_1, A_2, \cdots, A_n \in \mathscr{F}$ に対し, $A_i \cap A_j = \phi$ $(i \neq j)$ ならば
> $$P\left(\bigcup_{i=1}^{n} A_i\right) = \sum_{i=1}^{n} P(A_i) \tag{7.2.5}$$

も成立. 次に

> **単調増加より単調性**
> A_i の列が増大して
> $$A_1 \subset A_2 \subset A_3 \subset \cdots (A_n \in \mathscr{F}), \quad \bigcup_{i=1}^{\infty} A_n = A$$
> であれば $A \in \mathscr{F}$ であり, かつ
> $$\lim_{n \to \infty} P(A_n) = P(A) \tag{7.2.6}$$

$$A = A_1 \cup (A_2 - A_1) \cup (A_3 - A_2) \cup \cdots$$

であり (図 7.2.2), A_1 および各 $(A_i - A_{i-1}) \in \mathscr{F}$ より $A \in \mathscr{F}$. これらは排反だから

$$P(A) = \sum_{i=1}^{\infty} P(A_i - A_{i-1}) \quad (A_0 = \phi \text{ とおく})$$
$$= \lim_{n \to \infty} \sum_{i=1}^{n} P(A_i - A_{i-1}) \quad \text{(級数の和の定義)}$$

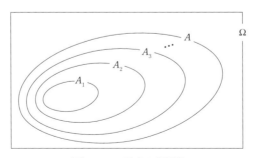

図 7.2.2 確率の単調性

$$= \lim_{n \to \infty} P(A_n) \qquad \text{(有限加法性)}$$

また，これと逆に

系（単調減少より）

A_i の列が縮小して

$$A_1 \supset A_2 \supset A_3 \supset \cdots (A_n \in \mathscr{F}), \quad \bigcap_{n=1}^{\infty} A_n = A$$

ならば $A \in \mathscr{F}$ で，かつ

$$\lim_{n \to \infty} P(A_n) = P(A) \qquad (7.2.7)$$

も再びいえる．$A_n{}^c = A_n{}'$ とおくと，$A_1{}' \subset A_2{}' \subset \cdots$ に式（7.2.6）の条件を適用すればよい．

なお，以上 2 つの場合，単調な $A_1, A_2, A_3, \cdots$ の「極限」が存在し

$$A_n \uparrow A, \quad A_n \downarrow A \quad (A = \lim_{n \to \infty} A_n)$$

と記する．数列と異なり単調でない場合は $\lim_n A_n$ は定義できない．

連続性 $\qquad\qquad A_n \downarrow \phi$ なら $P(A_n) \to 0$ $\qquad\qquad$ (7.2.8)

連続性の**公理**といい，空事象の極限で不連続な '段差' がないことを云う．

ブールの不等式

一般に $A_1, A_2, A_3, \cdots \in \mathscr{F}$ なら $\qquad P\left(\bigcup_{i=1}^{\infty} A_i\right) \leqq \sum_{i=1}^{\infty} P(A_i)$ $\qquad$ (7.2.9)

証明としては

$$P(A_1 \cup A_2) = P(A_1) + P(A_2) - P(A_1 \cap A_2) \leqq P(A_1) + P(A_2)$$

から，帰納法で有限の場合

$$P\left(\bigcup_{i=1}^{n} A_i\right) \leqq \sum_{i=1}^{n} P(A_i)$$

がいえるが，ここで $n \to \infty$ とすると，単調性を使って命題が出る．式（7.2.3）

§7.2 公理による確率の定義　127

の公理Ⅲ. と比べ，各 A の確率の重複計算がもとで右辺が大になっている．

公理論的確率の定義　これらの性質（公理そのものも含めて）の中には，わざわざコルモゴロフの公理論的確率論をもち出さなくても，従来からの古典的確率論（ラプラスの定義）の中ですでに用いられているものも多い．逆にいえば，そこに含まれない性質が，この公理論的確率の意義だともいえる．大まかにいえば「無限」が関係する．ブラウン運動，確率積分などはこれに当たる．

確率の定義	性質
従来の定義	ラプラスの定義，公理Ⅰ，公理Ⅱ，空集合の確率，余事象の確率，有限加法性，大小関係の保存，確率の範囲，ブールの不等式（有限の場合）
コルモゴロフの定義	公理Ⅲ［完全加法性］，単調性，連続性，ブールの不等式，ボレル・カンテリの補題（後述）など

§7.3　集合の無限算法も手際よく

コイン投げで‘無限に表が出続ける’を現実に考慮する必要はないが，理論上はこれも「事象」であって「確率」（値はとにかく）を考えることはできる（あるいは必要かもしれない）．これが本章の意義である．

まず，数列の極限と違って，無限個の集合列 $A_1, A_2, \cdots$ の極限は一般には存在しない．その代り，事象の無限列 $A_1, A_2, A_3, \cdots$ に対し，次のような有用な組み合わせを2通り考える．まずは「頭の体操」である．

上極限

どんな番号 K をとってもそれより大きい番号のある A_n が起こる：

$$\limsup_n A_n = \bigcap_{K=1}^{\infty} \bigcup_{n=K}^{\infty} A_n \tag{7.3.1}$$

「無限個の A_n が起こる」「A_n が無限回（i.o.）[†]起こる」とも言う．

[†]　i.o. は英語で infinitely often（無限に何回も）の意味．確率過程ではしばしば使われる．

> **下極限**
>
> ある番号 K から先の A_n がすべて起こる：$\displaystyle\liminf_n A_n = \bigcup_{K=1}^{\infty} \bigcap_{n=K}^{\infty} A_n$ （7.3.2）

$\displaystyle\bigcup_{n=K}^{\infty} A_n,\ \bigcap_{n=K}^{\infty} A_n$ は K について単調だからこれらの極限は存在し

$$\limsup_n A_n,\ \liminf_n A_n$$

と書く．ここで $\bigcup$, $\bigcap$ の意義とイメージをしっかりと理解しておこう．実際，「無限個の○○」とか「無限回××」，あるいは「ある番号から先の○○すべて××」の言い方はまぎらわしいので，少し説明しておこう．

上極限の例　さいころを無限回投げる場合，1 の目が無限回出る（他の目も出ることはかまわない）という事象

下極限の例　さいころを無限回投げる場合，1 以外の目は有限回しか出ず，残り（何回目以降かは問わず）はすべて 1 が出るという事象

直観的には，この下極限は起きそうもないが，上極限は優に起きそうである．ただ，重要なことは，これは事象としては成立（いわば，論理的には可能）するが，その起きる確率は別問題ということである．

事象とその確率を概念上は切り放して考えるのが現代確率論の特色である．

limsup も liminf もそれぞれ lim（極限）と sup（上限），inf（下限）が組み合わさった記号であるが，それぞれ一語として考える．他の記法では $\overline{\lim}$, $\underline{\lim}$ とも表されるが，このバーが‘上’‘下’に対応し，集合としても‘上’は‘下’より大きい．これは証明できる．limsup のほうが liminf より起こりやすい．

> **例：さいころを無限回振るケース**
>
> $$\liminf_n A_n \subset \limsup_n A_n \qquad\qquad (7.3.3)$$

すなわち，$n \to \infty$ での観察は不可能だから，このことを現実に体験することはできないが，当然，ある番号より先のすべての A_n が起こっているなら，

§7.3　集合の無限算法も手際よく　129

むろん無限個の A_n が起こっている．これは確かだろう．

実例 $\limsup_n A_n$ に入るが，$\liminf_n A_n$ に入らない起こり方はある（図 7.3.1）．たとえば「偶数番目の A_n が起こる」などである．

ボレル–カンテリの補題 これの確率について，有名な判定法がある．

ボレル–カンテリの補題

収束部 $\sum_{n=1}^{\infty} P(A_n) < \infty$ （有限の値）ならば

$$P(\limsup_n A_n) = 0, \quad P(\liminf_n A_n^c) = 1 \qquad (7.3.4)$$

発散部 $A_1, A_2, A_3, \cdots$ が独立のとき，$\sum_{n=1}^{\infty} P(A_n) = \infty$ ならば

$$P(\limsup_n A_n) = 1, \quad P(\liminf_n A_n^c) = 0 \qquad (7.3.5)$$

本補題は「無限」の確率判定で「補題」Lemma とされているように厳密な論証（概収束，大数の強法則など）の決め手として有益で，本来の確率論らしい無限論法として知っておくことには意義がある．あるいは '確率プロ' の証であろうか．

したがって，事象の列 $A_1, A_2, A_3, \cdots$ に対し，「いつまでも○○」タイプ

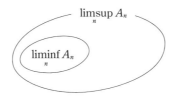

図 7.3.1　上極限と下極限

　数学的補足

limsup, liminf はラテン語読みで「リーメス・スーペリオール」「リーメス・インフェリオール」，あるいは「リム・スプ」「リム・インフ」のように，いずれも合成語として一語である．「リーメス」（limes）はラテン語で，「限界」を意味する．

(limsup)，「以降ずっと○○」タイプ（liminf）がどのような確率で起こるかは $P(A_1), P(A_2), P(A_3), \cdots$ の和の判定による．実際に観察しつづける必要は・ない・.

判定例 二部分に分かれる．

たて続けに半減が繰り返されるケース

$$\frac{1}{2} + \frac{1}{4} + \frac{1}{8} + \cdots = 1 \qquad （等比級数）$$

なら（ⅰ）の場合であり，また，ゆっくりと減るケース，例えば

$$1 + \frac{1}{2} + \frac{1}{3} + \frac{1}{4} + \cdots = \infty \qquad （調和級数）$$

なら（ⅱ）の場合となる．この ∞ は常識で，無限級数の知識がどうしても必要になる（☞ p. 154）.

このように，$P(A_1), P(A_2), \cdots$ の値が，n の十分大きい将来で急速に 0 になれば，$\sum_{i=1}^{\infty} P(A_i)$ は（ⅰ）のように有限になるが，それはとりもなおさず，n の十分大きい将来では A_n は急速に起こりにくくなり，いつかはまったく起こらなくなる．すなわち収束部が適用され $P((\limsup_n A_n) = 0$.

発散部では独立性が要求されるので，わかり易い実例を見出しにくい．

証明 収束部については式(7.2.7)の単調性，式(7.2.9)のブールの不等式から

$$P(\limsup_n A_n) = P\left(\bigcap_{K=1}^{\infty} \bigcup_{n=K}^{\infty} A_n\right) = \lim_{K \to \infty} P\left(\bigcup_{n=K}^{\infty} A_n\right) \leq \lim_{K \to \infty} \sum_{n=K}^{\infty} P(A_i) = 0$$

なぜなら，収束する級数 $\sum_{n=0}^{\infty} P(A_n) < \infty$（有限）では，十分先の無限和（$K$ 以降）は K が大きくなれば 0 に近づくからである．たとえば

$$\frac{1}{2^{21}} + \frac{1}{2^{22}} + \frac{1}{2^{23}} + \cdots = \frac{1}{2^{20}} \doteqdot \frac{1}{1\,000\,000}$$

となる．発散部については多少の解説が必要なので割愛しよう．

§7.4　完全加法族の生成

$\mathscr{F}$ と表された完全加法族は集合の集合（集合族）であり，$A \in \mathscr{F}$ のとき A

§7.4　完全加法族の生成　131

は**可測集合**といわれる．では $\mathscr{F}$ とは何かといわれれば，それは p. 122 の（ⅰ），（ⅱ），（ⅲ）の定義を満たす，と与えられている．確率の定義にはそれで十分なのである．しかし，今後応用上は'与̇え̇ら̇れ̇る̇'のではなく，'与̇え̇る̇'ものである．

「上がる」，「下がる」の入れ方　次の例で完全加法族 $\mathscr{F}$ の集合がどんなものか理解される＊．まず $X_1, X_2, X_3, \cdots$ において，「上がる」，「下がる」を扱うなら，当然すべての $X_n - X_{n-1}$ を $\mathscr{F}$ に入れるが，それで十̇分̇である．

＊わかりやすさのため有限加法族で．

このことを，2 個のサイコロの目 X, Y で説明しよう．X, Y は $\{1, 2, \cdots, 6\}$ の値をとる確率変数で，$X > Y$ を上った，$X < Y$ を下った，と読もう．

こう考えると，一般にすべての上，下は

$$A_k = \{(x, y) \,;\, x - y = k\} \qquad (k = -5, -4, \cdots, 4, 5)$$

をもとに，上下に関するすべ̇て̇の情報をどんなものでも組み合わせることができる．そのためには，$\mathscr{F}$ はこれら $A_{-5}, A_{-4}, \cdots, A_4, A_5$ の 11 通りをすべて含むことはもとより，$A_1 \cup A_2 \cup A_3 \cup A_4 \cup A_5$ は「上がる」，「4 以上下がる」は $A_{-4} \cup A_{-5}$，「3 以上は上がらない」は $(A_3 \cup A_4 \cup A_5)^c$，$\cdots$ など，こ̇と̇ご̇と̇く̇含まねばならない（表 7.4.1）．

ここで $\{-5, -4, \cdots, 4, 5\}$ の部分集合は $2^{11} = (2^5)^2 \cdot 2 = 2\,048$ 通りある（空集合を含む）から，$\{-2, 3, 5\}$ を $A_{-2} \cup A_3 \cup A_5$ などと対応させれば，これを例として $\mathscr{F}$ は 2 048 通りの可測集合からできている．

A の番号を新たにつけかえて

$$\mathscr{F} = \{A_1, A_2, A_3, \cdots, A_{2\,048}\} \tag{7.4.1}$$

とすると，これが上̇下̇（「変わらず」も入る）についての必̇要̇に̇し̇て̇十̇分̇なすべての情報の種類である．

確率の「地」　したがって，これらオリジナルの 11 通りをもとに，2 048 $-11 = 2\,037$ 通りの A をつけ加えて $\mathscr{F}$ を作り出す（生成する generate）のは一̇つ̇の作り方で，$[\ \ ]$ を用いて

$$\mathscr{F}[A_{-5}, A_{-4}, \cdots, A_4, A_5] \tag{7.4.2}$$

のように表す．すなわち $\mathscr{F}[\,\cdot\,]$ で，$\cdot$ がまず可測になるような完全加法族

132　第 7 章　極限定理の基礎

表 7.4.1 可測集合を作る基本

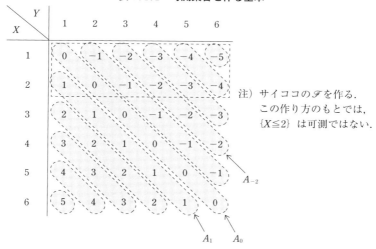

で，かつこれより少ない個数（2 048 通りより少数）では完全加法族にはならないような「最小の」完全加法族を表す．このようにして確率が測れる（あるいは与える）「地」を作る．

これらは $X-Y$ についての情報であって，X（あるいは）Y についての情報は表せない．表 7.4.1 で上の 2 行からなる集合 $\{X \leqq 2\}$ は，$\mathscr{F}$ の中に入っていない．よって，この仕組みの中では $P(X \leqq 2)$ の確率は存在しない，「測れない」．

*ここでは「$X-Y$ によって生成された完全加法族」，「$X-Y$ が可測となる最小の完全加法族」などともいう．

> **数学的補足**
>
> 記号 $\mathscr{F}[\,\cdot\,]$ は，$\cdot$ を元(げん)にして完全加法族を生成する記号で，正式には「$\cdot$ によって生成される完全加法族」といわれる．さらに，$\mathscr{F}[X], \mathscr{F}[Y], \mathscr{F}[X-Y]$ のように，確率変数が可測になる「最小の」完全加法族という用い方もする．$\mathscr{F}[X,Y]$ は，X および Y が可測になるような最小の完全加法族を示す．記号 $[\ \ ]$ に注目．

§7.4 完全加法族の生成　133

§7.5　いろいろな収束の種類

これで「確率」の入れ方は整った．次へ行こう．

高校以来，「収束」や「極限」をやって数学になった感覚があるが，もちろん確率論にもそれはそなわっている．それどころか現象としてはもっと深い．そこで確率論においても極限や収束に基礎から触れて行こう．

$$a_1, a_2, a_3, \cdots \overset{n\to\infty}{\to} a_\infty \quad \text{あるいは} \quad \lim_{n\to\infty} a_n = a_\infty \text{（または } a\text{）}$$

にならって

$$X_1, X_2, X_3, \cdots \overset{n\to\infty}{\to} X_\infty \quad \text{あるいは} \quad \lim_{n\to\infty} X_n = X_\infty \text{（または } X\text{）}$$

などとすればよいが，値が定まっていないので何を以て収束したか，あらためて定義しなくてはならない．当然さまざまな定義がある．

たとえば，確率 p，$1-p$ で $1, 0$ の値をとる $X_1, X_2, X_3, \cdots$ で，第 n 項までの平均 $\bar{X}_n$ を考え，その分布を f_n とすると，この分布自体が収束し

$$f_1, f_2, f_3, \cdots \to f_\infty$$

では f_∞ は p におけるディラックの δ 関数となる．すなわち，回数を重ねると今までわかっていなかった p が目前にあらわれる．これは確率収束とか法則収束といわれる．しばらくは基礎的な解説が続くが，そのあと大数の法則や中心極限定理などよく知られた親しみ深い結果が続く．

　a.　概収束（a.s.）　　　　convergence with probability 1
　b.　確率収束（p）　　　　convergence in probability
　c.　平均収束（L_2 etc.）　　convergence in the mean
　d.　法則収束（$\mathscr{L}, d$）　　convergence in law

　a. 概収束　「概」（<ruby>almost<rt>オールモースト</rt></ruby>）は「例外はあるが…」「ほとんど」を意味するが，実は例外は現実には起きない（確率＝0）．実質上は「常に」としてよい．したがって，数学的に強い理想的な内容であり，現実に対し仮定されることは多くない．

134　第7章　極限定理の基礎

> **概収束（a）**
>
> 　確率変数の列 $X_1, X_2, X_3, \cdots$ が X に「概収束」する,「確率 1 で収束」するとは
> $$P(X_1, X_2, X_3, \cdots \overset{n\to\infty}{\to} X) = 1 \tag{7.5.1}$$
> であることをいう. あるいは（　）の中を
> $$P(\lim_{n\to\infty} X_n = X) = 1 \tag{7.5.2}$$
> としてもよい.

「ほとんど確実に収束する」とか「確率 1 で収束する」あるいは「ほとんど至る所収束する」といい
$$X_1, X_2, X_3, \cdots \overset{n\to\infty}{\to} X \qquad \text{(a.s.)} \tag{7.5.3}$$
あるいは, $n\to\infty$ を略して
$$X_1, X_2, X_3, \cdots \overset{\text{a.s..}}{\to} X \tag{7.5.4}$$
などと記する（a.s. でなく, a.e. あるいは w.p.1 と書くこともある）[†].

　ここで「ほとんど」almost としたのは, 論理上事象としては起こることは禁止されないが, 超こる確率＝0 であり決して観測されない事象を無視したことを示す.

　たとえば, コインを無限回投げて, 表を 1, 裏を −1 としたとき

　$1, 1, 1, 1, 1, 1, 1, 1, \cdots$（無限回 1 のみ）

　$1, -1, 1, -1, 1, -1, 1, -1, \cdots$（1 と −1 を無限に繰り返す）

のような出方は, 1 つの事象として論理上可能なケース（ことに, 後者は収束しないケース）だが, その確率は 0 で決して観測されないケースである（$\left(\frac{1}{2}\right)^n \overset{n\to\infty}{\to} 0$ だから 'メジャー 0'）. また, たとえば一点 0.3 の一様分布の確率というのは, 理論的には可能だが幅が 0 であるから決して観測されない（確率＝0）のである. 図 7.5.1 左は典型的収束例で必ずこのようになる.

　[†]　a.s. は almost surely（ほとんど確実に）, a.e. は almost everywhere（ほとんど至る所）, w.p. 1 は with probability 1（確率 1 で）の意味.

§7.5　いろいろな収束の種類　135

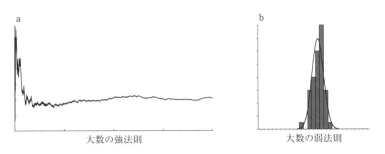

図 7.5.1　a. 概収束（例：大数の強法則）と b. 確率収束（例：大数の弱法則）

b. 確率収束　$X_1, X_2, X_3, \cdots$ の列が収束することは要求せず，確率が収束することをいう．確率は頻度データから観察で可視化されるから，数理統計学を始め，応用上も使い勝手がよい．図 7.5.1 右で確率の収束を見よう．

> **確率収束（b）**
>
> $X_1, X_2, X_3, \cdots$ が X に「確率収束」するとは，どれほど小さい $\varepsilon > 0$ に対しても
> $$P(|X_n - X| > \varepsilon) \overset{n \to \infty}{\to} 0 \tag{7.5.5}$$
> つまりは
> $$P(|X_n - X| < \varepsilon) \overset{n \to \infty}{\to} 1$$
> あるいは
> $$\lim_{n \to \infty} P(|X_n - X| < \varepsilon) = 1 \tag{7.5.6}$$
> であることをいう．

これを
$$X_1, X_2, X_3, \cdots \overset{n \to \infty}{\to} X \quad (P) \tag{7.5.7}$$
または
$$X_1, X_2, X_3, \cdots \overset{P}{\to} X \tag{7.5.8}$$
などと記する．数学的には（7.5.5）で定義されるが，後の 2 式がイメージ

に合う.

c. 平均収束　収束を文字通り「近さ」でとらえ, 近さに| |（下記で $p=1$）あるいは（　）^{2}（同, $p=2$）を採用する. 数学的（バナッハ空間, ヒルベルト空間など関数空間論）あるいは統計学的（最小二乗法）な厳密さがあり, ブラウン運動の計算, 確率積分や伊藤の公式の証明では主役を果たす.

平均収束（c）

$X_1, X_2, X_3, \cdots$ が X に「p 次平均収束」するとは, 実数 $p>0$（整数でなくてもよい）に対し

$$E(|X_n-X|^p) \overset{n\to\infty}{\to} 0 \tag{7.5.9}$$

つまりは

$$\lim_{n\to\infty} E(|X_n-X|^p)=0 \tag{7.5.10}$$

であることをいう.

よく用いられるのは $p=1, 2$ の場合である. この収束にはよく知られる共通の略記はないが, 関数解析の流儀から

$$X_1, X_2, X_3, \cdots \to X \qquad (L_p)$$

と書くこともある.

d. 法則収束　確率分布（密度関数, 実際は累積分布関数[†]）の収束である.「法則」（確率法則）というのは確率的出方の法則, つまり確率分布を指す. 一例でいえば X の確率分布は正規分布であり, それが n とともに収束するなど, ほかに何も要求しないから, 最も成り立ちやすい弱い収束である. 中心極限定理がよく知られる例である.

法則収束（d）

累積分布関数 $F_1(X), F_2(X), F_3(X), \cdots$ が累積分布関数 $F(x)$ に, x のすべての連続点で

[†]　どの場合でも「シグモイド型」になるので, 収束も扱いやすい.

$$F_1(x), F_2(x), F_3(x), \cdots \to F(x) \qquad (7.5.11)$$

つまり

$$\lim_{n \to \infty} F_n(x) = F(x) \qquad (7.5.12)$$

であることをいう.

また，確率変数 $X_1, X_2, \cdots$ に対しては，連続点 x に対して

$$\lim_{n \to \infty} P(X_n \leqq x) = P(X \leqq x) \qquad (7.5.13)$$

が成り立つことをいう．この場合には

$$X_1, X_2, X_3, \cdots \xrightarrow{\mathscr{L}} X \qquad (7.5.14)$$

あるいは

$$X_1, X_2, X_3, \cdots \xrightarrow{d} X \qquad (7.5.15)$$

とも記する． $\mathscr{L}$ は確率変数の法則（law），d は同じく分布（distribution）を意味する．法則収束は必ずしも確率変数の収束ではなく，関数 $F_n(x)$ の収束であることに注意しておこう．

収束する例　X が標準正規分布に従っているとき $X, -X, X, -X, \cdots$ は（X に）法則収束する（なぜか）.

法則収束は「すべての x に対して」ではないことにも注意する．その理由はレベルの高い議論になるのでここでは扱わないが，「すべて」を定義に入れると収束の条件が不当にきつくなり，定義として有効でなくなるから，とだけ述べておこう.

§7.6　レビュー：強い収束と弱い収束

概収束は数学に近くガッチリしているが，法則収束は'フワーッ'としていてソフトである．それぞれの必要性や用法からそれでよい．ただし，確率を専門にする人々の中でも，厳密な中にも扱いがおろそかなことが見うけられる.

これら 4 通りの収束には関係があり，少なくとも次の 3 通りの重要な結果が知られている.

（ⅰ）　概収束（a）するならば確率収束（b）する
（ⅱ）　平均収束（c）するならば確率収束（b）する
（ⅲ）　確率収束（b）するならば法則収束（d）する

＊　（ⅲ）の関連で，$E(X_n) \to E(X)$（？）の成立の可否はいわゆる「一様可積分」uniformly integrable の課題で，大きな理論領域になっている．

　これらのことから，概収束が一番成立しにくい（成立する条件が最もきびしい，つまりその意味では強い）収束であり，法則収束が一番成立しやすい（成立する条件が最も緩い，つまりその意味では弱い）収束であることがわかる．このように考えると，確率収束がほどよい収束，最も用いやすいほどよい収束である．また後に見るように大数の強法則を証明すれば，弱法則も証明されたことになる（図7.6.1）．

　（ⅰ），（ⅱ），（ⅲ）の逆は必ずしも真ではない．確率収束するが，概収束しない例も，かなり特殊であるが，知られている[†]．（ⅰ），（ⅱ），（ⅲ）の証明は確率論の専門書には扱われているが，1つの例として，ハード・ケースの（ⅰ）だけ章末で証明しておこう．

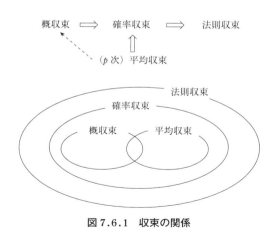

図 7.6.1　収束の関係

[†]　伊藤清『確率論』（岩波書店，1953年）．実関数論の範囲でも構成できる．

§7.7 大数の法則Ⅰ（弱法則）

はじめに　確率論本来の三大定理といえば，「（ⅰ）大数の弱法則」「（ⅱ）大数の強法則」「（ⅲ）中心極限定理」（歴史的には，（ⅰ）→（ⅲ）→（ⅱ）の順），補助的な定理として「ボレル–カンテリの補題」「チェビシェフの不等式」があげられよう．これらのうち最後の一つを除き，すべて「極限定理」で（次元）n の $n \to \infty$ の場合である．これは単なる数学的な理由でなく，その結果著しい確率論の本質現象が現れるからである．とりわけ最初の三大定理は，数理統計学において「大標本理論」Large sample theory として，統計理論の広範な有用性に貢献してきたものである．

極限定理でなく理論上も応用上も有用性が高い確率理論は「ベイズの定理」で，これは広く認識論を確率論を通して数理としてコンピュータに取り込み，AI の世界を作っているが，これはまた全然別格の領域である．

集団[†]には平均についての**大数の法則**（Law of Large Numbers）があることは‘人の知恵として’昔よりよく知られている．これのもとは統計的法則である．n 人（n 個）の観察データ $X_1, X_2, \cdots, X_n$ があるとき，それらを加えて $X_1 + X_2 + \cdots + X_n$ とし，それを n で割った平均（統計学ではサンプル平均）は，n が大きいとき，もとの（母）集団の平均 μ にほぼ等しい．すなわち，n が十分大なら

$$\frac{X_1 + X_2 + \cdots + X_n}{n} \fallingdotseq \mu \tag{7.7.1}$$

が成り立つ．これは確率論で確率収束として証明でき，さらに一般的にも成り立つ．n が大きい（あるいは $n \to \infty$）場合であるので，「極限定理」の1つとして考えられるのである．

[†]　平均を「集団の平均」（μ）で見るか，確率過程の中で「時間平均」（$\bar{X}$）で見るかは意識的に区別していない．しかし，時間の経過の中で集団全部（すべての点の「近傍」として）を動き回るなら両者は一致する（ボルツマンの「エルゴード仮説」）．

(a) $n=100$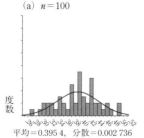
平均 = 0.395 4, 分散 = 0.002 736

(b) $n=400$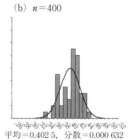
平均 = 0.402 5, 分散 = 0.000 632

(c) $n=1000$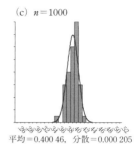
平均 = 0.400 46, 分散 = 0.000 205

図 7.7.1 大数の弱法則のシミュレーション（確率の'集中'という収束）

実例 各 X_i は 1, 0（コインの表・裏，株価の上下，首相に対する支持・不支持，大量生産管理での合格・不合格など）でもよい．その場合，$X_1+X_2+\cdots+X_n$ は 1 の回数，$\dfrac{X_1+X_2+\cdots+X_n}{n}$ は 1 の出現率，μ は母集団での比率（確率）p である．大数の法則は，一般的に，「大標本では，観察された標本平均を母集団の真の平均（母平均）とみなしてよい」という常識を，確率論で厳密に証明したものにほかならない．

そこで，各 $X_1, X_2, \cdots, X_n$ は独立で，同一分布に従う確率変数とし，また $X_1, X_2, \cdots, X_n$ が従っているもとの分布の期待値，分散を μ, σ^2 とする．つまり

$$E(X_1)=\cdots=E(X_n)=\mu, \quad V(X_1)=\cdots=V(X_n)=\sigma^2$$

である．このとき，式 (5.1.12)，(5.1.14) を用いて

$$\frac{X_1+X_2+\cdots+X_n}{n} \overset{n\to\infty}{\to} \mu \qquad (7.7.2)$$

が証明できる．$n\to\infty$（実際には n が非常に大）が大まかに大数の法則といわれるのである．証明は下に与えてある．

大数の弱法則 *Weak* Law of Large Numbers

$X_1, X_2, \cdots, X_n$ が独立で，同一の確率分布に従うとし

$$E(X_i)=\mu, \quad V(X_i)=\sigma^2 \qquad (i=1, 2, \cdots, n) \qquad (7.7.3)$$

とすれば

$$n\to\infty \text{ のとき } \quad \bar{X}_n=\frac{X_1+\cdots+X_n}{n} \overset{P}{\to} \mu \qquad (7.7.4)$$

§7.7 大数の法則 I（弱法則）

すなわち，$\varepsilon > 0$ を十分に小さい量として

$$n \to \infty \text{ のとき } \quad P(|\overline{X}_n - \mu| > \varepsilon) \to 0 \qquad (7.7.5)$$

が成立する．

　この法則はまず上述の 1, 0 の場合（ベルヌーイ試行）で示した．示したのは，名のごとく J. ベルヌーイであったが，この大数の法則は統計学の歴史上，画期的な意味をもっていた．つまり，大数の法則は，十分な大きさの標本を調べれば，母集団のさまざまな特性をかなり正確に知ることができるという認識につながり，統計的推測の理論を生み出すことになった．

　応用例は現実に数多く見られる．図 7.8.1 はコンピュータで，1（確率 0.4），0（確率 0.6）を出し続け，それまでの 1 の回数の比率を逐次見ていった実験であるが，回数 n を多くとれば，たしかに 0.4 に収束している．これを逆用したのが世論調査（社会調査）であるが，ここで n を無限に大きくする（実際には非常に大きくとる）ことがうまく行くポイントである．

　証明　確率変数 $X_1, X_2, \cdots, X_n$ は独立，かつ同一確率分布に従うとする．したがって，期待値，分散はみな同じで

$$E(X_i) = \mu, \quad V(X_i) = \sigma^2$$

とする．いま

$$\overline{X} = \frac{X_1 + X_2 + \cdots + X_n}{n} \qquad (7.7.6)$$

とおくと，式（5.1.14）ですでに見たように，この分散は n に反比例する．

$$E(\overline{X}) = \mu, \quad V(\overline{X}) = \frac{\sigma^2}{n} \qquad (7.7.7)$$

　これをもとに，$\varepsilon > 0$ を十分に小さい量として，μ にきわめて近い範囲 $[\mu - \varepsilon, \ \mu + \varepsilon]$ に $\overline{X}$ が入る確率が $n \to \infty$ のとき 1 に近づくこと

$$P(|\overline{X} - \mu| \leqq \varepsilon) \to 1 \qquad (n \to \infty) \qquad (7.7.8)$$

を見ればよい．$\overline{X}$ を $\overline{X}_n$ と書いて，その分散は

$$\sigma_n^2 = V(\overline{X}_n) = \frac{\sigma^2}{n}$$

これにチェビシェフの不等式を適用し，$k > 0$ に対し

142　第 7 章　極限定理の基礎

$$P(|\bar{X}_n - \mu| > k\sigma_n) \leqq \frac{1}{k^2}$$

$k\sigma_n = \varepsilon$, つまり $k = \dfrac{\sqrt{n}\,\varepsilon}{\sigma}$ ととれば, 確率として

$$P(|\bar{X}_n - \mu| > \varepsilon) \leqq \frac{\sigma^2}{n\varepsilon^2} \to 0 \qquad (n \to \infty) \qquad (7.7.9)$$

となって証明される.

　このことを, 確率論では, $\bar{X}_n$ は μ に**確率収束する**といい

$$n \to \infty \text{ のとき} \quad \bar{X}_n \xrightarrow{P} \mu \qquad (7.7.10)$$

と書く.

　これを現象として見たのが図 7.7.1 である. $n = 100, 400, 1000$ とした. 「きわめて大きい」というには不足があるが, 計算の都合上そのようにとる. 実験を 50 回繰り返すと, たしかに, n が大きくなるほど 0.4 に集中していくことがわかる (図 7.7.1).

　弱より強へ　実はこの式 (7.7.9) の法則は**大数の弱法則**といわれ, これより強い (つまり弱法則がこれより導かれる) **大数の強法則**が知られている. 慧眼なる読者は, 次の 2 つの側面があることにすでに気づいただろう. ここまでにわかったことは, 次の 2 点である (図 7.7.1 参照).

（a）　n をきわめて大きくとると確率が 0.4 に集中し (何回も同一実験を繰り返す), この集中は n を大きくすればするほど度合が進むこと (大数の弱法則).

（b）　n が無限となる ($n \to \infty$) 場合に, 値の系列 (径路) が 0.4 に近づくことが, 必ず起こること (大数の強法則).

　歴史的にいうと (a) が最初に発見され証明された. (a) は式 (7.7.9) で証明ずみであり, (b) は §7.8 で証明する.

§7.8　大数の法則 II（強法則）

大数の法則で, 本当に数列のように収束するのか, しかも本来の μ に?

§7.8　大数の法則 II（強法則）　143

という問題がある．たとえば，1, 0 のケース（ベルヌーイ試行）で，$p=\frac{1}{2}$でも 1, 1, 1, 1, … と永久に続く場合，1 の確率は 100% になるのではないか，しかしそれは変だ，という疑問がある．実はこういう例外が起こる確率は 0 で，事実上**確実**に収束が起こるというのが**大数の強法則**である．大数の強法則は次のように表せる（やや一般的に述べてある）．

大数の強法則　*Strong* Law of Large Numbers

$X_1, X_2, \cdots, X_n$ が独立で（同一の確率分布とは限らない）
$$E(X_i) = \mu, \quad V(X_i) = \sigma^2 \quad (i=1, 2, \cdots, n) \quad (7.8.1)$$
とすれば
$$n \to \infty \text{ のとき } \bar{X}_n = \frac{X_1 + \cdots + X_n}{n} \to \mu \quad (\text{確率 1 で}) \quad (7.8.2)$$
すなわち次式が成立する．
$$P(n \to \infty \text{ のとき } \bar{X}_n \to \mu) = 1 \quad (7.8.3)$$

一様乱数 U を 2000 回生成し，$U \leq 0.4$, > 0.4 によって 1, 0 に二項に振り分け，各 n 回（$n = 1 \sim 2000$）までの 1 の回数 n_1 を集計して比率 n_1/n を n に対してプロットした．確率分布は二項分布 $Bi(1, 0.4)$ で，必ず期待値 0.4 へ収束する様子が見える．

証明は初心者向けではなく，証明を与えている文献，テキストは非常に少ない．章末で扱うが，飛ばしてよい．

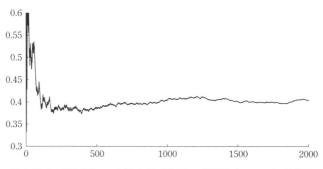

図 7.8.1　コンピュータによるベルヌーイ試行（$p=0.4$）の結果

§7.9 中心極限定理

確率論の定理のエースであり，実用的にきわめて広い有用性，厳密性，宇宙的な深遠さ，研究の歴史などにおいて，これに並ぶものは見出し難い．この名称の起こりは定かではないが，まさに確率論，統計学の文字通り中心に座する定理といえよう．

大数の法則は，部分の平均は，部分が集団全体に近づけば集団の平均に次第に一致してゆくというもので（統計量の一致性），いわば当然である．中心極限定理は，同じく $X_1+X_2+\cdots+X_n$ について（$\div n$ より前）の定理である．$n\to\infty$ の代用として n が極めて大なら次のように用いる．

> **中心極限定理の使い方**
>
> $X_1, X_2, \cdots, X_n$ は独立で同一分布をもつとする．このとき n が大ならば，もとの確率分布が何であっても
> $$S_n = X_1+X_2+\cdots+X_n \quad \text{は} \quad N(n\mu,\ n\sigma^2)$$
> $$\bar{X} = \frac{X_1+X_2+\cdots+X_n}{n} \quad \text{は} \quad N\left(\mu, \frac{\sigma^2}{n}\right)$$
> (7.9.1)
>
> に従うと考えてよい．

理論的定理としては，S_n から平均 $n\mu$ を引いて0を中心とし，$\sqrt{n\sigma^2}$ で，

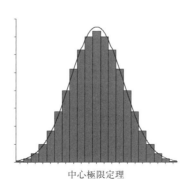

中心極限定理

図 7.9.1　法則収束の一例　さいころ5個の目の平均の確率分布

割って分散 1 としておくと，$n \to \infty$ のとき標準正規分布 $N(0,1)$ に従うと考えてよい，ということである．厳密には

中心極限定理 Central Limit Theorem

独立，同一分布の $X_1, X_2, \cdots$ に対し

$$P\left(a \le \frac{X_1 + X_2 + \cdots + X_n - n\mu}{\sqrt{n}\,\sigma} \le b\right) \xrightarrow{n \to \infty} \int_a^b \frac{1}{\sqrt{2\pi}} e^{-\frac{x^2}{2}} dx \qquad (7.9.2)$$

あるいは

$$P\left(a \le \frac{\overline{X} - \mu}{\dfrac{\sigma}{\sqrt{n}}} \le b\right) \xrightarrow{n \to \infty} \int_a^b \frac{1}{\sqrt{2\pi}} e^{-\frac{x^2}{2}} dx \qquad (7.9.3)$$

が成り立つ．右辺は標準正規分布表から $\Phi(b) - \Phi(a)$ で読む．

ここで，期待値，分散は仮に μ, σ^2 としたが，二項分布 $Bi(n,p)$ に対しては $\mu = np$, $\sigma^2 = np(1-p)$，ポアソン分布 $Po(\lambda)$ に対しては，$\mu = \lambda$, $\sigma^2 = \lambda$ とおくことはいうまでもない．

中心極限定理は，§3.6 で述べたように，古くはド・モアブル – ラプラスの定理から起こり，20 世紀に入って研究が進んで一般化し，この定理名になったものである．簡単な証明を与えよう．

証明　確率分布が収束するならそのモーメント母関数も収束する．つまり

$$P(X_n \le x) \to P(X \le x) \quad (n \to \infty) \qquad (7.9.4)$$

が言える（ただし，右辺の関数の連続点[†]で）なら

$$M_{X_n}(t) \to M_X(t) \quad (n \to \infty) \qquad (7.9.5)$$

である．一定の条件のもとで逆も正しい．しかも，2 つの異なった確率分布が同一のモーメントをもつことはない．このことを利用して，証明のあらすじを述べよう．定理の重要性と復習からフォローするだけの価値はある．

[†]　このことはレベルが高いので，詳しくは述べない．正規分布の場合は「すべての x」としてよい．

略証

まず，以下の手始めとして，X に対して cX，あるいは $X+c$ と変えた場合，モーメント母関数は

$$M_{cX}(t)=M_X(ct), \quad M_{X+c}(t)=e^{ct}M(t)$$

となることは下記の演算の上で知っておこう．

$X_1, X_2, \cdots, X_n$（上の X と混同しない）は独立で同一確率分布をもち

$$E(X_1)=\cdots=E(X_n)=\mu, \quad V(X_1)=\cdots=V(X_n)=\sigma^2 \tag{7.9.6}$$

と仮定する．いま変換

$$Y_1=\frac{X_1-\mu}{\sigma}, \quad \cdots, \quad Y_n=\frac{X_n-\mu}{\sigma}$$

で標準化すれば

$$E(Y_1)=\cdots=E(Y_n)=0, \quad V(Y_1)=\cdots=V(Y_n)=1$$

となり，かつ

$$\frac{X_1+\cdots+X_n-\mathrm{n}\mu}{\sqrt{n}\,\sigma}=\frac{Y_1+\cdots+Y_n}{\sqrt{n}} \tag{7.9.7}$$

で扱いやすくなる．以降，右辺のモーメント母関数が $N(0,1)$ のモーメント母関数に収束するのを見よう．

一つの Y_i を Y と略記すると，$E(Y)=0$，$E(Y^2)=V(Y)=1$ だから，式（3.7.5）により $M_Y(t)$ のテイラー展開はモーメントから

$$M_Y(\mathrm{t})=1+\frac{t^2}{2}+\cdots \tag{7.9.8}$$

よって，式（5.1.5）より $Y_1+\cdots+Y_n$ のモーメント母関数は n 個の積で

$$\{M_Y(\mathrm{t})\}^n=\left(1+\frac{t^2}{2}+\cdots\right)^n \tag{7.9.9}$$

さらに $\dfrac{Y_1+\cdots+Y_n}{\sqrt{n}}$ のモーメント母関数は，t を $\dfrac{t}{\sqrt{n}}$ に置き換えて

$$\left\{M_Y\left(\frac{t}{\sqrt{n}}\right)\right\}^n=\left(1+\frac{t^2}{2n}+\cdots\right)^n \to e^{\frac{t^2}{2}} \quad (n\to\infty) \tag{7.9.10}$$

と出る．ここで，よく知られた結果を使っている（証明終わり）

$$\left(1+\frac{1}{n}\right)^n \overset{n\to\infty}{\to} e, \quad \left(1+\frac{a}{n}\right)^n \overset{n\to\infty}{\to} e^a$$

概収束から確率収束が出ることの証明 〈p. 139〉

$$X_1, X_2, \cdots \to X \qquad \text{(a.e.)} \tag{7.9.11}$$

なら，収束の定義から，確率 1 で

どんな正整数 k に対しても，ある K が存在して，すべての

$n \geq K$ に対し $|X_n - X| < \dfrac{1}{k}$ $\left(\varepsilon = \dfrac{1}{k} \text{とした}\right)$

となる．いま，この事象を表すために

$$A_{k,K} = \bigcap_{n=K}^{\infty} \left\{ |X_n - X| \leq \frac{1}{k} \right\} \tag{7.9.12}$$

とおくと，このことは

$$P\left(\bigcap_{k=1}^{\infty} \bigcup_{K=1}^{\infty} A_{k,K} \right) = 1$$

よって式（7.2.5）より，どのような k に対しても

$$P\left(\bigcup_{K=1}^{\infty} A_{k,K} \right) = 1$$

となる．しかるに

$$A_{k,1} \subset A_{k,2} \subset A_{k,3} \subset A_{k,4} \subset \cdots \tag{7.9.13}$$

であるから，連続性の公理（§7.2）から，どのような k に対しても

$$P(A_{k,K}) \to 1 \qquad (K \to \infty) \tag{7.9.14}$$

つまり，$A_{k,K}$ の定義から，どのような k に対しても

$$\lim_{K \to \infty} P\left(\text{すべての } n \geq K \text{ に対し } |X_n - X| \leq \frac{1}{k} \right) = 1 \tag{7.9.15}$$

したがって，この補事象をとり

$$\lim_{K \to \infty} P\left(\text{ある } n \geq K \text{ に対し } |X_n - X| > \frac{1}{k} \right) = 0 \tag{7.9.16}$$

となる．ところで，各 K に対し

$$\left\{ |X_n - X| > \frac{1}{k} \right\} \subset \left\{ \text{ある } n \geq K \text{ に対し } |X_n - X| > \frac{1}{k} \right\} \tag{7.9.17}$$

この 2 つの式から，式（7.2.5）より

$$\lim_{K \to \infty} P\left(|X_K - X| > \frac{1}{k} \right) = 0 \tag{7.9.18}$$

となるので，あとは，記号 K を n に書き換えればよい．

148　第 7 章　極限定理の基礎

大数の強法則の証明[†]（p. 143 参照）

次のように 2 段に分ける．なお，$X_i - \mu$ を再び X_i と書くことにより，はじめから $\mu = 0$ と仮定してよい．

第 1 段 チェビシェフの不等式を次のように拡張する．

コルモゴロフの不等式

（ⅰ） $E(X_i) = 0$ （$i = 1, 2, \cdots, n$） (7.9.19)

（ⅱ） $V(X_i) = \sigma_i^2$ が有限に存在 （$i = 1, 2, \cdots, n$） (7.9.20)

とする．このとき

$$P(\max_{1 \le k \le n} |S_k| \ge c) \le \sum_{k=1}^{n} \frac{\sigma_k^2}{c^2} \qquad (7.9.21)$$

が成立する．

チェビシェフの不等式は単に

$$P(|S_n| \ge c) \le \sum_{k=1}^{n} \frac{\sigma_k^2}{c^2} \qquad (7.9.22)$$

であるが，前者の方が相当に強い結果である．なぜなら，両不等式の右辺 $\sum_{k=1}^{n} \frac{\sigma_k^2}{c^2}$ は共通だが，前者の左辺は後者の左辺より広義に大だから[‡]（両不等式の（ ）内の不等式を比較すると，右辺 $\varepsilon (= c)$ は共通だが前者の左辺が広義に大），前者が成立すれば後者も成立するからである．

コルモゴロフの不等式は $|S_1|, |S_2|, \cdots, |S_n|$ の中でどれかが $> c$ になる確率を導く方法で，よく知られている．証明は割愛しよう．

[†] 大数の強法則の証明は欧米のテキストを含めて見出し難く稀である．以下の証明は，伊藤清『確率論』（岩波書店，1953 年）による．

[‡] $a \ge b$ のとき「a は b より広義に（in wide sense）大（b は a より広義小）」という．

第2段（前段続き）　仮定から，$|S_1|, |S_2|, \cdots, |S_n|$ の最大の値

$$T_n = \max_{1 \le k \le n} |S_k| \tag{7.9.23}$$

が c を超える確率は，上記コルモゴロフの不等式から

$$P(T_n \ge c) \le \frac{n\sigma^2}{c^2} \tag{7.9.24}$$

となる．ここで σ^2 は (7.8.1) にある $V(X_i)$ の上昇である．

いま，$n = 8, 64, 512, \cdots (n = 8^k, k = 1, 2, \cdots)$ ととり，それに対応して $c = 4, 16, 64, \cdots$ $(c = 4^k, k = 1, 2, \cdots)$ ととれば，$k = 1, 2, \cdots$ に対し

$$P(T_{8^k} \ge 4^k) \le \frac{\sigma^2}{2^k}$$

つまり

$$P\left(\frac{T_{8^k}}{8^k} \ge \frac{1}{2^k}\right) \le \frac{\sigma^2}{2^k} \qquad (k = 1, 2, \cdots)$$

よって

$$\sum_k P\left(\frac{T_{8^k}}{8^k} \ge \frac{1}{2^k}\right) \le \sigma^2$$

したがって，ボレル-カンテリの補題（式 (7.3.4)）から $n = 8^k\ (k = 1, 2, \cdots)$ にそって $k \to \infty$ ならば

$$\frac{T_{8^k}}{8^k} \to 0 \qquad (確率1で) \tag{7.9.25}$$

となる．なぜなら P の（　）内を補題の A_n とおけばよいからである．

一般の n に対しては，各 n に対し $8^{k-1} \le n < 8^k$ なる k を見出せば，最大値 T の定義より $S_n \le T_{8^k}$ であるから

$$\left|\frac{S_n}{n}\right| \le \frac{T_{8^k}}{8^{k-1}} = 8 \cdot \frac{T_{8^k}}{8^k} \to 0 \tag{7.9.26}$$

となり，証明が終わる．

> 数学的補足

数えられる無限と数えられない無限——1, 2, 3, 4, …の意味〈p. 121〉

数学で「有限」と「無限」は大切な区別である．何の区別かというと多さの区別で，数学用語では濃度という．有限の多さは，いくら多くとも時間さえあれば数え尽くされて，10とか2854などのように，整数（0あるいは正整数）で表される．

しかし，無限はそうはいかない．数え尽くされることはないが，数えること自体は可能なことはある．最初から順に1, 2, 3, 4, …（ただし終わらない）のように．正確にいうと，番号をつける，番号を言ってゆく（count カウントする）ことはできる．この無限を**可付番無限**とか**可算無限**という．この「算」は「カウントする」を意味する．英語ではcountに-able（できる）をつけて'countable'という．

では，数え尽くすことはもちろん，数えること自体も不可能な，より多い無限もあるのか．ある．たとえば「0と1の間のすべての実数を順に言いなさい」と言われても，'0の次'も最初から言えない．これは無限でも**非可算無限**，**非可付番無限**という多さ（濃度）の1つである．難しくいうと**連続体濃度** continunm といわれる．そして，この連続体濃度†よりもさらに多い多さ（濃度）もあるが，これ以上はふれない‡．

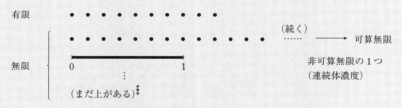

---

† 可付番集合から可付番部分集合のとり方の全体の濃度もこれに当たる．
‡ 可付番無限より大きく（多く）連続体濃度より小さい（少ない）濃度の存在を問うのが「連続体仮説」である（否定的解決）．
‡ [0, 1] 上の実数値連続関数の全体の濃度など．

「可測」のわかりやすい説明 I ——「測度」と「可測集合」最小入門 ⟨p. 122⟩

　可測集合，可測関数，…などのように「可測」という形容詞がよく現れる．「可測」は文字どおり測ることができるということで，もちろん（原則として）測り方を決めたうえでの話である．わかりやすさからユークリッド空間で例をとろう．まず，可測な集合とは？　次に示す図形の面積を言えるだろうか．

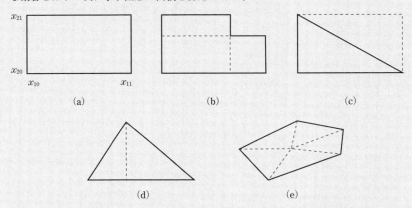

　まず，(a) 面積＝縦×横，つまり $(x_{11}-x_{10})(x_{21}-x_{20})$ と測り方（測度）を約束する．測度は英語で measure，文字どおり「メジャー」である．(b) は分けて測る．(c) は (a) のようにして半分にすればよい．(d) は (c) を用いればできる．(e) は (d) から可能．では次の 2 つは？

　(f) は基本的には (e)（つまり (d)）を用いるが，曲線部分を無限に細かく分けて直線とするという，「無限」という考え方を必要とする．(g) のような一般的図形も無限に近く分割してゆけば，「可測」といえる．つまり，縦×横の考え方プラス<u>無限の分割</u>を近似として可測の定義をする．これを**ボレル可測**という．

　(f)，(g) のようなケースには厳密な議論（カラテオドリの外測度）が必要で，**ル**

ベーグ積分の最も重要な部分である．ルベーグ，カラテオドリ，ジョルダン，ラドンのような数学者が諸定理（完備化の諸定理）を証明して，可測の範囲と測り方をさらに拡げた．このようにして厳密に決めた測り方を**ルベーグ測度**（単に測度），この測り方で測れる集合を**ルベーグ可測**（単に可測）ということにしている．

なお，鋭い人はここまで来るとどんな図形も可測になりそうで，可測が常に成り立ち，無意味（「すべての白鳥は白い」のように）と考えるかもしれない．答．可測でない図形が存在する．証明は初心者には超難解でここでは述べられない（ルベーグ非可測集合の存在，伊藤清三『ルベーグ積分入門』裳華房，1963 年）．

以上の考え方は 3 次元以上にも有効である．直方体を直積集合で $[x_{10}, x_{11}] \times [x_{20}, x_{21}] \times [x_{30}, x_{31}]$ と表して，それを可測のもとにすれば 4 次元でも通用する．

では無限次元であったら？　確率過程は t ごとに値の全範囲がある．この場合は，少しやっかいだが次のように約束する．無限次元だから，どんな大きい有限次元の次数も選べるので，たとえば 253 次元の $[\ \ ] \times [\ \ ] \times \cdots \times [\ \ ]$（253 次元の直方体）のすべて，また 52 次元の $[\ \ ] \times [\ \ ] \times \cdots \times [\ \ ]$（52 次元の直方体），……のように，次元数（しかも，たとえば 253 個の次元の位置は 1，2，…，253 である必要はまったく，ど・の 253 個でもよい）を任意にとり，そのたびに $[\ \ ] \times [\ \ ] \times \cdots \times [\ \ ]$ のすべてをとり，それらの一切合切を基礎にして，可測集合（ボレル可測集合）を作るのである．このようにして，無限次元を（いろいろな）有限次元を基にして近似した限りで間に合う（コルモゴロフの拡張定理）．

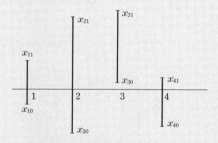

確率論では，測度として面積ではなく確率が必要である．今までのままにして密度関数を用いて定義してやればよい．たとえば

$$P([-1, 2] \times [4, 6]) = \int_{-1}^{2} \frac{1}{\sqrt{2\pi}} e^{-\frac{x^2}{2}} dx \cdot \int_{4}^{6} \frac{1}{\sqrt{2\pi}} e^{-\frac{y^2}{2}} dy$$

とする．こうなれば区間は $\pm\infty$ が入っていてもよくなる．

無限級数とその和 〈p. 131〉

無限数列の「和」を級数（series）という．次第に小さくなる等比数列

$$1, \frac{1}{2}, \frac{1}{4}, \frac{1}{8}, \frac{1}{16}, \cdots$$

の和は，等比数列の和の公式から

$$1+\frac{1}{2}+\frac{1}{4}+\frac{1}{8}+\cdots=2 \qquad （無限等比級数の和）$$

となる．実際

$$1, \quad 1+\frac{1}{2}=\frac{3}{2}, \quad 1+\frac{1}{2}+\frac{1}{4}=\frac{7}{4}, \quad 1+\frac{1}{2}+\frac{1}{4}+\frac{1}{8}=\frac{15}{8}, \quad \cdots$$

で2に近づいてゆく．しかし，面倒なのは（あるいは興味深いのは），次第に小さくなるなり方が緩いと「和」は存在しない．たとえば，$\frac{1}{n}$ を加えて

$$1+\frac{1}{2}+\frac{1}{3}+\frac{1}{4}+\cdots$$

と表記してもこれに相当する数はない．つまり「和」はない（数学では存在しないものも式には書けるのである）．念のため

$$1+\frac{1}{2}+\frac{1}{3}+\cdots+\frac{1}{10}=2.928\,97\cdots$$

$$1+\frac{1}{2}+\frac{1}{3}+\cdots\cdots+\frac{1}{100}=5.187\,39\cdots$$

$$1+\frac{1}{2}+\frac{1}{3}+\cdots\cdots\cdots+\frac{1}{1000}=7.485\,47\cdots$$

で，一定数に近づく様子はない．とはいえ，この先の進み方は非常に緩慢になるものの，それでも和はないことが証明されている．この級数を**調和級数**というが，調和級数には和はない．

　小さくなるなり方を急激にして，$\frac{1}{n^2}$ で級数を作ると（バーゼル問題）

$$1+\frac{1}{4}+\frac{1}{9}+\frac{1}{16}+\frac{1}{25}+\cdots=\frac{\pi^2}{6}=1.644\,93\cdots$$

となることがわかっていて，これには和がある．一般に $\sum_{n=0}^{\infty}\frac{1}{n^s}$ を「リーマンのゼータ関数」といい $\zeta(s)$ と表す．ただし s は複素数とし，適宜実軸から解析接続するものとする．

　もっと激しくしてみると

$$1+1+\frac{1}{2!}+\frac{1}{3!}+\frac{1}{4!}+\frac{1}{5!}+\cdots$$

154　第7章　極限定理の基礎

$$= 1 + 1 + \frac{1}{2} + \frac{1}{6} + \frac{1}{24} + \frac{1}{120} + \cdots = e$$

となることも知られている（e は**自然対数の底**といわれ，$e = 2.718\,28\cdots$）.

また，調和級数の符号を交代し（一般に，「交代級数」といわれる）

$$1 - \frac{1}{2} + \frac{1}{3} - \frac{1}{4} + \frac{1}{5} - \frac{1}{6} + \cdots$$

としてみると，これには和があることがわかっているが，計算で感じをたしかめるとよいだろう.

　一般に，無限級数は和がある場合とない場合がある. これは加えてみなくても，あ͙る͙，な͙い͙を判定する「級数判定法」から判断される.

　最後に，今日は 1 里（4 km），明日は疲れて $\frac{1}{2}$ 里，翌々日は $\frac{1}{4}$ 里，…と歩く場合，無限に歩いてもやっと 2 里にしか達しない. しかし，明日は $\frac{1}{2}$ 里，翌々日は $\frac{1}{3}$ 里，その次の日は $\frac{1}{4}$ 里と歩く場合，このペースでど͙ん͙な͙遠くまでも日数さえかければ達することができる.

　コンピュータで 10 里（東京―大船，京都―大阪）に達する日を計算してみよう. 1日 1 里が遅すぎるスピードなら，1 日 2.5 里（東海道五十三次のペース）として，125 里（ほぼ京京―京都）に達する日を計算してみるとよいだろう.

「可測」のわかりやすい説明 II ―― 可測関数〈p. 132〉

　可測関数もよく出てくる考え方である. わかりやすい説明（例）を与える.

　賭けにおけるように，2 個のサイコロの目（36 通りある）の関数 $X+Y$ を考えよう. $X+Y$ の値は 2，3，…，11，12 の 11 通りしかない. 36 通りよりずっと少ないが，$X+Y$ を考える限りこれで十分で，36 通りの各場合は，この 11 通りのどれかに分類される. もちろんその確率は（もし求めよというなら），$\frac{1}{36}, \frac{2}{36}, \cdots, \frac{2}{36}, \frac{1}{36}$ となって，確率も与えられる. つまり，これらは可測集合なのである. 以下，これらの 11 通りだけをもとにして考えよう（これが重要）.

　そこで，「$X=5$ となる確率は？」とたずねられると，これを求める方法がない. 実際，5 でも 6 でも何でも，そもそも和 $X+Y$ で基礎づけられている集合だから，当然 X の値自体を定めることはできないのである. つまり，以上の想定では，X は可測関数ではない.

　このように，関数がある値をとる（厳密には，その値以下をとる）ような集合が可

　　　　　　　　　　　　　　　　　　　　　　　　　　　　　数学的補足　　155

測集合になっているときに「可測」という．また，「可測」という概念は情報と結びついていることが多い．

　確率論では，前提として可測集合から出発するので，関数も可測関数の仮定を満たさない場合は前へ進めず，大変具合が悪い．格別な事情がない限り，可測関数の仮定をおくのである．

[ワンポイント練習7]

[7.1]　コインで表の出る確率 p としたら，A_n を「はじめから続けて n 回表が出る」事象とする．いずれは A_n は全く起こらなくなることは 100% 確かであることを示しなさい．

[7.2]　標準正規分布 $N(0,1)$ に従う独立な確率変数の列 $X_1, X_2, \cdots$ から作った確率過程 $X_1^2, X_1^2+X_2^2, X_1^2+X_2^2+X_3^2, \cdots$ について，収束
$$(X_1^2+X_2^2+\cdots+X_n^2)/n \to 1$$
が確率1で成り立つことを示しなさい．（ヒント：X^2 の確率分布）

[7.3]　n 個の粒子から成る集団で，各粒子は確率 p である性質 A をもつ．実験によって性質 A をもつ粒子をカウントしたところ，X 個であった．n が大きいとき，X の確率分布を求めなさい．$n=1\,000$，$p=0.25$ の場合はどうなるか．

[7.4]　ある現象のカウント数は一回当たりパラメータ λ のポアソン分布にしたがっている．多数 n 回測定した合計カウント数 X の確率分布を求めなさい．$n=20$，$\lambda=5$ の場合はどうなるか．

[7.5]　[7.2] で $n=200$ のとき区間 $(0.9,\ 1.1)$ に対して
$$(X_1^2+X_2^2+\cdots+X_n^2)/n$$
がこの区間に入る確率につき何がいえるか．

第8章

ブラウン運動とマルチンゲール[†]

§8.1 時間の連続化

第6章の冒頭図6.1.1では径路が連続に見えるが，これは可視の範囲で，厳密にはランダム・ウォークの図であることはいうまでもない.

確率積分，確率微分の一歩手前まで来た．ブラウン運動はランダム・ウォークの連続時間版ではあるが，この先の展開を考えると，ブラウン運動自体の意義と重要性は大きい．正規分布であること，前章を受けて極限や収束が扱えて，微分，積分をその上に考えることができることなどがある.

ウィーナーの**ブラウン運動**（Brownian Motion）は，ランダム・ウォークで時間幅，空間幅を無限に小さくした時間的な連続版である．ランダム・ウォークでは時間が $n=1,2,3,\cdots$ と動いていたが，ブラウン運動では時間は t で表され，$t=0$ から出発して $t \geqq 0$ 全体を連続的に動く．時間が連続的に動くので，運動も連続的に繰り返す．株価に「ランダム・ウォーク仮説」があるが，時間が連続的ならば「ブラウン運動仮説」と呼ぶべきであろう．いずれにせよ，ブラウン運動は数学的（確率論的）理論で，「運動」といっても物理的実体の運動ではない.

もとをたどれば，顕微鏡視野内における花粉粒子から出た微粒子のランダム運動を発見したイギリスの植物学者 R. ブラウンによって命名された不規

[†] ◆◆◆ https://www.bayesco.org/top/books/stocpr

則運動（本来のブラウン運動）に遡る．最初にこの物理的ブラウン運動を研究したのはアインシュタインであるが，その後「サイバネティクス」で有名な数学者 N. ウィーナーが本格的に数学面を研究した．それゆえ，**ウィーナー過程**の名称もある[†]．

ブラウン運動の厳密構成 数学では天下り定義が多いが，ここはやはり P. Lévy に習い現象論的確率論として構成的に定義する．単純対称ランダム・ウォーク S_n の期待値と分散は，式 (6.1.2) を用いて，$p=q=\frac{1}{2}$ より

$$E(S_n)=0, \qquad V(S_n)=n \qquad (8.1.1)$$

である．ここで，ランダム・ウォークの歩み幅を 1 から Δr 単位に，時間幅 1 を Δt に細かくする．S_n は $S_n \cdot \Delta r$ に，そしてここの n は時間 $[0,t]$ 中の Δt 単位の個数で $n=\left[\dfrac{t}{\Delta t}\right]$（[ ] は小数部分を切り捨てるガウス記号）であるから，t での位置は大略

$$D(t)=S_{\left[\frac{t}{\Delta t}\right]} \cdot \Delta r$$

で[‡]期待値，分散は次のようになる．

$$E(D(t))=0 \qquad (8.1.2)$$

$$V(D(t))=(\Delta r)^2 \cdot \left(\frac{t}{\Delta t}\right)=t \cdot \frac{(\Delta r)^2}{\Delta t} \qquad (8.1.3)$$

いま，$\Delta t \to 0$，$\Delta r \to 0$ とするが，$\Delta r=\sqrt{\Delta t}$ の関係を保つものとする．$\Delta t=\dfrac{1}{N}$（正整数 N は極限移行のパラメータ）とすると，$\Delta r=\dfrac{1}{\sqrt{N}}$ で，$D(t)$ は，$Z_1, Z_2, \cdots$ を確率 $\dfrac{1}{2}$ で ± 1 をとる独立確率変数として

図 8.1.1

[†] 伊藤清『確率論』（旧版）など．今日のテキストの大半は「ブラウン運動」を使用．

[‡] 以後 t は時間添字と見ず，独立変数の表示とする．

$$\frac{Z_1+Z_2+\cdots+Z_{[Nt]}}{\sqrt{N}} = \sqrt{t}\left(\frac{Z_1+Z_2+\cdots+Z_{[Nt]}}{\sqrt{Nt\cdot 1}}\right) \quad (8.1.4)$$

と同じ確率分布となる．$E(Z_i)=0$, $V(Z_i)=1$ だから，中心極限定理から（　）部分の確率分布は $N(0,1)$ に収束するので，全体は分散が $(\sqrt{t})^2$ 倍の $N(0,t)$ に収束する．よって，この $D(t)$ の極限を「（標準）ブラウン運動」という：

> t における標準ブラウン運動の確率分布：$N(0,t)$ 　　(8.1.5)

さらに，σ（分散，標準偏差を決めるパラメータ），μ（平均を決めるパラメータ）の2数を決めて

$$\sigma\cdot D(t)+\mu t$$

を作ると，$N\to\infty$ のとき，これの確率分布が $N(\mu t, \sigma^2 t)$ となることはただちにわかる．この収束は法則収束（§7.5）である．すなわち確率過程 $X(t)$ で，t を決めたとき，その確率分布が $n\mu, n\sigma^2$ に替って，

> 同，ドリフト，ゆらぎがある場合：$N(\mu t, \sigma^2 t)$ 　　(8.1.6)

となるものが構成される．ここで μ を**ドリフト・パラメータ**，σ^2 を**ゆらぎ（ばらつき）パラメータ**という．ドリフトとは「流れ」「流れゆく」という意

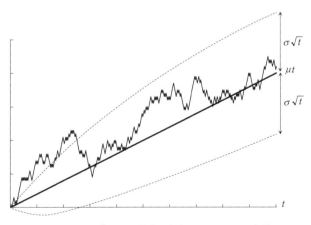

図 8.1.2 　ブラウン運動のシミュレーション実験

§8.1　時間の連続化　159

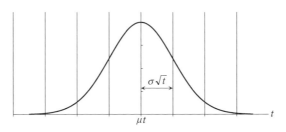

図 8.1.3 $N(\mu t, \sigma^2 t)$ の確率分布 (8.1.6) 参照

味である.また σ はファイナンス数学では「ボラティリティ」といわれる.ボラティリティとは気体などが拡がっていく様子(揮発性)をいう.

ただし,時間 t での1次元断面の確率分布(すなわち,周辺分布)が指定されただけであり,す・べ・て・の・ t(無限次元[†])に対しては確率分布はまだ指定されていない.それがブラウン運動の正式定義であり,元のランダム・ウォークの性質を引き継いでいる.

ブラウン運動と拡散方程式:$p \neq q$ の場合 $p=q=\dfrac{1}{2}$ の場合 $E(X_i)=0$ であるから,場所の移動はない.あるとしてもランダムな変異とその積み重なりだけであることは,ここまで見たとおりである.しかし,$p \neq q$ ならば空間的な位置の変位も生じるので,それを細かく見てゆくのが「拡散過程」(Diffusion process)である.

$p \neq q$ ならば,分散$=4pq$ である.そこで空間のステップ幅を ± 1 ととらずに,$\Delta x = \sqrt{4pq}$ 程度にとろう.時間幅も $\Delta t = 1$ にとっていたが,$\Delta t \to 0$ と $\Delta x \to 0$ の比が有限になるためには,$\dfrac{(\Delta x)^2}{\Delta t}$ の比を有限に維持せねばならない.それにはこの比を始めとして,p, q を今回は

$$\frac{(\Delta x)^2}{\Delta t} = 2D, \quad p = \frac{1}{2} + \frac{c}{2D}, \quad q = \frac{1}{2} - \frac{c}{2D}$$

のようにとる.さし当たり c, D に特に意味はないが,後に D は拡散係数とよばれる(とりわけ $D = \dfrac{1}{2}$).

(x, t) の確率を $u(x, t)$ とすると,ここまで同様に

[†] 実際には,す・べ・て・の・有・限・次・元・の定義(多次元正規分布)で十分である.

$$u(x, t + \Delta t) = p \cdot u(x - \Delta x, t) + q \cdot u(x + \Delta x, t)$$

が成立する．テイラー展開し，整理すると

$$\frac{\partial u}{\partial t} \cdot \Delta t = (q - p) \frac{\partial u}{\partial x} \cdot \Delta x + \frac{1}{2} \frac{\partial^2 u}{\partial x^2} (\Delta x)^2$$

ここで，p, q を上のようにとったこと，および $\Delta t, \Delta x$ のとり方から

拡散方程式 $\qquad \dfrac{\partial u}{\partial t} = D \dfrac{\partial^2 u}{\partial x^2} - 2c \dfrac{\partial u}{\partial x} \qquad$ （Fokker-Planck[*]）

[*] 後日，コルモゴロフの「前向き方程式」forwards equation と呼ばれる．

に達する．境界条件，初期条件のない場合，$p = q$ のときは一階微分が消え ξ を任意定数とした解

$$u(t, x) = \frac{1}{\sqrt{t}} e^{-\frac{(x - \xi)^2}{4Dt}}$$

が得られる．すなわち定数倍を除いて，正規分布

$$N(\xi, 2Dt)$$

となるがチェックしよう．（意外にややこしくパスしているテキストが多い）

$$\frac{\partial u}{\partial t} = \frac{1}{\sqrt{t}} \left(\frac{(x - \xi)^2}{4Dt^2} - \frac{1}{2t} \right) e^{-\frac{(x - \xi)^2}{2Dt}}$$

次に

$$\frac{\partial u}{\partial x} = -\frac{1}{\sqrt{t}} \cdot \frac{-2(x - \xi)}{4Dt} \cdot e^{-\frac{(x - \xi)^2}{2Dt}},$$

$$\frac{\partial^2 u}{\partial x^2} = \frac{1}{D\sqrt{t}} \left(\frac{(x - \xi)^2}{4Dt^2} - \frac{1}{2t} \right) e^{-\frac{(x - \xi)^2}{2Dt}}$$

で成立．境界条件はなく，任意定数を，$\xi = 0$ とし，かつ $D = \dfrac{1}{2}$ とすれば，標準ブラウン運動を与える．このようにして，確率論と偏微分方程式の出会いの世界がま生れた[†]．今日では，確率論は確率積分に，偏微分方程式は確率微分方程式に変わりつつある．

[†] 「マルコフ過程」の一大領域．

§8.1 時間の連続化　161

初期条件のある場合　$t=0$ の初期条件

$$u(0,x)=f(x)$$

があるときは，放物型偏微分方程式の流儀に従って，両辺をフーリエ変換して解を求めると，よく知られた結果 [†] を得る.

$$u(t,x)=\frac{1}{\sqrt{2\pi}}\int_{-\infty}^{\infty}f(\alpha)\frac{1}{\sqrt{2Dt}}e^{-\frac{(x-\alpha)^2}{4Dt}}d\alpha$$

すなわち，初期条件をブラウン運動 $N(\cdot,\xi Dt)$ の確率で混合した解となる. 今後，解放の基本パターンはここに示されている.

§8.2　ブラウン運動の定義

ランダム・ウォークから構成したが，ここで正式に定義する. テキストによっては'天下り式'に与える.

ブラウン運動

　確率過程 $X(t), t\geqq0$ が

　　（ i ）　$X(0)\equiv0$

かつ，$n+1$ 個の分点 $0\leqq t_0<t_1<\cdots<t_{n-1}<t_n$ での変化量（増分）

$$X(t_1)-X(t_0),\ X(t_2)-X(t_1),\ \cdots,\ X(t_n)-X(t_{n-1})$$

が

　　（ ii ）　独立（独立増分の仮定）

で，かつ

　　（ iii ）　それぞれ平均 $\mu(t_k-t_{k-1})$，分散 $\sigma^2(t_k-t_{k-1})$ の正規分布

$$N(\mu(t_k-t_{k-1}),\ \sigma^2(t_k-t_{k-1}))\quad(k=1,2,\cdots,n)\quad（正規性の仮定）$$

に従う場合を**ブラウン運動**という.

[†]　吉田，加藤『応用数学 I』裳華房，1961

重ならない増分　ことに重要なのは独立増分の仮定で，重ならない時間幅（異なった時間幅に共通する部分がなく別個にバラバラである．ただし1点のみ共有することは構わない）に起こったそれぞれの変化量は，まったく無関連ということである．いうまでもなく，「増分」はマイナスも含む．

　ランダムの例で，しばしば株価が例に引かれるが，株価の今月1か月の変化量と先月の変化量は無関連，そしてそれは先々月の変化量と無関連，…であり，結局，今月末の株価は，過去の互いに無関連な変化が長く累積した値でできていることを意味する．ただし，値の変化量が無関連なのであって，2つの値 $X(t)$ と $X(s)$ は無関連ではないこと，また，（ⅲ）によって，$\mu>0$ なら上向きのドリフト（流れ），$\mu<0$ なら下向きのドリフトが時間を通して存在することには注意しよう．

　大小の互いに時間的に無関連な，無数の原因（「バラバラの，ランダムなショック」など）による変化が現在までに積み重なり，現在がある．このランダムな変化はガウスが証明した典型的な正規分布をなしていて，その変化量の大きさは（ⅲ）に見るように大略時間の経過量（背後で中心極限定理が作用）に比例する．

　これらの原型はランダム・ウォークであり，実際（ⅱ）は§6.1，6.2の（ⅱ）で述べたランダム・ウォークの性質がそのまま移行したものである．

共分散のルール　独立なのは増分であって異時点の値そのものは独立でない．実際，無相関ではない．時間的関連がある．$t>s$ なら，式（4.6.1）の（ⅲ）で述べた共分散の演算ルールから

$$Cov(X(t),X(s))=Cov(X(t)-X(s)+X(s),X(s))$$
$$=Cov(X(t)-X(s),X(s))+Cov(X(s),X(s))$$
$$=0+s\cdot\sigma^2 \qquad (X(s)\equiv X(s)-X(0))$$

となる．ここで，最後に（ⅱ）を用いた．したがって，異時点間の関連は

異時点間共分散　　　　　　$Cov(X(t),X(s))=\min(t,s)\cdot\sigma^2$　　　　（8.2.1）

と表すことができる．なお，多次元正規分布であるから，§5.7で述べたよう

§8.2　ブラウン運動の定義　163

に独立も無相関も同義であること，つまりどちらを用いてもよい．

ブラウン運動の計算例　理解をいま一度確かにするために，次の例を出しておこう．ある量 $X(t)$ が $\mu = 0.2$，$\sigma = 1$ のブラウン運動に従っているとすると，1月1日を $t = 0$ として，1年後 $t = 365$ における値 $X(365)$ は

$$X(365) = (X(1) - X(0)) + (X(2) - X(1))$$
$$+ (X(3) - X(2)) + \cdots + (X(365) - X(364))$$

である．ここで $X(k) - X(k-1)$　$(k = 1, 2, \cdots, 365)$ は独立，かつそれぞれ $N(0.2, 1)$ の確率分布に従っている．$\mu = 0.2$ は時間あたり 0.2 だけ $X(t)$ の値が平均的に増進する（流れてゆく）ことを意味している．$X(365)$ の確率分布は $N(73, 365)$ となる．

$P(X(365) \geqq X(182.5))$ も計算でき，$X = X(365) - X(182.5)$ は，

$$平均 = (365 - 182.5)(0.2) = 36.5, \quad 分散 = (365 - 182.5) \cdot 1 = 182.5$$

から，標準化して

$$P(X \geqq 0) = P\left(\frac{X - 36.5}{\sqrt{182.5}} \geqq \frac{-36.5}{\sqrt{182.5}} \right) = 1 - \Phi\left(\frac{-36.5}{\sqrt{182.5}} \right)$$
$$= 1 - \Phi(-2.702) = 0.9964$$

となり，年末値 $X(365)$ が年央値 $X(182.5)$ を上回ることはほぼ確実である．1日あたりのドリフト $\mu = 0.2$ はゆらぎ $\sigma = 1$ に比べわずかでしかないが，長期間累積すると増加（$\mu > 0$ なら）も確実になる．またその確かさも計算できる．たしかにチリも積もれば山となる．

§8.3　径路[†]の連続性

これより3節に渉ってブラウン運動の有用な特異性を見てゆこう．だからこそ，確率積分，確率微分方程式が生まれたのである．

ブラウン運動の径路（path）では t はもとは時間を表す添字（$1, 2, \cdots$ など）であったが，これからは数学的に関数 $X(t)$ として扱う．この関数は図 8.1.2

[†]　「経路」もあるが，今後は「径路」とする．

164　第8章　ブラウン運動とマルチンゲール

で典型的に理解されるように，ギ̇ザ̇ギ̇ザ̇だが，途切れていない，つまり連̇続̇であるように表される．それは正しい描写だろうか．次に，ブラウン運動の径路の数学的に精密な研究でわかっている重要事項を解説する．

> **ブラウン運動の性質 I**
>
> ブラウン運動の径路は確率 1 で**連続**である．

この「径路」は確率的でシミュレーションの無限の一例に過ぎない．しかしながら，不連続となる例外は実際には起きない．図 8.1.2 を見た目では確かそうである．しかし，厳密に確かめるだけの理由はある．

（a） この結果は奇妙（weird）だが正しい．むしろ，それが特徴である．もとのランダム・ウォークは ±1 ずつジャンプして不連続．もっとも，証明の中でジャンプを ±Δr として，$\Delta r \to 0$ としたが，同時に変化のための時間も $\Delta t \to 0$ として時̇間̇化している．「どんな小さい距離でも瞬時に動くにはジャンプしかないのでは？」という疑問もある．

（b） ブラウン運動の構成の方法で，「ランダム・ウォークは，……なる極̇限̇において，そ̇の̇確̇率̇分̇布̇が，ブラウン運動に……」との証明（法則収束）は，それだけでは，その値が途切れない関数に収束する（たとえば確率収束で）ことを保証しない．

（iii） ブラウン運動の経路が連続であることは確率積分を考える上で大きな拠り所となる．なぜなら，微分積分学の基本に従うと，連続関数（不連続点があっても有限個ならよい）は積分可能だからである．これをもとに，スティルチェス式積分を作り，確率積分を定義してゆこう（第 9 章）．

連続性の証明はきわめて難解というわけではないが，本書のレベルを越える．しかも「連続である」も厳密にはさらに正確に表現する必要があり，また「確率 1 で」もいつものように理解しよう．つまり，不連続は事象としては成立する（$\mathscr{F}$ に入っている）が，その確率は 0 である．

§8.3 径路 $\dagger$ の連続性 165

§8.4 径路の微分不可能性

ブラウン運動はランダム性の極致であり，微細な所に至るまでジグザグ，ギザギザである（図 8.4.1 (b)）．つまり，連続なのになめらか（微分可能）ではない．相当に行儀の悪い形である．しかし予測不能性をうまく数学的に表すためには理想的であろう．

> **ブラウン運動の性質 II**
> ブラウン運動の経路は確率 1 で至る所**微分不可能**である．

微分可能とは各点 t で微分係数

$$\lim_{s \to t} \frac{f(t)-f(s)}{t-s} \tag{8.4.1}$$

が存在すること，つまりは接線が引けること，さらにいうなら，ほぼ完全に次の瞬間の値が直線で予想できることである（図 8.4.1 (a)）．ところが，ブラウン運動 $X(t)$ に対しては

$$\lim_{s \to t} \frac{X(t)-X(s)}{t-s} \tag{8.4.2}$$

は存在しない．以下に見るようにこの比は s を t に近づけるときわめて激しく暴れ，1 つの値に収束しそうもない．

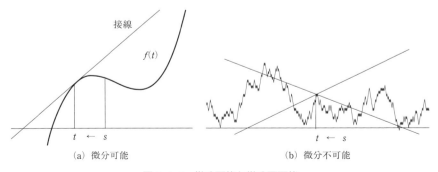

(a) 微分可能　　　　　　　(b) 微分不可能

図 8.4.1　微分可能と微分不可能

これが一時微分を離れ，いったん積分から始めた理由である．

確率1で至る所微分不可能[†]の数学的証明は，初学者には簡単ではないので割愛する[‡]．ただし微分可能でないことの傍証は簡単である．

傍証　実際，定義（§8.2の（iii））および式（2.4.10）より

$$V\left(\frac{X(t)-X(s)}{t-s}\right)=\frac{|t-s|\,\sigma^2}{(t-s)^2}=\frac{\sigma^2}{|t-s|}\overset{s\to t}{\to}\infty \tag{8.4.3}$$

微分不可能は'微分方程式万能'の現在，数理科学を全崩壊させるのではなく，だからこそ確率微分，確率微分方程式を誕生させたのである．

§8.5　長さ無限と2次変分有限

Ⅱで見たジグザグさを究めたのがこの性質Ⅲである．実のところ，これが伊藤の公式に及ぶのである．

ブラウン運動の径路はギザギザであるのみならず，そのギザギザの程度も半端でなく驚くほどである．そこで，標準ブラウン運動（$\mu=0$, $\sigma=1$）の場合を扱う．まず$X(t)$の長さtの区間$[0,t]$での**変分**[‡]を考えよう．

ブラウン運動の性質 Ⅲ
（ⅰ）　ブラウン運動の径路は確率1で有界変分ではない．
（ⅱ）　2次変分は有界で，tの区間長に等しい（2次変分有界）．

[†]　微分不可能な簡易な例は$y=|x|$で$x=0$で微分不可能である．しかし，本例ではすべての点（至る所）で微分不可能であるところが特異で，*nowhere* differentiable という（nowhere［英］＝どこも〜でない）.

[‡]　Breiman：*Probability*, Society for lndustrial & Applied, (1968) pp. 261-262, Karatzas-Shreve：*Brownian Motion and Stochastic Calculus*, Springer-Verlag (1991) pp. 109-110. 和書ではたとえば長井英生『確率微分方程式』（共立出版, 1999年）pp. 5-6

[‡]　「変動」という訳の方が解析学では多い．変分法の「変分」ではない．

この区間に刻みを入れて

$$0 = t_0 < t_1 < t_2 < \cdots < t_n = t \qquad (8.5.1)$$

と時間の分点を作り（この分点系を，♯としておく[†]），上昇・下降幅の合計（**1次変分**あるいは**変分**）

$$V_\sharp = |X(t_1) - X(t_0)| + |X(t_2) - X(t_1)| + \cdots + |X(t_n) - X(t_{n-1})| \qquad (8.5.2)$$

を計算すると，$V_\sharp$ は分点の作り方♯について有界でない．すなわち，いくら n を大きくして分点系♯を細かくしても，時間区間の中での変化が激しいため，全体としての V がいくらでも大きい場合が出てしまう．要するに，たとえば $[0,1]$ での $X(t)$ の変分 $V_\sharp$ が♯によっては $1\,000$ m, $10\,000$ m, $\cdots$ といくらでも大きくなってしまうのである．超細かくたたまれた長さ無限大の曲線なのである[‡]．この証明は省略しよう．要するに $\|\sharp\|$ がまだ十分に小さくないということである．

しかし，**2次変分**（quadratic variation）

$$Q_\sharp = |X(t_1) - X(t_0)|^2 + |X(t_2) - X(t_1)|^2 + \cdots + |X(t_n) - X(t_{n-1})|^2 \qquad (8.5.3)$$

は有限．しかも♯を細かくすると区間の長さ t に **2次の平均収束**をする．

$$E((Q_\sharp - t)^2) \to 0 \qquad (\|\sharp\| \to 0) \qquad (8.5.4)$$

ここに $\|\sharp\| = \max_k (t_k - t_{k-1})$ で，分点系の細かさである．

証明　多少こみ入っているが，結論 (8.5.8) が重要で飛ばしてもよい．$t = \sum_{k=1}^{n} (t_k - t_{k-1})$ に注意し，§8.2 の (iii) で $\mu = 0$，したがって

$$t_k - t_{k-1} = V(X(t_k) - X(t_{k-1})) = E\{(X(t_k) - X(t_{k-1}))^2\},$$

$$Q_\sharp - t = \sum_{k=1}^{n} \{(X(t_k) - X(t_{k-1}))^2 - (t_k - t_{k-1})\}$$

$$= \sum_{k=1}^{n} [(X(t_k) - X(t_{k-1}))^2 - E\{(X(t_k) - X(t_{k-1}))^2\}] \qquad (8.5.5)$$

と進め，区間が重ならない式 (2.4.5) を用いて，分散の加法性より

$$E((Q_\sharp - t)^2) = \sum_{k=1}^{n} E[(X(t_k) - X(t_{k-1}))^2]^2 - (t_k - t_{k-1})^2] \qquad (8.5.6)$$

[†]　♯（シャープ）はもと音楽記号だが，数学記号としても時おり用いられる．

[‡]　数学では「曲線の長さ」は自明でなく，定義があるのもそのためである．

となる.（ここの展開はわかりにくいが，仮に $Y_k = (X(t_k) - X(t_{k-1}))^2$ とおくと見やすい.）ここで

$$Z_k{}^2 = \frac{(X(t_k) - X(t_{k-1}))^2}{t_k - t_{k-1}}$$

は，脚注のようにそれぞれ自由度 1 の χ^2 分布に従うから†，それを Z^2 とし

$$E((Q_\# - t)^2) = E((Z^2 - 1)^2) \cdot \sum_{k=1}^{n} (t_k - t_{k-1})^2$$

$$\leqq E((Z^2 - 1)^2) \cdot \|\#\| \cdot t \to 0 \qquad (8.5.7)$$

となる（$(t_k - t_{k-1})^2$ のひとつを $\max(t_k - t_{k-1}) = \|\#\|$ と置き換えた.）ゆえに，分点系 $\#$ が十分細かければ，最終の主要結果を得る.

---

2 次変分 $\qquad\qquad [0, t]$ で $Q_\# \fallingdotseq t$ $\qquad\qquad\qquad (8.5.8)$

この性質の重要性は今後のために特記すべきで，第 9 章の確率積分の伊藤の公式で $(dW)^2 = dt$ とおく 'トリック' によってはじめて成立するのもこのおかげである.以上にて，次章で確率積分を定義する準備も万端整った.

§8.6 フィルトレーション

情報の蓄積 ここ 2, 30 年，「フィルトレーション」とか「増大する情報系」ということばが確率論に登場している.少なくとも伊藤清『確率論』（旧版）には全く見えない.当時「マルコフ過程」や拡散過程全盛の中，「マルチンゲール」も登場しない.

マルチンゲールにおいては，第 n 時点までの過去の値を知ったうえで（与えられて），次の値を予測することは平均的には無理であることを，条件付期待値の議論から知った.このマルチンゲールの定義に戻ってみよう.

いま一度，条件付期待値と，それに関連して「……を知ったうえで」「……を知って」の「知る」とは数学的にどう表されるのか，§7.4 の完全加法族

---

† $X \sim N(0, \sigma^2)$ なら，$\dfrac{X^2}{\sigma^2}$ は自由度 1 の χ^2 分布に従う.

$\mathscr{F}$ の定義と作り方，そして可測について思い出しておこう．要するに $X \leqq 3$ とか $X=3$ とかの確率が測れるためには，$X \leqq 3$, $X=3$ という集合を $\mathscr{F}$ のメンバーに入れておくべきこと（$\mathscr{F}$ に関して可測という），逆にそうでないと，この X には確率変数の資格がないこと，見方を変えると，$\mathscr{F}$ のメンバー・リストを多くすればするほど多様なことが述べられる情報となる．

情報とは切り方 $\mathscr{F}$ マルチンゲールでは「S_1 が与えられて」，また「S_1, S_2 が与えられて」，さらに「S_1, S_2, S_3 が与えられて」と議論を進めた．よって，S_1 の値，(S_1, S_2) の値，(S_1, S_2, S_3) の値をそれぞれ取り込んだ（データベース用語では，変数を立てた，ビットを立てた，など）完全加法族 $\mathscr{F}_1 \subset \mathscr{F}_2 \subset \mathscr{F}_3$ ができることになる．同じ全体集合（Ω）の枠の中でも，$\mathscr{F}_1$ より $\mathscr{F}_2$, $\mathscr{F}_2$ より $\mathscr{F}_3$ のメンバー・リストは多く，切り方が細かい．一般に，時間が進むほど完全加法族が**族**（集合の集合）として拡大し情報が蓄積される．そのような完全加法族の（そのまた）族を，**増大する情報系**とか**フィルトレーション**（filtration）という．図 8.6.1 は 4 つの完全加法族からなる族 $\{\mathscr{F}_1, \mathscr{F}_2, \mathscr{F}_3, \mathscr{F}_4\}$[†] で，$\mathscr{F}_1 \subset \mathscr{F}_2 \subset \mathscr{F}_3 \subset \mathscr{F}_4$ として完全加法族としてはメンバーが拡大していっている．イメージとしては，粗い族から細かい族へ向かう．一般に，中へ向かって細かくなり

> $\mathscr{F} \subset \mathscr{F}'$ なら，$\mathscr{F}$ に入っている $A \in \mathscr{F}$ は $A \in \mathscr{F}'$

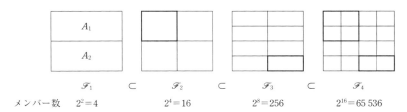

図 8.6.1 増大する情報系 $\mathscr{F}_1 \sim \mathscr{F}_4$＝細分化するフィルトレーション（有限の場合）メンバー数＝表現できる情報の個数．全体集合は共通である．

[†] これらの $\mathscr{F}$ は前出の $\mathscr{F}$ とは別で，混同しないこと．

でもある．このとき $\mathscr{F}$ より $\mathscr{F}'$ は下線{細かい}（finer），$\mathscr{F}'$ より $\mathscr{F}$ は下線{粗い}（coarser））といわれる†．図 8.6.1 で A_1 について，$\mathscr{F}_1 \subset \mathscr{F}_2$ を確認しよう．

フィルター，メッシュ 「フィルトレーション」は最近の用語であるが，「ろ紙」（フィルタ filter）の目の粗さ，細かさで情報のとらえ方が決まることを表現したものである．ちなみに，'filtration' とは filter を付ける，あるいは付いたものという意味である．図 8.6.1 では，$\mathscr{F}_4$ の情報の個数も意外に大きい．あるいは「メッシュ」の方がいい用語かも知れない．

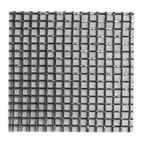

図 8.6.2 フィルタのイメージ

$\mathscr{F}_2$ の例 $\mathscr{F}_2$ のメンバー集合すべてのリストを挙げる．

$\mathscr{F}_2$ の元として，4 個の部分（長方形）を A_1, A_2, A_3, A_4 とするが，これだけではない．現実にも「10 歳以下あるいは 75 歳以上の人は…」も情報のベースに入れなければならない例である．これを基礎に

$\mathscr{F}_2 = \{\phi,$
 $A_1, A_2, A_3, A_4,$
 $A_1 \cup A_2, A_1 \cup A_3, A_1 \cup A_4, A_2 \cup A_3, A_2 \cup A_4, A_3 \cup A_4,$
 $A_1 \cup A_2 \cup A_3, A_2 \cup A_3 \cup A_4, A_3 \cup A_4 \cup A_1, A_4 \cup A_1 \cup A_2,$
 $A_1 \cup A_2 \cup A_3 \cup A_4\}$

であり，$2^4 = 16$ 個の部分集合つまり集合族で，完全加法族の定義を満たし，生成の元を示して $\mathscr{F}[A_1, A_2, A_3, A_4]$ のようにかっこ $[\ ]$ を用いる．

場合により他の作り方もある．たとえば，これより粗い

$\mathscr{F}_2' = \{\phi, A_1 \cup A_2, A_3, A_4, A_1 \cup A_2 \cup A_3, A_1 \cup A_2 \cup A_4,$
 $A_3 \cup A_4, A_1 \cup A_2 \cup A_3 \cup A_4\}$

がそれである．集合族として $\mathscr{F}_2' \subset \mathscr{F}_2$ に注意しよう．$\mathscr{F}_2$ は $\mathscr{F}_2'$ より細かく $\mathscr{F}_2'$ は $\mathscr{F}_2$ より粗い．したがって，$\mathscr{F}$ をどのように選んで指定するかは問題次第かつその限りで必要十分である．実際，マルチンゲールで観測可能な量

---

† fine（英）は「すばらしい」ではなく「細かい」の意．

§8.6 フィルトレーション

以外は必要でなく扱わない（次節）.

§8.7 連続時間マルチンゲール

マルチンゲールとは完全に予想不可能な確率過程，つまり式（6.3.7）に見たように過去の情報（値をいう）を完全に用いても，未来を平均的に（現時点値と変わらないというほかには）予想できない（利益をあげられない）ような確率過程である. 離散時間の対称ランダム・ウォークはその典型的例であるが，連続パラメータ t のランダム・ウォークも，離散時間 n を連続時間 t に読み替えながら考えて，次のように定義される. 多少数学的にグレードアップされた形だが，徐々に慣れることが望ましい.

連続時間マルチンゲール $X(t)$，$t \geqq 0$

完全加法族 $\mathscr{F}_t$ の族 $\{\mathscr{F}_t, t \geqq 0\}$ は

$$0 \leqq t < s \quad \text{なら} \quad \mathscr{F}_t \subset \mathscr{F}_s \qquad (8.7.1)$$

で時間が経過すれば情報は蓄積するものとする. 次に

（ⅰ） $X(t)$ は $\mathscr{F}_t$ で可測（$\mathscr{F}_t$ 可測）

$\mathscr{F}_t$ は，$X(t) \leqq a$ なる事象 $\{X(t) \leqq a\}$ をすべて含み，それらも含めて t までの情報であり

（ⅱ） すべての t で $E(|X(t)|) < \infty$ （可積分性） $\qquad (8.7.2)$

（ⅲ） すべての $s \geqq t$ に対し $E(X(s)|\mathscr{F}_t) = X(t)$ $\qquad (8.7.3)$

なる確率過程をいう.（8.7.1）では，まず各時点 t ごとに $\mathscr{F}_t$ を考えている.

$\mathscr{F}_t$ は時刻 t における情報（正式には，情報の'入れ物'）であるが，（8.7.1）により t までの情報も蓄積されている.（ⅱ）は t での X の値が $\mathscr{F}_t$ の「内容物」であることを示す. あらゆる値 a が $X(t)$ として可能で $X(t) = a$ としてもよさそうだが，数学的理由から $X(t) \leqq a$ で十分である.

（ⅲ）はマルチンゲールの本体的な内容で，$\mathscr{F}_t$ に t までに $X(\cdot)$ について起こった事象（実際には，値）が含まれていて，そのリスト $\mathscr{F}_t$ を知って未

172　第8章　ブラウン運動とマルチンゲール

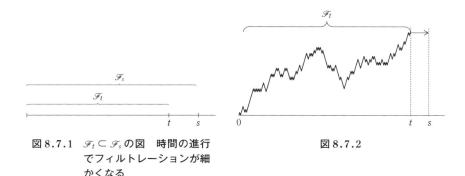

図 8.7.1 $\mathscr{F}_t \subset \mathscr{F}_s$ の図　時間の進行でフィルトレーションが細かくなる

図 8.7.2

来の $X(s)$ を予想しようとしても，平均的には今の $X(t)$ 以上にも以下にもならない（どの時点 t でも），ということを指す．'$\mathscr{F}_t$' という表現にも慣れることが重要である．次で確かめよう．

　$X(t)$ の $\mathscr{F}_t$　標準ブラウン運動 $X(t)$, $t \geqq 0$ はマルチンゲールである．以下，次のように進めるのが，'定番' である．まず，増大する情報系として，$\mathscr{F}_t$ を t までの $[0, t]$ の $X(t)$ のすべての値から生成される完全加法族（§7.4 参照）を

$$\mathscr{F}_t = \mathscr{F}[X(s), s \leqq t]$$

のように表す．その上で $\mathscr{F}_t$ を与えて，t の先 $s > t$ の $X(s)$ の期待値をとると

$$\begin{aligned} E(X(s)|\mathscr{F}_t) &= E(X(s) - X(t) + X(t)|\mathscr{F}_t) \\ &= E(X(s) - X(t)|\mathscr{F}_t) + E(X(t)|\mathscr{F}_t) \\ &= 0 + X(t) \\ &= X(t) \end{aligned} \quad (8.7.4)$$

ここで，$X(s) - X(t)$ は $[t, s]$ での増分で，$\mathscr{F}_t$ とは独立だから，条件が外れ

$$E(X(s) - X(t)|\mathscr{F}_t) = E(X(s) - X(t)) = 0$$

となることを用いた（§8.2 参照）．また，$X(t)$ は $\mathscr{F}_t$ 可測で，その値はすでに $\mathscr{F}_t$ に入っておりそれを書き出すだけでよく，したがって

$$E(X(t)|\mathscr{F}_t) = X(t)$$

これが，肝心の（8.7.3）である．どうだろうか．

§8.7　連続時間マルチンゲール　173

§8.8 停止時間と任意停止定理

マルチンゲールはここ数十年確率論の固有の中心テーマであり，優マルチンゲール super-martingale，劣マルチンゲール sub-martingale，半マルチンゲール semi-martingale，局所マルチンゲール local martingale などのバリエーションに展開している．他方，マルコフ過程と拡散方程式など偏微分方程式アプローチを維持する確率論数学も古来より依然として活用されている．ここでは事務的に「マルチンゲール性」を表している二大トピックを扱おう．

停止時間ランダムウォーク $\{S_n\}$ による破産問題をマルチンゲールから考え直してみよう．実はあまり意識していなかったが，深い関わりがある．ここで破産問題を $[0, a]$ の整数区間で考えるかわりに $[b, a]$（ただし $a > b > 0$）といい方を変えることとする．

$p = q = \dfrac{1}{2}$ なら，ギャンブラーの破産確率は初期資産を z（$a > z > b$）として，

$$u(z) = \frac{a-z}{a-b} \tag{8.8.1}$$

であることは見易い（$b = 0$ のケースから類推）．したがってギャンブラーの利得期待値は

$$-u(z)(z-b) + (1-u(z))(a-z) = 0$$

となるが，マルチンゲールの特性からも当然である．初期資産 z を中心に考えてもよく変形して，

$$bu(z) + a(1-u(z)) = z \tag{8.8.2}$$

破産問題の停止時間　ここからであるが，ランダムウォークの破産問題では，ゲームの結果が出て止まる時間は，初めて a あるいは b となる時間[†]で，

> **破産問題の停止時間**　　$T = \min\limits_{n} \{n \mid S_n = a \text{ あるいは } S_n = b\}$

[†]　連続時間なら min でなく数学的には厳密に inf（下限）とする（第 11 章）．

となる．当然，通常の S_T と異なり $S_T = a, b$ だけであるが，これを上式に用いると

$$aP(S_T = a) + bP(S_T = b) = z$$

言い換えると，破産問題は，

$$E(S_T) = z \qquad （右辺＝初期状態） \tag{8.8.3}$$

に帰する．S_n と異なり S_T の T は確率変数となっている所，および $S_T = a, b$（だけ）が変わっている．T は今後一般に「停止時間」といわれるもので，この考え方を入れると一般のマルチンゲールから多くの有意義な性質を見やすい形に導ける．

厳密な定義　停止時間 T の定義は意外に単純である．ゲームを考えれば当たり前であるが，ゲームがいつ終了（停止する）かは確率的で予め分からない．「時刻 n で終了」という事象はそれまでのゲームの展開の歴史 $S_0, S_1, \cdots S_n$ からストレートに決まることは当たり前である．そこでマルチンゲールに基づくフィルトレーションを，早速に

$$\mathscr{F}_n = \mathscr{F}[S_0, S_1, \cdots, S_n]$$

とすれば，n で停止する事象（{ } で表す）は

$$\{T = n\} \in F_n \tag{8.8.4}$$

と表すこともでき，このような T は停止時間[†]（stopping time）といわれる．T は確率変数であることに注意する．この威力は大きい．

任意停止定理　停止時間はその定義から，時間 $T = n$ で $\mathscr{F}_n$ のある事象が起こったことを意味し，かつ $\mathscr{F}_n$ はマルチンゲールの S_n の記録であるから，T を見ていればマルチンゲール $S_0, S_1, S_2, \cdots$ のある事象が観察される．たとえば，破産問題で $T = n$ は $S_0 = z, S_1, S_2, \cdots, S_{n-1}$ は $\neq a, b$ のような F_n の事象である．

よって，S_T は全 $S_n, n \geqq 0$ を横断的に観察した結果であり，$E(S_T)$ はその期待値であるから，マルチンゲールの性質

[†]　数学的定義としては「停止」というもとのイメージは薄らいでいる．

§8.8　停止時間と任意停止定理　175

$$E(S_{n+1}|S_n, S_{n-1}, \cdots, S_0) = S_n$$

によって過去から時間的に保存される傾向がある．ゆえに，停止時間につき

> **任意停止定理**[†]　　　　マルチンゲールに対し，$E(S_T) = E(S_0)$

が成立することが予想され，破産問題でも $E(S_0) = z$ で確かに成り立つ．

　破産問題への応用　任意停止定理はほとんどマルチンゲールの性質の言い換えであり，使い易さの威力も絶大．定理を前提として $p = q = \dfrac{1}{2}$ の破産問題を解くと

$$aP(S_T = a) + bP(S_T = b) = z \tag{8.8.5}$$

これと

$$P(S_T = a) + P(S_T = b) = 1$$

から，即座に

$$P(S_t = a) = \frac{z-b}{a-b}, \ \ P(S_t = b) = \frac{a-z}{a-b} \quad \text{（破産確率）} \tag{8.8.6}$$

が得られる．

　なお，今回は定理の証明は行わない．なお，「任意」（optional）とは「常に」ではなく，'ある特定の選ばれた条件のもとで'（つまり，任意＝条件次第でいつも）を意味する．語感はよくない．

§8.9　マルチンゲール収束定理

いま一つマルチンゲールには，驚くべき重要性質がある．

[†]　英語 optional stopping theorem の "optional" は「必ず」ではなく，条件的に，の意．「任意抽出定理」（optional sampling theorem）ともいう．なお，optional を optimal と混同しないこと．「抽出」は統計学用語の借入で，条件的に観察する（サンプルを取る）ことを指す．

176　第8章　ブラウン運動とマルチンゲール

> 有界なマルチンゲールは確率 1 で（ある確率 X_∞ に）収束する：
> $$n \to \infty \text{ のとき } \quad X_n \to X_\infty \qquad \text{a.s.}$$

確率 1 であることで（a.s. で表す）極限が確率変数であることは，一般に知られる大数の（強あるいは弱）法則，中心極限定理などには見られない強い内容である．"収束する"から $\pm\infty$ には発散しないが，これは仮定として有界（すべての n について $|X_n| < M$ となる M がある）だから当然として，振動もしない．ここをまず確認しよう．

振動する数列の例は，たとえば

$$q_n = (-1)^n \left\{ 1 + \left(\frac{1}{2} \right)^n \right\}, \quad n = 0, 1, 2, \cdots$$

は $1, -1$ を**無限に**横断しながら，次第に $1, -1$ に集まるように振動する "収束しない" 例である．lim は存在しないが，しかし，下側に集積する（集まる）点は -1，上側に集積する点は 1 であって，$1, -1$ と分離している．このことを

$$\liminf_n a_n = -1, \ \limsup_n a_n = 1$$

と表すことがある．これは収束せずに振動する例（図 8.8.1）だが，一般に「収束する」とは，

$$\liminf_n a_n = \limsup_n a_n$$

であることと定義をするのは理解しやすいだろう．

収束する a_n はどんな 2 数 a, b の間を**無限に**横断することはない．すなわち，これが証明のターゲットである．証明は以下がほとんど'お決まり'だが，フォローは相当大変である．一応解説する．

収束定理の証明：上向き横断 時点 0 を出発点として最初に $X_k < a$ となる k があれば s_1 とし（なければ ∞ とする．以下同），s_1 以後最初に $X_k > b$ となる k があれば t_1 とし，さらに t_1 以後 $X_k < a$ となる k があれば s_2，s_2 以後 $X_k > b$ となる k があれば t_2 等々，以下順次同様とする．このようにして，∞ が出現しなければ，停止時間の列

§8.9 マルチンゲール収束定理 177

$$0 \leqq s_1 < t_1 < s_2 < t_2 < s_3 < t_3 \cdots$$

が定義される（∞ が出現する場合は，上記 s, t の列は有限列となる）．以後，要するにこれら停止時間で X が区間 (a, b) を下から上向きに横断（up-crossing）する幅の和

$$Z = (X_{s_2} - X_{t_1}) + (X_{s_3} - X_{t_2}) + (X_{s_4} - X_{t_3}) + \cdots$$

が無限に続き，$Z = -\infty$ となることは，確率 1 で成立しないことを示す．

上向き横断数　証明は技巧的というほどではないが，細心の注意が必要な部分がある．以下，L. Breiman に従う．

無限和を処理するため，さし当たりは大きい整数 M によって切断し，

$$s_i, t_j < M \quad \text{ならば} \qquad \check{X}_{s_i} = X_{s_i}, \ \check{X}_{t_i} = X_{t_i}$$
$$s_i, t_j \geqq M \quad \text{ならば} \qquad \check{X}_{s_i} = \check{X}_{t_i} = X_M$$

と置き換えれば，和 Z は

$$Z_M = (\check{X}_{s_s} - \check{X}_{t_1}) + (\check{X}_{s_s} - \check{X}_{t_2}) + (\check{X}_{s_s} - \check{X}_{t_s}) + \cdots$$

となるが，$\check{X}_{s_{N+1}} - \check{X}_{t_N}$ 以降は 0 となり無限和は有限和に帰する．実際，$t_k \geqq M$ なら $s_{k+1} \geqq M$ だから，$\check{X}$ の定義から，$\check{X}s_{k+1} - \check{X}t_k = 0$

ここで反対に，t_k が M の直前の t ならば，この 0 を Z_M の最終項に入れる必要がある．実際，よく注意すると

$$0 = (a - \check{X}(t_k)) + (\check{X}s_{k+1} - a) < \check{X}s_{k+1} - a < (X - a)^+$$

より，上向き横断幅を見積もる他，少し大きくしてもよく

$$Z_M < -k(b-a) + (X_M - a)^+$$

が成り立つ．この k は実は M までの上向き横断数だから，これを U_{ab}^M と表すと，そのまま

$$Z_M < -U_{ab}(b-a) + (X_M - a)^+,$$

他方，停止時間に添った $X_{s_i} < X_{t_i} < X_{s_i} < X_{t_i} < \cdots$ を M で切断した $\check{X}$ はマルチンゲールであるから，$E(Z_M) = 0$.

これより，M までに (a, b) を上向きに横断した回数は

Doob の不等式　　　$E(U_{ab}^M) < \dfrac{E(X_M - a)^+}{b - a}$ （平均上向き横断数）

となる．ほぼ完成で，$M \to \infty$ としても，X は有界との仮定から $E(U_{ab}^M) \to E(U_{ab}) < \infty$（有限）となる．

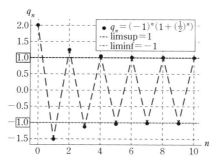

図 8.9.1　limsup ≠ liminf の例

以上，どんな区間 (a, b) も無限回横断することはない*．（証明終）

*厳密には，どんな (a, b) についても，議論が必要であるが，略す．

§8.10　マルチンゲール収束定理の例

確率 1 の収束（概収束）は強い結果であるだけで具体的な実例は稀である．大数の強法則も収束先の極限は定数 μ で面白味に欠ける．文字通り極限が確率変数の稀な場合を挙げる．

例　ポリヤのつぼ

　赤と緑の玉が入っているつぼを考える．時刻 0 ではそれぞれの玉が 1 個ずつ入っている．時刻 n ではつぼからランダムに玉を取り出し，その玉と同じ色の玉を 1 個加え，合計 2 個の玉をつぼに戻す．ここで，時刻 n での赤玉の割合（0～1）を X_n とすると，X_n はマルチンゲールになる．（Feller, Karlin）

証明　答はベータ分布である．証明はまずマルチンゲール性，ついで場合の数からスターリングの公式，そして積分近似と進む．

単位時間ごとに 1 個の玉が加えられるので，時点 n では $n+2$ 個の玉がつぼに入っている．よって，$X_n = x_n$ の条件のもとでは，つぼには $(n+2)x_n$ 個

の赤の玉が入っているから，$n+1$ 時点のそれぞれの 赤玉，緑玉の場合の（赤玉の）条件付確率 2 通りは以下の分数であり，その期待値を取れば

$$E(X_{n+1}|x_n, x_{n-1}, \cdots, x_0) = x_n \cdot \frac{(n+2)x_n+1}{n+3} + (1-x_n) \cdot \frac{(n+2)x_n}{n+3}$$

$$= \frac{x_n}{n+3} + \frac{(n+2)x_n}{n+3}$$

$$= x_n \tag{8.10.1}$$

が成り立つ．よって，X_n は（X_n に関して）マルチンゲールとなる．

玉の個数は増加するから玉を戻してもその色の確率は相対的に希釈される．同色を 1 個増やせばその希釈は補われ，確率は適度に維持される．本題は有名な「ポリヤの壺」（Polya's urn）のある場合で，一般には，反対色を入れる場合，あるいは同色，反対色を異なった個数 c, d だけ入れる場合などがある．

さて，このマルチンゲールの極限確率変数 X はベータ分布に従う．これの証明に移ろう（Karlin, 1st Course, p. 290）．

問題を一般化して当初は赤, 緑の玉の個数は n, m 個とする（時刻 n は k と変える）．したがって，時点 k での赤の玉の比率 X_k によってその個数は $Y_k = (n+m+k)X_k$（個）となるが，Y_k の確率分布は取り出し方から［注：式を見易くするために，ここでは $_aC_b$ の替りに二項係数 $\binom{a}{b}$ を用いる］

$$P(Y_k = i) = \frac{\binom{i-1}{n-1}\binom{N-i-1}{m-1}}{\binom{N-i}{n+m-1}}, \qquad n \le i \le n+k, \quad N = n+m+k \tag{8.10.2}$$

である．したがって，

$$P(X_k \le x) = P(Y_k \le Nx) = \sum \frac{\binom{i-1}{n-1}\binom{N-i-1}{m-1}}{\binom{N-i}{n+m-1}}, \qquad \sum : 0 \sim [Nx] \text{ の和}$$

ここから，右辺の処理をする．まず，

$$M! \sim \sqrt{2\pi M}\, e^{-M} \mu^M$$

を使うと，和の各項は書きかえられて，結局

$$\frac{(n+m-1)!}{(n-1)!\,(m-1)!} \sum \left(\frac{i-n}{k}\right)^{n-1} \left(\frac{k-i+n}{k}\right)^{m-1} \cdot \frac{1}{k}$$

180　第 8 章　ブラウン運動とマルチンゲール

$$= \frac{\Gamma(n+m)}{\Gamma(n)\Gamma(m)} {\sum}' \left(\frac{i}{k}-\frac{n}{k}\right)^{n-1}\left(1-\frac{i}{k}-\frac{n}{k}\right)^{m-1}\Delta\left(\frac{i}{k}\right),$$

$$\sum{}' : i/k = 0 \sim [Nx]/k \text{ の和, } \Delta\left(\frac{i}{k}\right) \text{ は } i \text{ の一階差分}$$

多少見易くなったが,ここで $k\to\infty$ とすれば $n/k\to 0$ はよいとして,$z=i/k$ を導入して $\Delta z = \Delta(i/k)$ で i を連続変数 z に移行する.$\sum'$ の上端は

$$[Nx]/k = \frac{[(n+m+k)x]}{k} \sim x \quad (k\to\infty \text{ のとき})$$

より結局 $k\to\infty$ の積分近似

$$P(X_n < x) \to \frac{\Gamma(n+m)}{\Gamma(n)\Gamma(m)} \int_0^x z^{n-1}(1-z)^{m-1} dz \tag{8.10.3}$$

を得る.

マルチンゲール収束定理:ポリヤのつぼ
初期個数 (n, m) の場合 パラメータ (n, m) のベータ確率変数に収束.

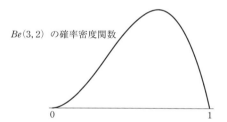

図 8.10.1 初期 $n=3$(赤),$m=2$(緑) で始まるポリヤのつぼ
マルチンゲール収束定理の極限 $Be(3, 2)$

§8.11 ポアソン過程

今後大々的に扱うブラウン運動と並びそれとたがいに対象的に相補う確率過程が**ポアソン過程**(Poisson Process)である.ブラウン運動は増分が独立で正規分布であるが,ポアソン過程では増分は独立で瞬間的に 1 のみで,

§8.11 ポアソン過程 181

径路は不連続な段階関数（step function）である．したがって縦に見ると，時間幅 $[0, t]$ ではジャンプが累積して整数の高さの増分でそれがポアソン分布に従っている（図 8.11.1）．ポアソン過程はどのように生成されるのだろうか．

よく知られている生成のされ方は小さな時間幅 Δt の間に（ⅰ）$\lambda \Delta t$ の確率で1だけジャンプし（ⅱ）$1 - \lambda \Delta t$ の確率で何も起こらず，時間的に径路はフラットになる．これにモデルを立てると，微分方程式となり，それを解くと t における径路の高さの確率分布 $Po(\lambda t)$ が解として得られるというものである．

数学的に微分方程式が介入して解かれるというのはいささか面白くない．今一つの純粋な確率モデルとしてあるランダムな時間間隔 $T_1, T_2, T_3, \cdots$ でジャンプ1が起きるとし，$T_1, T_2, \cdots$ が独立にパラメータ λ の指数分布を仮定すると，ジャンプが k 回起きるまでの時間 $S_k = T_1 + T_2 + \cdots + T_k$ はパラメータ (λ, k) のガンマ分布 $\Gamma(\lambda, k)$ となる．（ガンマ分布の再生性．§5.2）

これを利用し，数学的帰納法でまず S_1 すなわち T_1 の確率分布
$$f_T(t) = \lambda e^{-\lambda t}, \quad t > 0$$
を仮定し，次に $S_{k+1} = S_k + T_{k+1}$ かつ S_k, T_{k+1} は独立だから，このたたみこみ計算を実行すると

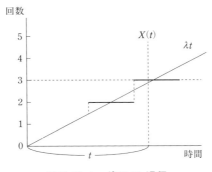

図 8.11.1　ポアソン過程

$$\int_0^t e^{-\lambda\tau} \frac{(\lambda\tau)^{k-1}}{(k-1)!} \lambda e^{-\lambda(t-\tau)} d\tau = \frac{e^{-\lambda\tau}\lambda^{k+1}}{(k-1)!} \int_0^t \tau^{k-1} d\tau$$

$$= \lambda e^{-\lambda t} \frac{(\lambda\tau)^k}{k!}, \qquad k=0,1,2,\cdots$$

すなわち $Po(\lambda t)$ が得られる．以上は第 11 章で応用がある．

| ワンポイント練習 8 |

[8.1] （ⅰ） $[0,10]$ を $n=1{,}000$ 通りの等長の区間に区切り $0=t_1<\cdots<t_{1000}=10$ とする．標準ブラウン運動に対し変動

$$\sum_{K=1}^{999} |W(t_{K+1}) - W(t_K)|^2$$

のおおよその値を求めなさい．

（ⅱ） おおよその値にはどのような根拠があるか．

（ⅲ） 和が $\sum_{i}^{500}$ の場合はどうなのか．

[8.2] $t=1,2,3$ における標準ブラウン運動の位置，$W(1), W(2), W(3)$ に対して，$(W(1), W(2), W(3))$ の確率分布を求めなさい（確率密度まで述べる必要はない）．さらに，$W(i)$ と $W(j)$ $(i,j=1,2,3,\ i<j)$ の相関係数 ρ_{ij} を求め，その値の大きさの順に小数点以下 3 桁まで計算しなさい．

[8.3] 正の値をとる独立な確率変数の列 X_1, X_2, X_3 はすべて $E(X_i)=1$ である．このとき

$$X_1,\ X_1 X_2,\ X_1 X_2 X_3, \cdots$$

はマルチンゲールになることを証明しなさい．

[8.4] $W(t)$ を標準ブラウン運動として $V(t)=3t+2W(t)$ に対し

（ⅰ） 確率分布および (s,t)（ただし $s<t$）に対する共分散を求めなさい．

（ⅱ） $V(1)=x$ を与えられたときの $V(2)$ の条件付分布を求めなさい．

[8.5] $n=4$，$m=6$ からスタートしたポリヤのつぼに対し，長時間後の緑の玉の割合の

（ⅰ） 期待値，（ⅱ） 分散，（ⅲ） モード，（ⅳ） メディアン

を求めなさい．＊Excel の BETA.INV を利用

§8.11 ポアソン過程 183

第9章

確率積分と伊藤の公式[†]
——確率微分方程式——

§9.1 確率積分と確率微分

　本章は本書の最高到達点であり，これらから確率積分，確率微分，確率微分方程式を，ランダム運動のよく知られたモデルであるランダム・ウオーク，その極限であるブラウン運動をもとにして作ることとしよう．以下

- （Ⅰ）　ウィーナーの確率積分
- （Ⅱ）　伊藤による確率積分
- （Ⅲ）　確率微分（伊藤の公式）
- （Ⅳ）　確率微分方程式

の順序（伊藤清『確率論』（岩波書店，1953 年）§36, 64, 65, 66）で進め，その応用のハイライトとして，ブラック‐ショールズの公式 Black-Scholes' formula および，オルンスタイン‐ウーレンベック過程 Ornstein-Uhrenbeck process（ファイナンス数理では，バシチェックモデル Vasicek model）を取り上げよう．§9.9 までを一区切りとし，§9.10 以降はファイナンス数理への活用が中心となる．

　なお，本来はここで展開する諸定理は証明あるいはそのあらすじを与えるものであるが，スペースの関係，難易の関係，応用の仕方の関係から，理解

[†]　◆━◆━◆ https://www.bayesco.org/top/books/stocpr

のために必要なあらすじのわかり易い解説にとどめ，詳しいことはまたの機会にゆずることとする．あわせて，数値を入れた計算によって，理解が深く浸透するよう工夫した．

§9.2 積分と微分

そもそもの微分積分学の基本定理について，復習しておこう．そして，'微分と積分' といわず，'積分と微分' といっていることに注意する．

（ⅰ）連続関数 $f(x)$ に対し（連続でなければ積分区間を分ける），微分すると $f(x)$ になる関数 $F(x)$ を $f(x)$ の**原始関数**という．$F(x)$ が $f(x)$ の原始関数なら $F(x)+C$（定数）も原始関数である．

$$f \underset{\text{微\ 分}}{\overset{\text{積\ 分}}{\rightleftarrows}} F$$

（ⅱ）$f(x) \geqq 0$ とし（実際はこの条件は不要），$x=a$ から $x=b$ までの $f(x)$ の下側の面積を（求め方はともかく）

$$S = \int_a^b f(x)\,dx \tag{9.2.1}$$

と表す．ここで b（積分の上端）を定数とせず変数とし，混乱を避けるため x と表記せず y と書くと，面積 S は y によって値が変わる（不定である）．ここで「面積」を「積分」と言い換え，**不定積分**という：

$$S(y) = \int_a^y f(x)\,dx \tag{9.2.2}$$

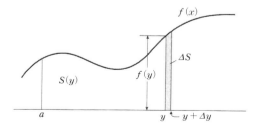

図 9.2.1 $f(x)$ の**不定積分**　確率過程では，これほど滑らかではない

ここで，y を少し（Δy だけ）動かすと，面積の差 ΔS は

$$\Delta S = S(y+\Delta y) - S(y)$$

となるが，これは Δy が十分小さければ ΔS を長方形とみなすことができ（図 9.2.1），その面積は

$$\Delta S \fallingdotseq f(y) \cdot \Delta y$$

したがって

$$\frac{\Delta S}{\Delta y} = \frac{S(y+\Delta y) - S(y)}{\Delta y} \fallingdotseq f(y) \tag{9.2.3}$$

である．$\fallingdotseq$ は Δy が小さいだけで，極限 $\Delta y \to 0$ としていないからで，いま $\Delta y \to 0$ とすると，もちろん $\Delta S \to 0$ であり，かつ微分の定義から

微分積分学の基本定理　$\dfrac{dS}{dy} = S'(y) = f(y)$ $\tag{9.2.4}$

つまり，不定積分 $S(x)$ は $f(x)$ の原始関数の 1 つとなる（変数は x に戻した）．したがって，$f(x)$ の原始関数と不定積分とは同じになる[†]．ここで，$\Delta S \to 0$，$\Delta y \to 0$ のときの ΔS，Δy を dS，dy と略記するのが，数学の約束である（Δ は '非常に小さくても 0 ではない'，d はオイラーに従い '限りなく小さく' の意味である）から

積分と全微分

積分　$S(y) = \displaystyle\int_a^y f(x)\,dx$ $\tag{9.2.5}$

を，全微分形[‡]

$$dS = f(y)\,dy \tag{9.2.6}$$

で表す．

この式（9.2.6）自体に固有な意味はなく，式（9.2.5）を意味する．また，全微分（total differential）は本来積分論の重要な概念であるが，ここでは記号的に用いている．

[†]　ゆえに原始関数といういい方は不要とする考え方もある．

[‡]　以後，微分は積分を基にした全微分形により，（9.2.3）や導関数記号 $'$ は使われない．

§9.3 確率積分

標準ブラウン運動を $W(t)$ で表す．W はウィーナー（Wiener）の頭文字で，ブラウン運動を「ウィーナー過程」ともいうのはそのためである．

確率積分の定義 $\mu=0$，$\sigma=1$ の標準ブラウン運動 $W(t)$，$t\geqq 0$ の**分点系**

$$\alpha \equiv t_0 < t_1 < t_2 \cdots < t_n \equiv \beta \tag{9.3.1}$$

に対する増分（マイナスもある）

$$W(t_1)-W(t_0),\ W(t_2)-W(t_1),\ \cdots,\ W(t_n)-W(t_{n-1}) \tag{9.3.2}$$

を

$$\Delta W(t_0),\ \Delta W(t_1),\ \cdots,\ \Delta W(t_{n-1}) \tag{9.3.3}$$

と表記しよう．すなわち $\Delta W(\cdot)$ で変化分を表す（株価の上昇，下落を考えるとわかりやすい）．さらに，分点系の各区間ごとに，数列

$$b_0, b_1, \cdots, b_{n-1} \tag{9.3.4}$$

があるとき，積和

$$b_0 \Delta W(t_0) + b_1 \Delta W(t_1) + \cdots + b_{n-1} \Delta W(t_{n-1}) = \sum_{k=0}^{n-1} b_k \Delta W(t_k) \tag{9.3.5}$$

の期待値は 0，また式 (9.3.3) の ΔW がすべて独立だから，分散は

$$\sigma_b^2 = \sum_{k=0}^{n-1} b_k^2 (t_{k+1}-t_k) \tag{9.3.6}$$

さらにその確率分布は式 (5.8.3) より正規分布 $N(0, \sigma_b^2)$ となっている．

$(b_0, b_1, \cdots, b_{n-1})$ のよい一例は<u>各期中の株式投資残高</u>で，式 (9.3.5) はその投資戦略のパフォーマンス評価と考えられる．また，分散 σ_b^2 はその評価のばらつき（リスク）の指標になることはいうまでもない．σ_b^2 がわかればパフォーマンスの確率分布も得ることができる．

いま $[\alpha, \beta]$ の区間で $t_0, t_1, \cdots, t_n$ の分点を限りなく細かくするとき，先の (9.3.5) が精密に，2 次の平均収束（§7.9 (c) 参照）の意味で

$$\sum_{k=0}^{n-1} b_k \Delta W(t_k) \to I_b \quad (n \to \infty) \quad (L_2) \tag{9.3.7}$$

となる極限（確率変数）I_b を b_t（あるいは $b(t)$）の $W(t)$ による確率積分

$$I_b = \int_\alpha^\beta b(t)\,dW(t) \tag{9.3.8}$$

と記号的に記す．すなわち，分点系 (9.3.1) を細かくした極限で (9.3.5) が

$$E\left(\sum_{k=0}^{n-1} b_k \Delta W(t_k) - I_b\right)^2 \to 0 \tag{9.3.9}$$

となる I_b をいう．つまり，n が十分大なら，$\sum$ を $\int$ に，Δ を d に置き換え

$$\sum_{k=0}^{n-1} b_k \Delta W(t_k) \fallingdotseq \int_\alpha^\beta b(t)\,dW(t) \tag{9.3.10}$$

とする．「積分」というが確定した値はないし，まして'積分公式'のよう

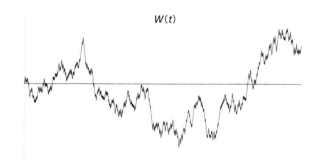

図 9.3.1 ブラウン運動　標準ブラウン運動（伊藤積分のもとになる）

> 数学的補足
>
> 式 (9.3.10) の $\fallingdotseq$ は正確ではなく，正しくは，$n \to \infty$ かつ分点がどこでも細かくなるにつれ，さらにそのような分点のとり方にかかわらず
> $$\sum_{k=0}^{n-1} b_k \Delta W(t_k) \to \int_\alpha^\beta b(t)\,dW(t)$$
> となることをいう．ここで，収束（→）は2次の平均収束である．

なものはない.

積分値の例　I_b の近似値　$I_b \fallingdotseq -45$,　$\sigma_b^2 = 1\,317$.

表 9.3.1　確率積分の考え方

t_k	1.5		4.2	5.1	5.9		7.3		9.5	10.1	11.0	12.2		14.2
$W(t_k)$	**255**		**250**	**252**	**253**		**250**		**255**	**255**	**254**	**256**		**253**
時間幅		2.7		0.9	0.8	1.4		2.2		0.6	0.9	1.2	2.0	
$\Delta W(t_k)$		-5		2	1	-3		5		0	-1	2	-3	
b_k		**10**		**7**	**15**	**14**		**8**		**10**	**11**	**8**	**9**	

この積分の考え方をはじめて導入したのは，ブラウン運動を数学的に研究した N. ウィーナーである．これより，確率積分を関数 $b(t)$ の「**ウィーナー積分**」ということもあるが，上の議論の仕方は考え方の筋道だけを示した．

なお，$b(t)$ に対し b_k を $[t_k, t_{k+1}]$ のどこの値にとるかが問題だが

（a）　左端から $b_k = b(t_k)$ とする

（b）　右端から $b_k = b(t_{k+1})$ とする

（c）　中点から $b_k = b\left(\dfrac{t_k + t_{k+1}}{2}\right)$ とする

などが考えられる．伊藤積分と以後呼ばれる一般化は（a）の立場をとるが，ストラトノヴィッチ積分では（c）の立場である．この2つは以後異なった公式を導く．

確率積分の数学的性質　一般の $f(t)$ に対する式（9.3.8）

$$I(f) = \int_a^b f(t)\,dW(t)$$

にはいくつかの使い勝手の良い性質があり，挙げておこう．（伊藤 §36）

関数 $f(t)$ ——前節では $b(t)$ —— の確率積分

（ⅰ）　$(I(f))^2$ について

　　　等長性　　$E\left(\int_a^b f(t)\,dW(t)\right)^2 = \int_a^b (f(t))^2\,dt$ 　　　　　（9.3.11）

（ⅱ）　$I(f)$ は正規分布 $N\left(0, \int_a^b (f(t)^2\,dt\right)$ に従う．　　　　　（9.3.12）

§9.3　確率積分　189

（ⅲ）（ⅰ）に準じて $Cov\left(\int_a^b f(t)\,dW(t),\ \int_a^b g(t)\,dW(t)\right)$ について

共分散　$E\left(\int_a^b f(t)\,dW(t)\cdot\int_a^b g(t)\,dW(t)\right)=\int_a^b f(t)g(t)\,dt$　（9.3.13）

略証　（9.3.9）を元に $\Delta W(t_k)$ の独立増分性（分散の加法性）および正規性により，（ⅰ），（ⅱ）は $\sum f(t_k)^2\Delta t_k$ から，また（ⅲ）も $\sum f(t_k)g(t_k)\Delta t_k$ から従う．

なお，（ⅰ）で N 次元ベクトル $(a_1,\cdots,a_N)$ の「長さ」は，和 $a_1^2+a_2^2+\cdots+a_N^2$ より定義されるが，関数の積分に移行しても関数空間での‘長さ’の語は維持している．

§9.4　伊藤の確率積分

確率積分の一般化　ここまでで「確率積分」を定義したが，一般的ないわゆる積分公式のようなものがあるわけではない．ただし，知っておくべき基本ルールはある．

さて，確率積分では b は t だけの関数であったが，一般にはその時点の $W(t)$ の値 x にも依存するであろう．したがって，$b(t)$ を関数 $b(t,x)$ と一般化し，$b(t,x)$ に適切な条件をつけ（詳しいことは割愛するが，$x=W(t)$ であるから，$W(t)$ 同様 $b(t,x)$ にも可測性の条件をつけ），標準ブラウン運動による伊藤積分

$$\int_\alpha^\beta b(t,W(t))\,dW(t)\qquad(9.4.1)$$

を定義する．ここでも分点系を細かくするときの収束は式（7.9.9）で定義した 2 次の平均収束である．具体的理解は例にまかせよう．

当然，$W(t)$ が入らない一般の確率過程 $Y(t)$ の（$W(t)$ による）確率積分

$$\int_\alpha^\beta Y(t)\,dW(t)\qquad(9.4.2)$$

も考えられるが，ここでは扱わない．（伊藤§64）

以下，いくつかの例を理解のためにあげるが，ここで分点系

190　第 9 章　確率積分と伊藤の公式

$$t_0 < t_1 < t_2 < \cdots < t_n$$

の各時間幅を $\Delta t_k = t_{k+1} - t_k$ などと略記することとする.

確率積分の最初として次は覚えておくに値する.

$W(t)$ の確率積分 $\displaystyle \int_0^s W(t)\,dW(t) = \frac{1}{2}(W(s))^2 - \frac{1}{2}s$ (9.4.3)

この場合は $W(t)$ を $b(t)$ と考えて $\alpha = 0$ から $\beta = s$ まで分点系を作り

$$W(t_0), W(t_1), \cdots, W(t_{n-1})$$

を $b_0, b_1, \cdots, b_{n-1}$ ととればよい. そこで, 定義から

$$\sum_{k=0}^{n-1} W(t_k)\,\Delta W(t_k) \tag{9.4.4}$$

を計算するのだが, 若干ややこしい. ところで, 各 k 番目で

$$(W(t_{k+1}))^2 - (W(t_k))^2 = (\Delta W(t_k))^2 + 2W(t_k)\,\Delta W(t_k) \tag{9.4.5}$$

なることは簡単で, $k = 0, 1, \cdots, n-1$ として加えると, $W(t_0) = W(0) = 0$ で

$$W(s)^2 = \sum_{k=0}^{n-1}(\Delta W(t_k))^2 + 2\sum_{k=0}^{n-1} W(t_k)\,\Delta W(t_k) \tag{9.4.6}$$

となる. 右辺第2項が求めるものであり, 第1項はすでに扱った2次変分である. 分点系を細かくすれば, 2次の平均収束で

$$(W(s))^2 = s + 2\int_0^s W(t)\,dW(t) \tag{9.4.7}$$

となる. これで式 (9.4.3) が導かれた. 理解をたしかめよう. これは上式 (9.4.7) の各項ごとに, 分点系を細かくするにしたがい

$$E\left(\sum_{k=0}^{n-1}(\Delta W(t_k))^2 - s\right) \to 0 \tag{9.4.8}$$

$$E\left(\sum_{k=0}^{n-1} W(t_k)\,\Delta W(t_k) - \int_0^s W(t)\,dW(t)\right)^2 \to 0 \tag{9.4.9}$$

となることを, いい表したものである.

上式 (9.4.3) には s の項がありふつうの積分

$$\int_0^y F(x)\,dF(x) = \frac{1}{2}(F(y))^2 \tag{9.4.10}$$

§9.4 伊藤の確率積分 191

に一致しない（ここで $dF(x)$ はスティルチェス式積分だが，$F'(x) = f(x)$ として $f(x)\,dx$ を意味するスティルチェス式積分）．これが伊藤の確率積分の新しい面である（図 9.3.1）．

$(W(t))^2$ の確率積分　この結果も証明なしで与えよう．

$$\int_0^s (W(t))^2 dW(t) = \frac{1}{3}(W(s))^3 - \int_0^s W(t)\,dt \qquad (9.4.11)$$

証明は上記と同趣旨であるが，これもふつうの積分の結果

$$\int_0^y (F(x))^2 dF(x) = \frac{1}{3}(F(y))^3 \qquad (9.4.12)$$

に一致しない．なお，右辺第 2 項は確率積分ではなく，通常の積分

$$\int_0^t \cdot\, dt \qquad (9.4.13)$$

のように定義する．$W(t)$ は確率 1 で連続であり（§8.3），連続関数は積分可能（§9.2）だからである．

確率積分による部分積分　これも定義を操作すれば到達する．

$$\int_0^s t\,dW(t) = sW(s) - \int_0^s W(t)\,dt \qquad （部分積分）\qquad (9.4.14)$$

すぐわかるように，各時点で

$$t_{k+1}W(t_{k+1}) - t_k W(t_k) = t_k\,\Delta W(t_k) + W(t_{k+1})\,\Delta t_{k+1}$$

となるから，これを n 個並べて加えればすぐ出る．

以上のごとくであるが，これを全微分形の記法に直すことができる．すなわち

$dt, dW(t)$ で表す

$$(W(s))^2 = \int_0^s 1\,dt + \int_0^s 2W(t)\,dW(t) \qquad (9.4.15)$$

$$(W(s))^3 = \int_0^s 3W(t)\,dt + \int_0^s 3(W(t))^2 dW(t) \qquad (9.4.16)$$

$$sW(s) = \int_0^s W(t)\,dt + \int_0^s t\,dW(t) \qquad (9.4.17)$$

192　第 9 章　確率積分と伊藤の公式

と変形すれば，全微分形の表示

> 全微分で
> $$d(W(t))^2 = dt + 2W(t)dW(t)$$
> $$d(W(t))^3 = 3W(t)dt + 3(W(t))^2 dW(t)$$
> $$d(tW(t)) = W(t)dt + tdW(t)$$

になる．実際，全微分形の表示の方がポピュラーである．今後は直接定義によらず，一般の $f(W(t))$ について全微分形を伊藤の公式で求めることを学ぶ．

§9.5　確率微分の伊藤の公式

伊藤の確率積分は式 (9.4.3)，(9.4.11)，(9.4.14) のごとくブラウン運動から新しい有用な確率過程を作り出すが，同時に

$$\int_0^s \cdot \, dt \tag{9.5.1}$$

（・は t の関数あるいは確率過程）を伴なって表れる．そこで，伊藤積分のみならずこの dt 積分も含めて，A, B を $\mathscr{F}_t$ 可測な確率過程として

$$\int_0^s A(t)dt + \int_0^s B(t)dW(t) \tag{9.5.2}$$

を考えれば十分であろう．これも s の関数として確率過程であるが，マルチンゲールではない．$X(0) \neq 0$ のケースも考えて

$$X(s) = \int_0^s A(t)dt + \int_0^s B(t)dW(t) + X(0) \tag{9.5.3}$$

を**伊藤過程**[†] と呼ぶ．全微分形では

$$dX(s) = A(s)ds + B(s)dW(s) \tag{9.5.4}$$

と書かれる．もちろん $A(t) \equiv 0$ の場合もよいが，ここでポイントは $ds, dW(s)$ の両方を必ずセットで考えることであり，確率的部分を $dW(s)$ で入れ，確

[†] これをも**確率積分**とする呼び方もある．一例として Øksendal.

§9.5　確率微分の伊藤の公式　193

定的部分を ds で入れる。たとえば"部分積分"の（9.4.17）は

$$d(sW(s)) = W(s)ds + sdW(s) \tag{9.5.5}$$

などはわかりやすいであろう。

変数変換 $X(t)$ が

$$dX(s) = A(s)ds + B(s)dW(s)$$

で動いている確率過程のとき，それを関数 $g(t, x)$ で変換した

$$Y(t) = g(t, X(t)) \tag{9.5.6}$$

の $dY(s)$ の '微分の公式' があれば都合よい。これが次の確率微分の**伊藤の公式**である。ここで，g の各変数による 1 階，2 階の偏微分

$$\frac{\partial g}{\partial t}, \quad \frac{\partial g}{\partial x}, \quad \frac{\partial^2 g}{\partial x^2}$$

が存在し，それらが連続であるとする。このとき，Y の全微分は次の通り：

伊藤の公式

$$dY(s) = \frac{\partial g}{\partial s}(s, X(s))ds + \frac{\partial g}{\partial x}(s, X(s))dX(s) + \frac{1}{2}\frac{\partial^2 g}{\partial x^2}(s, X(s))(dX(s))^2$$

$$\tag{9.5.7}$$

ただし $(dX(s))^2$ のところで，ルール

$$(ds)^2 = 0, \quad dsdW(s) = 0, \quad dW(s)ds = 0, \quad (dW(s))^2 = ds \tag{9.5.8}$$

による置き換えを行うものとする。

で与えられる。（9.5.8）のルールが妙だが，むしろそこが重要である。

略証 公式は実質的には 2 変数合成関数の 2 次のテイラー展開で，2 次の一部分が残った形になっている。たとえば $f(x, y) = x^2 y^3$ とすると，x, y が $\Delta x, \Delta y$ だけ動いたことによる f の変化

$$\Delta f = f(x + \Delta x, y + \Delta y) - f(x, y) \tag{9.5.9}$$

は

$$\frac{\partial f}{\partial x} = 2xy^3, \quad \frac{\partial f}{\partial y} = 3x^2y^2 ; \quad \frac{\partial^2 f}{\partial x^2} = 2y^3, \quad \frac{\partial^2 f}{\partial x \partial y} = 6xy^2, \quad \frac{\partial^2 f}{\partial y^2} = 6x^2y$$

から，1 次，2 次のテイラー展開は，それぞれ

$$\Delta f \fallingdotseq 2xy^3\Delta x + 3x^2y^2\Delta y$$

$$\Delta f \fallingdotseq 2xy^3\Delta x + 3x^2y^2\Delta y + \frac{1}{2}\left\{2y^3(\Delta x)^2 + 2\cdot 6xy^2\Delta x\Delta y + 6x^2y(\Delta y)^2\right\}$$

となる．2次の項には $\frac{1}{2}$ が入り3項あることに注意しよう．今後頻繁に現れる．

$(dW(s))^2$ **のフシギ** 2次の展開で，f, x, y を g, t, x (g, s, x) になぞらえ，次に x を $X(s)$ に置き換えると，伊藤の公式の主要部分が出る．2次の項で $(ds)^2$, $dsdX(s)$ はルール（式 (9.5.8)）から 0 で消えるので生じない．$(dX(s))^2$ は，結果的に次の一見 '不思議な' 規約 $(dW(t))^2 = dt$ に帰する．かんじんの $(dW(s))^2$ は見かけ上は2次であるにもかかわらず，式 (9.4.8) の2次変分の効果から $(dW)^2 = dt$ によって，1次の無限小となって残るのである．

公式で $(dX(s))^2$ の処理が残るのは不便なので，$A(s), B(s)$ を代入した組み替えた形が使いやすい．

伊藤の公式（簡便形）

$$dY(s) = \left\{\frac{\partial g}{\partial s}(s, X(s)) + A(s)\frac{\partial g}{\partial x}(s, X(s)) + \frac{1}{2}B(s)^2\frac{\partial^2 g}{\partial x^2}(s, X(s))\right\}ds$$

$$+ B(s)\frac{\partial g}{\partial x}(s, X(s))dW(s) \tag{9.5.10}$$

以上のように，「確率微分」とはこれら式 (9.5.7)，(9.5.8)，(9.5.10) を指す（伊藤）．

§9.6 計算応用と確率微分方程式

まず $A(s) \equiv 0$，$B(s) \equiv 1$ で $X(s) = W(s)$ ととって計算応用を考えてみよう．

多項式の確率微分 定理の演習として $g(t, x) = x^2$ に対しては

$$Y(s) = g(s, W(s)) = (W(s))^2$$

とし，x の関数 $\frac{\partial g}{\partial x}$ では $x = W(s)$ と代入，$\frac{\partial g}{\partial s} = 0$，$\frac{\partial g}{\partial x} = 2x$，$\frac{\partial^2 g}{\partial x^2} = 2$ より

§9.6 計算応用と確率微分方程式 195

$$d((W(s))^2) = dY(s)$$
$$= \frac{\partial g}{\partial s}\,ds + \frac{\partial g}{\partial x}\,dW(s) + \frac{1}{2}\frac{\partial^2 g}{\partial x^2}(dW(s))^2$$
$$= ds + 2W(s)\,dW(\mathrm{s}) \tag{9.6.1}$$

これは既に見た．さらに，$g(t, x) = x^3$ とするなら

$$Y(s) = g(s, W(s)) = (W(s))^3$$

を考え，上と同様に

$$d((W(s))^3) = dY(s)$$
$$= 3W(s)\,ds + 3(W(s))^2 dW(s) \tag{9.6.2}$$

を得る．今一度，$g(t, x) = x^4$ ならば，先と同様に

$$d((W(s))^4) = 4(W(s))^3 dW(\mathrm{s}) + 6(W(s))^2 d\mathrm{s} \tag{9.6.3}$$

を得る．積分形の伊藤積分に戻すのもよい．

$$\int_0^s W(t)^3 dW(t) = \frac{1}{4}(W(s))^4 - \frac{3}{2}\int_0^s (W(t))^2 dt \tag{9.6.4}$$

となる．伊藤の公式によらなければこのような結果も得にくいであろう．

時間 t を陽に含むケースでは次のようになる．$g(t, x) = tx$ として

$$Y(s) = g(s, W(s)) = sW(s)$$

から

$$d(sW(s)) = dY(s)$$
$$= W(s)\,ds + s\,dW(s) \qquad \left(\frac{\partial^2 g}{\partial x^2} \equiv 0\right) \tag{9.6.5}$$

を得る．この結果もすでに式（9.4.17）として得ているしわかりやすい．

幾何ブラウン運動[†]と確率微分方程式　さて，指数関数 e^x に適用した

$$Y(s) = e^{\sigma W(s) + \mu s} \tag{9.6.6}$$

の確率微分は興味深い．$X(s) = W(s)$, $g(t, x) = e^{\sigma x + \mu t}$ とおくと

[†]　指数関数 e^x で変換したので，等比的に変動する．等比数列が歴史的に「幾何数列」といわれたことに由来する．e^W に対数をとれば正規分布にしたがうから，数理統計学では「対数正規ブラウン運動」ともよばれる．

196　第 9 章　確率積分と伊藤の公式

$$\frac{\partial g}{\partial t} = \mu e^{\sigma x + \mu t} = \mu g, \quad \frac{\partial g}{\partial x} = \sigma e^{\sigma x + \mu t} = \sigma g, \quad \frac{\partial^2 g}{\partial x^2} = \sigma^2 e^{\sigma x + \mu t} = \sigma^2 g$$

から

$$dY(s) = \mu Y(s)\,ds + \sigma Y(s)\,dW(s) + \frac{1}{2}\sigma^2 Y(s)\,ds$$

$$= \left(\mu + \frac{1}{2}\sigma^2\right)Y(s)\,ds + \sigma Y(s)\,dW(s) \qquad (9.6.7)$$

となって，その両辺に Y が現れる．

これこそ，いわゆる**確率微分方程式**（stochastic differential equation, SDE）の（一つの）始まりであり，式（9.6.6）がその解——方程式に先行するが——である．ここで，むしろ $\mu + \dfrac{\sigma^2}{2}$ をあらためて μ とおけば

幾何ブラウン運動の確率微分方程式

$$dY(s) = \mu Y(s)\,ds + \sigma Y(s)\,dW(s)$$

の解は

$$Y(s) = \exp\left\{\left(\mu - \frac{\sigma^2}{2}\right)s + \sigma W(s)\right\}$$

で与えられる．

なお，方程式はしばしば，変数分離され

$$\frac{dY(s)}{Y(s)} = \mu\,ds + \sigma\,dW(s)$$

と表記される*.

*未知関数が左辺にのみ現れ，方程式の '体裁' としてはやや不備であろう．

このことから，この例は現実の応用（ブラック-ショールズの公式など）でよく用いられるので，$dW(s)$ のない通常の微分方程式には現れない $-\dfrac{\sigma^2}{2}$ が出る．この結果は今後くり返し参照される．

指数マルチンゲール　ここで，ds の項（ドリフト項）で $\mu + \dfrac{1}{2}\sigma^2 = 0$ になるよう，μ, σ を $-\dfrac{1}{2}u^2, u$ とマッチングすれば（$-u$ ととってもよい）

§9.6　計算応用と確率微分方程式　197

$$Y(s) = e^{uW(s) - \frac{1}{2}u^2 s} \qquad (9.6.8)$$

が，t の項のない（時間変化のない定常的な）確率微分方程式

$$dY(s) = uY(s)\, dW(s) \qquad (9.6.9)$$

の解になることもわかる．通常の微分方程式 $\dfrac{dy}{dt} = \mu y$ と比べると，$e^{-\frac{\sigma^2}{2}}$ の因数だけ異なることに注目しよう．

確率積分はブラウン運動から構成されたが，それ自体はブラウン運動ではなくなっている．ただしブラウン運動がマルチンゲールであることの性質は隠れた形として変わらず，確率積分にマルチンゲールが適切な修正後再現することがある．たとえば，上述

$$Y(s) = e^{uW(s) - \frac{1}{2}u^2 s}$$

はブラウン運動ではないが，$-\dfrac{1}{2}u^2 s$ の修正後はマルチンゲールで，「指数マルチンゲール」（exponential martingale）といわれる*．

$u=1$ として，マルチンゲールを復習として与えておこう．$s > t$ とし

$$e^{W(s) - \frac{1}{2}s} = e^{W(t) - \frac{1}{2}t} \cdot e^{W(s) - W(t) - \frac{1}{2}(s-t)}$$

としてフィルトレーション $\mathscr{F}_t$ の元で $E(\,\cdot\,|\mathscr{F}_t)$ を行えば，第 1 因子は外へ出て

$$E(e^{W(s) - \frac{1}{2}s} | \mathscr{F}_t) = e^{W(t) - \frac{1}{2}t} E(e^Z | \mathscr{F}_t) \qquad \left(Z = W(s) - W(t) - \frac{1}{2}(s-t) \right)$$

$$= e^{W(t) - \frac{1}{2}t} E(e^Z) \qquad (Z\text{ は }\mathscr{F}_t\text{ と独立})$$

$$= e^{W(t) - \frac{1}{2}t} \cdot 1 \qquad (e^Z\text{ は対数正規分布}) \qquad (9.6.10)$$

となる．

u が s の関数で一般化し

$$\exp\left\{ \int_0^t u(s)\, dW(s) - \int_0^t \frac{(u(s))^2}{2}\, ds \right\}$$

もマルチンゲールである（Øksendal p.55）．

より簡単な例で，（9.4.3）から導かれる．

$$(W(s))^2 - s$$

もマルチンゲールである．実際，$s > t$ とし，あらかじめ

$$(W(s))^2 - s = (W(s) - W(t))^2 + 2W(t)(W(s) - W(t)) + (W(t))^2 - s$$

と分解してから，$E(\,\cdot\,|\mathscr{F}_t)$ の性質をさまざまに用いれば，各部分ごとに

$$E((W(s)-W(t))^2|\mathscr{F}_t) = E(W(s)-W(t))^2 = s-t$$
$$E(W(t)(W(s)-W(t))|\mathscr{F}_t) = W(t)E(W(s)-W(t)|\mathscr{F}_t)$$
$$= W(t)E(W(s)-W(t)) = 0$$
$$E((W(t))^2|\mathscr{F}_t) = (W(t))^2$$

となって（以上の展開を確認のこと）

$$E((W(s))^2 - s|\mathscr{F}_t) = (W(t))^2 - t \tag{9.6.11}$$

を得る.

§9.7 多次元ブラウン運動

実際のブラウン運動は下図に見るように2次元平面内（水面上にある花粉からの微粒子），あるいは3次元空間内（たばこの煙）にある．**p 次元ブラウン運動**は，p 個のそれぞれ別個のブラウン運動が座標に入って

$$\boldsymbol{W}(t) = (W_1(t), W_2(t), \cdots, W_p(t)), \quad t \geqq 0$$

の形になったベクトル確率変数である．ここで，各座標のブラウン運動は次

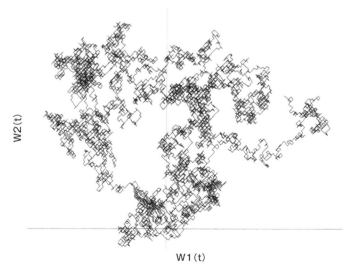

図 9.7.1 2次元ブラウン運動のシミュレーション実験

の意味で独立とする．各座標ごとに指定された任意の時点の集まり

$$t_{11}, t_{12}, \cdots\cdots, t_{1n_1}; t_{21}, t_{22}, \cdots, t_{2n_2}; \cdots; t_{p1}, t_{p2}, \cdots\cdots\cdots, t_{pn_p}$$

のところでとった p 本のベクトル確率変数

$$\boldsymbol{W}_1 = (W_1(t_{11}), \cdots\cdots, W_1(t_{1n_1}))$$
$$\boldsymbol{W}_2 = (W_2(t_{21}), \cdots, W_2(t_{2n_2}))$$
$$\vdots$$
$$\boldsymbol{W}_p = (W_p(t_{p1}), \cdots\cdots\cdots, W_p(t_{pn_p}))$$

が独立であると定義する．この多次元の場合にも伊藤の公式がある（サイト参照）．

◈◈◈ https://www.bayesco.org/top/books/stocpr

§9.8 確率微分方程式の解法

伊藤の公式は確率微分として確率論の分野に偏微分方程式と並ぶ「確率微分方程式」という新しい分野を作り出した．

次はすでに得られている結果だが，これを始めとして解の積分を狙って $g(t,x)$ を $\log x$ に選ぶ所が解法のコツであることを確かめるために，本節および次節で解き方を何通りか特記する．

確率微分方程式：指数成長型

(#) $$dX(t) = rX(t)\,dt + \sigma X(t)\,dW(t) \qquad (9.8.1)$$

変形すれば

$$\frac{dX(t)}{X(t)} = r\,dt + \sigma\,dW(t)$$

で第 1 項のみなら変数分離形でストレートだが，第 2 項からそうはいかない．常微分方程式の解の積分 $\log x$ を予想して，伊藤の公式で，

$$g(t,x) = \log x \quad (x > 0)$$

とおいて進めると

200　第 9 章　確率積分と伊藤の公式

$$d(\log, X(t)) = \frac{1}{X(t)} dX(t) + \frac{1}{2}\left(-\frac{1}{(X(t))^2}\right)(dX(t))^2$$

$$= \frac{dX(t)}{X(t)} - \frac{1}{2(X(t))^2}\sigma^2(X(t))^2 dt \quad (\text{\# による})$$

$$= \frac{dX(t)}{X(t)} - \frac{1}{2}\sigma^2 dt$$

すなわち，通常の微分積分学とは異なり

$$\frac{dX(t)}{X(t)} = d(\ln X(t)) + \frac{1}{2}\sigma^2 dt$$

であり，右辺第2項が確率微分方程式の特に注意する点である．

この $\dfrac{dX(t)}{X(t)}$ の結果を方程式に使えば，

$$d\left(\log\frac{X(t)}{X(0)}\right) = \left(r - \frac{1}{2}\sigma^2\right)dt + \sigma dW(t) \tag{9.8.2}$$

積分形では

$$\log\frac{X(t)}{X(0)} = \left(r - \frac{1}{2}\sigma^2\right)t + \sigma W(t), \quad \left(W(t) = \int dW(t)\right)$$

だが，あとは

$$X(t) = X(0)\exp\left\{\left(r - \frac{1}{2}\sigma^2\right)t + \sigma W(t)\right\} \tag{9.8.3}$$

と直して解を得る．

線形確率微分方程式：ブラウン橋（Brownian bridge）の例

線形関数で $x(0) = a$，$x(1) = b$（一般には $x(T)$）となるのは，$[a, b]$ 間を線形内挿した $x(t) = a(1-t) + bt$ だが，$\dfrac{dx}{dt} \equiv b - a$ で両辺から a を消せば

$$\frac{dx}{dt} = \frac{b-x}{1-t}, \qquad 0 \le t < 1, \qquad x(0) = a$$

を得る．これにブラウン運動を加え，「ブラウン橋」の確率微分方程式

$$dX(t) = \frac{b - X(t)}{1-t}dt + dW(t) \tag{9.8.4}$$

となり，この解は

§9.8 確率微分方程式の解法 201

> **ブラウン橋の解**
>
> 確率積分によって
>
> $$(\#\#) \qquad X(t) = a(1-t) + bt + (1-t)\int_0^t \frac{dW(s)}{1-s} \qquad (9.8.5)$$
>
> と表される[†].

この解を導出しておこう[‡]. この確率微分方程式は, dt の中は一般の線形

> $$dX(t) = (A(t)X(t) + B(t))dt + \sigma(t)dW(t) \qquad (9.8.6)$$

において,

$$A(t) = -\frac{1}{X-t}, \qquad b(t) = \frac{b}{T-t}, \qquad \sigma(t) = \sigma$$

の場合である. 一般形はまず確率項を外した常微分方程式の解を導き, それに確率項を加えて戻す方針による. そこで定数係数の常微分方程式

$$\frac{dx(t)}{dt} = ax(t) + b, \qquad x(0) = \xi \qquad (b \neq 0)$$

は, ただちに

$$x(t) = e^{at}\left(\xi + b\int_0^t e^{-as}ds\right)$$

と解ける. a, b が t の関係で変化するなら, a, b は $A(t), B(t)$ で

$$\frac{dy(t)}{dt} = A(t)y(t) + B(t), \qquad y(0) = \xi \qquad (9.8.7)$$

それにはまず, $B(t)$ を外した同次形

$$\frac{dy(t)}{dt} = A(t)y(t), \qquad y(0) = \xi$$

の解 $\varphi(t)$ を基本とし, $\varphi(t)$ による

[†] 確率微分方程式は, 完全な解析解でなくても確率積分のみの関数ならば「解」とする. 期待値共分散, 分散は別課題である.

[‡] Karatzas, Shreve Brownian Motion and Stochastic Calculus, p.354, 358 (2nd).

202 第9章 確率積分と伊藤の公式

$$y(t) = \varphi(t)\left(\xi + \int_0^t \frac{B(s)}{\varphi(s)}\,ds\right)$$

が解となるのが，いわゆる「定数変化法」である．

これをヒントに確率項が付加された原確率微分方程式（全微分形表示で）

$$dX(t) = (A(t)X(t) + B(t))\,dt + \sigma(t)\,dW(t)$$

の解は平行的に見当を付け（ただし，全微分形で）

$$dX(t) = \varphi(t)\left(\xi + \frac{B(s)}{\varphi(t)}\,dt + \frac{\sigma(s)}{\varphi(t)}\,dW(t)\right)$$

と予想される．実際，それは正しい．

$X(t)$ は $\varphi(t)$ と以下（　　　　　）の積だから，$dX(t)$ は積の微分で

$$dX(t) = \varphi(t)\,dt\left(\xi + \int_0^t \frac{B(s)}{\varphi(s)}\,ds + \int_0^t \frac{\sigma(s)}{\varphi(s)}\,ds\right) + \varphi(t)\left(\frac{B(t)}{\varphi(t)}\,dt + \frac{\sigma(t)}{\varphi(t)}\,dB(t)\right)$$

$$= A(t)X(t) + B(t)\,dt + \sigma(t)\,dW(t)$$

となり，成立．$\varphi(t)$ が解であることを使っている．

さて，目あてのブラウン橋を解くには $\varphi(t)$ の方程式とその基本解

$$\frac{d\varphi}{dt} = -\frac{1}{T-t}\,\varphi(t), \quad \varphi(t) = 1 - \frac{t}{T} \tag{9.8.8}$$

を上記 $X(t)$ に代入すれば，解（##）がただちに従う．

$X(t)$ の期待値，共分散，分散も算出できるが，結果のみ示す．（練習参照）

統計的基本量

期待値 $\qquad E(X(t)) = a\left(1 - \frac{t}{T}\right) + b\,\frac{t}{T}$ $\hfill$ (9.8.9)

分散 $\qquad V(X(t)) = t\left(1 - \frac{t}{T}\right)$ $\hfill$ (9.8.10)

共分散 $\qquad Cov(X(s), X(t)) = \min(s, t) - \frac{st}{T}$ $\hfill$ (9.8.11)

---

§9.8　確率微分方程式の解法　203

ブラック - ショールズのオプション価格決定式

すでに扱った指数成長型の微分方程式はファイナンス数理でも広く見られ，改めて α, β で書き直すと確率微分方程式：

$$dX(t) = \alpha X(t)\,dt + \beta X(t)\,dW(t) \tag{9.8.12}$$

となり解はすでに

$$X(t) = X(0)\exp\left\{\left(\alpha - \frac{1}{2}\beta^2\right)t + \beta W(t)\right\} \tag{9.8.13}$$

であることを見た．最終的にオプション評価へのブラック - ショールズの公式は次章としよう．

時間可変の B.S. 公式　ブラック - ショールズの公式にはこれで済むが，α, β が時間で可変なら

$$dX(t) = \alpha(t)X(t)\,dt + \beta(t)X(t)\,dW(t) \tag{9.8.14}$$

となる．この解も求めておこう．容易にヒントとして

$$X_1(t) = X_1(0)\exp\left[\int_0^t \beta(t)\,dW(t) + \int_0^t \left\{\alpha(t) - \frac{1}{2}(\beta(t))^2\right\}dt\right] \tag{9.8.15}$$

を思いつく．この解を

$$X(t) = X(0)\,e^{Z(t)}$$

ここで

$$Z(t) = \int_0^t \left\{\alpha(s) - \frac{1}{2}(\beta(s))^2\right\}ds + \int_0^t \beta(s)\,dW(s) \tag{9.8.19}$$

とおくと，伊藤過程の表示で

$$dZ(t) = \left\{\alpha(t) - \frac{1}{2}(\beta(t))^2\right\}dt + \beta(t)\,dW(t)$$

となっている．$X(t) = e^{Z(t)}$ に対しては $g(t, x) = e^x$ として伊藤の公式 (9.6.4) で

$$\frac{\partial g}{\partial x} = \frac{\partial^2 g}{\partial x^2} = e^x, \qquad \frac{\partial g}{\partial t} \equiv 0$$

だから

$$dX(t) = \left\{\left(\alpha(t) - \frac{1}{2}(\beta(t))^2\right)e^{Z(t)} + \frac{1}{2}(\beta(t))^2 e^{Z(t)}\right\}dt + \beta(t)e^{Z(t)}\,dW(t)$$

$$= \alpha(t)X(t)\,dt + \beta(t)X(t)\,dW(t) \tag{9.8.20}$$

となり，たしかに満たされている．

§9.9 オルンスタイン−ウーレンベック過程（**O.U. 過程**）

オルンスタイン−ウーレンベック過程　ファイナンスの数理的には，ブラック−ショールズの公式の'次世代'として，バシチェック・モデルが到来しているが，これは従来より長い歴史をもつオルンスタイン−ウーレンベックモデルの直接応用である．ハイライトして次節で独立に解き方の解説をしよう．

　確率積分や確率微分は，もとはブラウン運動に対する「微分積分学」として考案された歴史があるが，これが専門家の外部に知られることになったのは「幾何ブラウン運動」（確率分布論からの名称では「対数正規ブラウン運動」）に伊藤の公式が適用され，その先に「ブラック−ショールズの公式」が得られた成功があるからであろう．

ランジュバン方程式が起源　ブラウン運動そのものにこだわるなら，次に来るのは粘性抵抗のある流体（気体，液体）中のブラウン運動で，周知のように「ランジュバン方程式」といわれる物理化学上の法則である．流体中の摩擦抵抗は速度 $V(t)$ に比例するので，運動方程式は左辺に加速度を置いて

$$m\frac{dV}{dt}=-\beta V(t)+W(t) \qquad \overset{\text{ランジュバン}}{(\text{Langevin})} \qquad (9.9.1)$$

となる．ここで難題はランダムな外乱項 $W(t)$ で，その微分不可能から，これより先，解析的には頓挫してしまう．

　しかし，今や確率積分，確率微分が定義されている世界では，困難は解消し，課題は「オルンスタイン−ウーレンベックの確率微分方程式」

$$dX(t)=-\alpha X(t)\,dt+\sigma dW(t) \qquad (\alpha>0)$$

に帰着する．ここでも第二項を無視すれば，この解は $X(0)e^{-\alpha t}$ で，$t\to\infty$ に連れランダム項を伴いながら，$X(t)\to\infty$ に漸近するのは見やすい．ここで $X(t)$ を $X(t)-\mu$ に変えた修正バージョン

$$dX(t)=\alpha(\mu-X(t))\,dt+\sigma dW(t) \qquad (\alpha>0) \qquad (9.9.2)$$

とすれば，$X(t)<\mu$ なら上向き，$X(t)>\mu$ なら下向きのドライブがかかり，中心 μ に指向する中心化傾向が生じる．これは「平均回帰的」（mean reverting）といわれ，以後これを取り上げる．

解のヒントに，$W(t)$ 項を無視すれば，常微分方程式
$$\frac{dX(t)}{dt} = \alpha X(t) + b \qquad (a = -\alpha, b = \alpha\mu)$$
を得るが，これは求積法（ただし，定数変化法）で順当に
$$X(t) = e^{at}\left\{\xi + \left(\frac{b}{a}\right)(1 - e^{-at})\right\}, \quad \xi = X(0)$$
これを (α, μ) に戻して整理すれば，解析解

O.U. 過程のヒント
$$X(t) = X(0)e^{-\alpha t} + \mu(1 - e^{-\alpha t}) \tag{9.9.3}$$

が得られる．たしかに $X(0)$ からスタートして，$t \to \infty$ で $X(t) \to \mu$，しかも途中は $X(0)$ と μ を $e^{-\alpha t}$ の比で内挿した値を辿っている．

伊藤の公式から解　ここから先は確率微分方程式で伊藤の公式を適用するため（かつ伊藤自身に従って[†]）
$$g(t, x) = e^{\alpha t}x \tag{9.9.4}$$
と選ぶと，ストレートに
$$\begin{aligned}
d(e^{\alpha t}X(t)) &= \alpha e^{\alpha t}X(t)\,dt + e^{\alpha t}dX(t) \\
&= (\alpha e^{\alpha t}X(t))\,dt + e^{\alpha t}\{\alpha(\mu - X(t))\,dt + \sigma dW(t)\} \\
&= \alpha\mu e^{\alpha t}dt + \sigma e^{\alpha t}dW(t),
\end{aligned}$$
$0 \sim t$ で積分するなら，
$$e^{\alpha t}X(t) = X(0) + \alpha\mu\int_0^t e^{\alpha s}ds + \sigma\int_0^t e^{\alpha s}dW(s) \tag{9.9.5}$$
これで首尾よく解が出る．

[†]　『確率論』（旧版）はこの扱いが最終節である．

206　第 9 章　確率積分と伊藤の公式

O.U. 過程の解

$$X(t) = X(0)e^{-\alpha t} + \mu(1 - e^{-\alpha t}) + \sigma \int_0^t e^{-(t-s)} dW(s) \quad (9.9.6)$$

この確率積分は筋がよく，統計的な基本量が得られて，利用される．

期待値は自明，分散は伊藤の等長性から直に従うが，共分散の導出は，

$$E\left\{ \sigma \int_0^s e^{\alpha(u-s)} dW(u) \cdot \sigma \int_0^t e^{\alpha(u-t)} dW(u) \right\}$$

$$= \alpha^2 e^{-\alpha(s+t)} E\left\{ \sigma \int_0^s e^{\alpha u} dW(u) \cdot \sigma \int_0^t e^{\alpha u} dW(u) \right\}$$

$$\overset{(\text{※})}{=} \frac{\sigma^2}{2\alpha} e^{-\alpha(s+t)} \left(e^{2\alpha \min(s,t)} - 1 \right)$$

$$= \frac{\sigma^2}{2\alpha} \left\{ e^{-\alpha|s-t|} - e^{-\alpha(s+t)} \right\}$$

統計的基本量

期待値 $\quad E(X(t)) = X(0)e^{-\alpha t} + \mu(1 - e^{\alpha t})$ $\qquad\qquad$ (9.9.7)

分散 $\quad V(X(t)) = \dfrac{\sigma^2}{2\alpha}(1 - e^{-2\alpha t})$ $\qquad\qquad\quad$ (9.9.8)

標準偏差 $\quad D(X(t)) = \dfrac{\sigma}{\sqrt{2\alpha}}\sqrt{1 - e^{-2\alpha t}}$ $\qquad\qquad$ (9.9.9)

共分散 $\quad Cov(X(s), X(t)) = \dfrac{\sigma^2}{2\alpha}\left\{ e^{-\alpha|s-t|} - e^{-\alpha(s+t)} \right\}$ $\quad$ (9.9.10)

以上から，確かに「平均 μ への回帰」ではあるが，μ の回りの分散は決して0にはならないことに注意しよう．

ここまでが本章の意図の主要な部分であり，以降はその確率論的内容の総合的活用（ファイナンス数理）である．

§9.9　オルンスタイン‐ウーレンベック過程（O.U. 過程）　207

§9.10 同値マルチンゲール測度 [†]

　以降のトピックは金融経済学，数理ファイナンス，金融工学への確率論の応用である．ただし，そこでの確率論の基礎部分はほんの用語のみで，大半の内容は確率論からこれら専門分野へ'越境'している．にもかかわらず，元の確率論用語（概念）がややもすれば，「測度」などそのまま未消化で使われている．そのミスマッチが理解を難しくしている．そこで段階を追って，わかり易い解説を述べてみよう．

> **想定と目的**
>
> 　資産価格は，理論上，リスク中立確率のもとで決定されるのが合理的であり，その「合理性」とは何か，それはいかにして確率の理論として説明されるか．

　あらかじめ注意しておくと，「測度」という数学概念は用語として第7章で触れただけで，特に必要な概念ではない．内容として'確率'，'確率分布'で十分である．本書でもそのようにいいかえて用いている．

　リスク中立確率（risk-neutral probability）　経済行為は実勢から外れることはそれ自体「リスク」であり，影響されてはならない（リスクにおいて中立）．すなわち，実勢イコール中立であり，'中立である'との想定は合理的である．「確率」といっているが，確率論の分野の内容ではない．世の中の'客観的実勢'を反映する確率，価格決定の最終的拠り所であって，達成された価格は市場における均衡価格となる．現実の世界は不確実性に満ちている．将来の不確実性つまり確率も重要な要素になる．次のような状況はどうだろうか．

[†]　初学者は飛ばしていいが初学者でなくとも知識の正確化のためにも価値はある．

現在 20 ドルの株がある．成功すれば 22 ドル，失敗すれば 18 ドルになる．他方確実な無リスク金利（定期預金としておく）は 12％である．期間は 3 カ月間を考えている．株価に上昇下降は避けられないが，その期待値が預金資産の将来価値にちょうど等しければ株式投資として偏っていない（その意味では正しい）．そのような株価上昇の確率（p とする）はいくらか*．

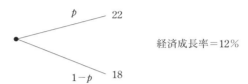

世の中が成長も後退もなくずっと変わらなければ，その現状を平均的に確保すればいい．0.5, 0.5 の確率なら 20 となり現状に等しく，平均的損得はない．しかし，実際はそうならず上方へシフトする．世の中が多少でも成長していれば，それに乗るのが一応安全である．それに乗らなければ（ただしただ乗るだけでよい）出おくれて相対的に損になるリスクがある．期待値を求め，それを預金資産（連続利子率で）の将来価値に等しいとおく．利子率は年利で表示されるから，3 カ月に調整し（連続利子率で）

$$22p + 18(1-p) = 20e^{0.12 \times 3/12}$$

を解くと，'世の中に見合う'上昇確率は $p = 0.6523$ となる．起業はほぼ 3 回に 2 回の率で成功しなくては見合わないのである．これが「リスク中立確率」である．投資意思決定や資産評価のためにこの中立確率の考え方を採用すべきであろう．

＊松原望・森本栄一『わかりやすい統計学 データサイエンス応用』丸善出版，第 7 章参照．

裁定（arbitrage）　リスク中立確率から外れた確率をもつ金融資産は市場の需給関係によって調整され，リスク中立確率へ収れんする．たとえば，金利 1％で借りた資金で利回り 5％の株式収益を確実に得る投資戦略は現実にはありえない．なぜなら，金利が 5％でいずれ上昇するまでは＊＊「さや取り」

§9.10　同値マルチンゲール測度

が行われるからであり，このさや取りが裁定であり．この裁定の機会が利用され切って消えたとき，リスク中立確率が実現する．リスク中立確率とは「無裁定」（non-arbitrage）の想定のことであり，資産価格はこの想定のもとで決定されねばならない．ただし，想定は可能でなくてはならない．いかに「想定」といっても，現在から見て不可能な状況は想定自体できない．

　無裁定の想定のもとでは，先に述べた確実に利益を上げる—ムシのよい—投資戦略はもはや存在せず，不確実なランダム性が支配する．

　＊＊借り手の間で競争が起こり金利は上昇する．

「想定」の可能，不可能　現状からみて「不可能」な状況は想定できるはずはなく，現在全く「不可能」な状況を「可能」と想定することも本来想定の範囲に入らない．これを数理的に正しく保証するしくみが「同値」equivalence である．あらかじめ注意しておくと，ここでいう‘同値’とは値が同じ，等しいということでは全くない（数学では‘同値’の一般的使用のケースは極めて多い）．ここでは「確実である」「確実でない」についての数学理論（確率論）である．

　◆◆◆ https://www.bayesco.org/top/books/stocpr ⇒ 著者のサポートページ

　さて，先へ戻って，リスク中立確率による資産価格は（現行価格でなく）無裁定の想定のもとで計算されるから，どのようにして無裁定の確率的状況を計算上作り出せるかである．そのためには，数理統計学の尤度比が役割を果たす．

尤度比[*]　確率分布 P, Q が密度関数 f_P, f_Q をもつとき，$Q(A)$ から

$$Q = \frac{f_Q}{f_P} P \tag{9.10.1}$$

によって計算される $P(A)$ は，$Q(A)$ とたがいに同値である．

　ただし，A の範囲の幅では $f_P \neq 0$，$f_Q \neq 0$ とする．

＊「ラドン－ニコディム微分」とされることもある．

　実際，$P(A) = \int_A f_Q(x)\,dx$，$Q(A) = \int_A f_Q(x)\,dx$ であるが，A が微小区間 $[x, x+\Delta x]$ なら，積分は大略

210　第 9 章　確率積分と伊藤の公式

$$P(A) \doteqdot f_P(x) \Delta x, \quad Q(A) \doteqdot f_Q(x) \Delta x$$

であり（Δx に対応して，ΔP，ΔQ と表してもよい），辺々割って

$$\Delta Q = \frac{f_Q(x)}{f_P(x)} \Delta P$$

あるいは，x について加えて，確率分布として

$$Q = \frac{f_Q}{f_P} P$$

また，$Q(A)$，$P(A)$ は 0 になるのは同時である．

正規分布間の尤度比　P, Q が正規分布 $N(0,1)$，$N(-1,1)$ なら

$$\frac{f_Q}{f_P} = \frac{\sqrt{2\pi} \cdot \exp(-(x+1)^2)}{\sqrt{2\pi} \cdot \exp(-x^2)} = \exp\left(-x - \frac{1}{2}\right)$$

この尤度比によって，確率分布 $N(0,1)$ は $N(-1,1)$ に変換される．

このようにして，尤度比を用いれば，自由自在に行く先の確率分布を同値に選んで変換できる．これを '同値な変換' と呼ぶ．

§9.11　ギルサノフの定理

分布をずらす　リスク中立確率の想定とは「無裁定」——経済学上の市場均衡——であるとして計算するための計算条件の課題である．その想定ができるための条件が「ギルサノフの定理」として知られている．

「ファイナンス」は数理的には「上がる」「下がる」の世界である．だからその数理は「上がる」「下がる」ことの見きわめに尽きる．その第一の原因はいうまでもなく，「ドリフト項」である．実勢からずれた上下を想定することはできない．つまり，ずれを解消することができなくてはならない．

式（9.6.9）で見た指数マルチンゲール

$$e^{uW(s) - \frac{1}{2}u^2 s}$$

はドリフト項を変える（ずらす）ことにちょうど対応していた．このことは有名な**ギルサノフの定理**に発展してゆく．ここではそのヒントを出しておこう．

確率変数 X は，（ⅰ）正規分布 $N(0,1)$ に従う，および（ⅱ）u だけずら

した正規分布 $N(u,1)$ に従う.

この2つの場合の違いを尤度比で測ると,式 (3.5.3) より

$$\frac{e^{-\frac{1}{2}(x-u)^2}/\sqrt{2\pi}}{e^{-\frac{1}{2}x^2}/\sqrt{2\pi}} = e^{ux-\frac{1}{2}u^2} \tag{9.11.1}$$

となり,まさに指数マルチンゲールで $s=1$, $x=W(1)$ としたものである.逆に,この比(統計学でいう**尤度比**)を用いて伊藤過程のドリフト項を変えることができる(ギルサノフの定理).

ギルサノフの定理は別名**ずれの変換の公式**といわれ,伊藤過程のドリフト項(dt の項で,平均量のトレンド)をずらす役割を,尤度比に対応する確率変数に行わせることができる,というものである.この公式はギルサノフ(1960年)より早く丸山儀四郎により発見されていた.さらに,カメロン,マルティンに遡る(1944年).

これの証明は初学者には難しいので,そのエッセンスをスケッチするだけとしよう.そこで,確率変数 X は正規分布 $N(0,1)$ に従い,同じく Y が

$$Y = X + u \tag{9.11.2}$$

と表されていたとしよう.したがって $E(Y)=u$ であるが,いま u を消して $E(Y)=0$ となるようにしたい.そのためには,X の分布を $E(X)=0$ でなく $E(X)=-u$ になるように移動する,つまり確率分布の $-u$ だけの移動を考えればよい.ことに,X の確率分布を正規分布(分散 $=1$ としておく)とすれば $N(0,1)$ から $N(-u,1)$ への平行移動を考えればよく,$N(0,1)$, $N(-u,1)$

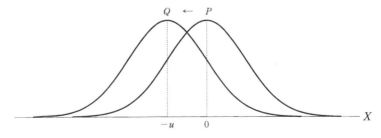

図 9.11.1 測度変換 $P \to Q$

212 第9章 確率積分と伊藤の公式

を仮に確率測度 P, Q としておいて，$P \to Q$ という「測度変換をした」change measures という言い方をする.

いま，P, Q の密度関数を書くと

$$f_0(x) = \frac{1}{\sqrt{2\pi}} \ e^{-\frac{x^2}{2}}, \quad f_{-u}(x) = \frac{1}{\sqrt{2\pi}} \ e^{-\frac{(x+u)^2}{2}} \quad (9.11.3)$$

であるが，P から Q への確率測度の変換は確率の変化（尤度比で）

$$\frac{f_{-u}(x)}{f_0(x)} = \frac{e^{-\frac{(x+u)^2}{2}}}{e^{-\frac{x^2}{2}}} = e^{-ux - \frac{1}{2}u^2} \quad (9.11.4)$$

を引き起こす. ギルザノフの定理とはこのずらす変換を過程の（時間 t の）すべてにわたって行う定理である. ここでは 1 次元で話を進める（サイト参照）.

◆◆◆ https://www.bayesco.org/top/books/stocpr

ギルサノフの定理の最も簡単なケースは多少親しみにくいが以下のとおりである. ブラウン運動（したがってマルチンゲール）になる点が重要である.

ギルサノフの定理

時間は $0 \leq t \leq T$ とし，$W(0) = 0$ とする. 伊藤過程（一般にはブラウン運動ではない）

$$dY(s) = u(s)\,ds + dW(s) \quad (9.11.5)$$

に対し，確率変数

$$M(s) = e^{-\int_0^s u(t)\,dW(t) - \frac{1}{2}\int_0^s (u(t))^2 dt}, \quad 0 \leq s \leq T \quad (9.11.6)$$

により，$W(t)$ がブラウン運動であるような確率測度 P から新しい確率測度 Q を導入できれば，この Q のもとでは $Y(t)$ はブラウン運動となる.

ここで，「導入する」のいくらかの説明が今度は必要であろう.

最も簡単な，先の $Y = X + u$ の場合で説明する. いま 1 次元の集合（可測集合）できわめて小さい幅 $A = [x, x + \Delta x]$ ごとに考えてよく

$$P(A) \fallingdotseq f_0(x)\Delta x, \quad Q(A) \fallingdotseq f_{-u}(x)\Delta x \quad (9.11.7)$$

だから，尤度比を

§9.11 ギルサノフの定理　213

$$m(x) = \frac{f_{-u}(x)}{f_0(x)}$$

とおくと，次が成り立つ．

$$Q(A) \fallingdotseq m(x)P(A) \qquad (\text{ただし } A = [x, x + \Delta x]) \qquad (9.11.8)$$

したがって，$P(A)$ から $m(x)$ を用いて変換後の $Q(A)$ が求まる．だから，具体的にいうと，式 (2.3.6) に対しては

$$Q \text{ に関する密度関数} = m(x) \times P \text{ に関する密度関数} \qquad (9.11.9)$$

などのように計算される．

§9.12 裁定の存在条件

裁定は存在するか　ギルサノフの定理に至る道すじは長く何段階も経ているので非常にわかりにくい．それを今一度辿ると，そもそも評価とは「客観的に適正でなければならない」から

ギルサノフの定理⇒尤度比による同値マルチンゲール変換
⇒無裁定⇒リスク中立確率による資産評価

のように展開している．その証明でもわかるように，尤度比によって正規分布（実際には多次元正規分布）をずらす線形変換であるから，何をしているかを見るのはみかけほど難しくない．ギルサノフの定理の前身「カメロン－マルティンの定理」はその線形変換の存在を論じており，ギルサノフの定理はそれを尤度比（ラドン－ニコディム微分）で行えることをいっている．

　実際には，ギルサノフの定理は条件付で，証券の個数，ブラウン運動の次元によっては，裁定の機会が放置され，無裁定が仮定できないこともある．（中途は省略して）無裁定への変換，さらにはそれがどう可能かを見てみよう．さて，今までは 1 次元で見て来たが多次元ブラウン運動で証券市場を仮定するので，現実には $n \neq m$ である．裁定の方式があればそれが行われ無裁

214　第 9 章　確率積分と伊藤の公式

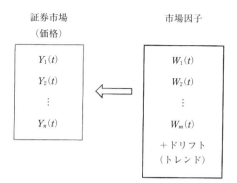

図 9.12.1　証券市場と市場因子

定となる．

これより，適切な線形変換があれば，ドリフト項が消え裁定機会も消えることを見ていこう．以下，X_0 はリスク・フリー金利でランダムなブラウン運動の項はない．

例 I 裁定機会はない

$\rho(t) \equiv 0$ で

$$\begin{cases} dX_0(s) = 0 \quad (X_0(s) \equiv 1) \\ dX_1(s) = 2ds + dW_1(s), \quad X_1(0) = x_1 \\ dX_2(s) = -ds + dW_1(s) + dW_2(s), \quad X_2(0) = x_2 \end{cases} \quad (9.12.1)$$

このことを

$$\begin{pmatrix} dX_1(s) \\ dX_2(s) \end{pmatrix} = \begin{pmatrix} 2 \\ -1 \end{pmatrix} ds + \begin{pmatrix} 1 & 0 \\ 0 & 1 \end{pmatrix} \begin{pmatrix} dW_1(s) \\ dW_2(s) \end{pmatrix} \quad (9.12.2)$$

と表記できる．$dX_0(s) \equiv 0$ を入れることは実質的には不要であろう．

一般に (dW, dW_2) に線形変換 (u_1, u_2) を考える．もとの dW_1, dW_2 の係数を各 σ_{ij}，ドリフトを μ_i として

$$\boldsymbol{\Sigma} = (\sigma_{ij}), \quad \boldsymbol{\mu} = (\mu_i)$$

とすれば，dW_1, dW_2 の変換により，ドリフト $\boldsymbol{\mu}$ を狙って達成できれば変換後ドリフトは消える．ここでは

§9.12　裁定の存在条件　215

$$\begin{pmatrix} 1 & 0 \\ 1 & 1 \end{pmatrix} \boldsymbol{u} = \begin{pmatrix} 1 \\ -2 \end{pmatrix}$$

には解 $u_1=1, u_2=-2$ があるので，無裁定となる（この言い方に注意）．

このように

裁定機会の判定

無裁定の判定は，市場を構成する μ, σ の関数を線形方程式にし，その解の存在条件にゆきつく．

例 II 裁定機会がある

$\rho(t) \equiv 0$ ではあるが，裁定機会のある市場（均衡状態では存在しない）

$$\begin{cases} dX_0(s)=0 \qquad (X_0(s)\equiv 1) \\ dX_1(s)=2ds+dW_1(s)+dW_2(s), \qquad X_1(0)=x_1 \\ dX_2(s)=-ds-dW_1(s)-dW_2(s), \qquad X_2(0)=x_2 \end{cases} \qquad (9.12.3)$$

あるいは，X_0 を除けば

$$\begin{pmatrix} dX_1(s) \\ dX_2(s) \end{pmatrix} = \begin{pmatrix} 2 \\ -1 \end{pmatrix} ds + \begin{pmatrix} 1 & 1 \\ -1 & -1 \end{pmatrix} \begin{pmatrix} dW_1(s) \\ dW_2(s) \end{pmatrix} \qquad (9.12.4)$$

となる．

リスク証券のブラウン運動の項は互いに符号反転の関係にあり，両者の和 X_1+X_2（等しい割合で両方を購入する）では消えるので，これが裁定を与える．$2-1=1$ で毎時間単位 1 だけ自動的に利得できる機会がある．実際

$$\Sigma = \begin{pmatrix} 1 & 1 \\ -1 & -1 \end{pmatrix}, \qquad \mu = \begin{pmatrix} 2 \\ -1 \end{pmatrix}$$

には，$\Sigma \boldsymbol{u} = \mu$ の解はない．したがって，裁定を狙うチャンス（機会）があり，「無裁定」ではない．

例 I′ 裁定機会はない

$\rho(t) \equiv 0, \quad X_0(t) \equiv 1$ で

$$\begin{cases} dX_1(s)= \ ds+dW_1(s)+dW_2(s)-dW_3(s) \\ dX_2(s)=5ds-dW_1(s)+dW_2(s)+dW_3(s) \end{cases} \qquad (9.12.5)$$

216 第 9 章 確率積分と伊藤の公式

の場合は

$$\Sigma = \begin{pmatrix} 1 & 1 & -1 \\ -1 & 1 & 1 \end{pmatrix}, \quad \mu = \begin{pmatrix} 1 \\ 5 \end{pmatrix} \tag{9.12.6}$$

だが

$$\begin{cases} u_1 + u_2 - u_3 = 1 \\ -u_1 + u_2 + u_3 = 5 \end{cases}$$

は $(0, 3, 2)$ の解をもち，したがって市場には裁定機会はない．

例 II′ 裁定機会がある

やはり $\rho(t) \equiv 0$, $X_0(t) \equiv 1$ とし

$$\begin{cases} dX_1(s) = \ ds + dW_1(s) + dW_2(s) \\ dX_2(s) = 2ds + dW_1(s) - dW_2(s) \\ dX_3(s) = 3ds - dW_1(s) + dW_2(s) \end{cases} \tag{9.12.7}$$

このケースでは

$$\Sigma = \begin{pmatrix} 1 & 1 \\ 1 & -1 \\ -1 & 1 \end{pmatrix}, \quad \mu = \begin{pmatrix} 1 \\ 2 \\ 3 \end{pmatrix} \tag{9.12.8}$$

だが，$\Sigma u = \mu$ には解がなく，市場には裁定のチャンスが解消されず残り無裁定ではない．実際 $(\cdot, 0, 1, 1)$ の形の裁定がある．$X_2 + X_3$ を考えると，この裁定ではリスクが互いに吸収されて解消し，かつ毎単位時間あたり 5 のドリフトが作り出されている．

以上をまとめておこう．

§9.12 裁定の存在条件 217

	n	m	Σ	μ	u	裁定	参考*
例 I	2	2	$\begin{pmatrix} 1 & 0 \\ 1 & 1 \end{pmatrix}$	$\begin{pmatrix} 1 \\ -2 \end{pmatrix}$	$(1, -2)$	無裁定	例 12.1.9a)
例 II	2	2	$\begin{pmatrix} 1 & 1 \\ -1 & -1 \end{pmatrix}$	$\begin{pmatrix} 1 \\ -2 \end{pmatrix}$	—	裁定あり	例 12.1.9b)
例 I'	2	3	$\begin{pmatrix} 1 & 1 & -1 \\ -1 & 1 & 1 \end{pmatrix}$	$\begin{pmatrix} 1 \\ 5 \end{pmatrix}$	$(3, 2)$	無裁定	問 12.6b)
例 II'	3	2	$\begin{pmatrix} 1 & 1 \\ 1 & -1 \\ 1 & 1 \end{pmatrix}$	$\begin{pmatrix} 1 \\ 2 \\ 3 \end{pmatrix}$	—	裁定あり	問 12.6e)

（＊）Øksendal *Stochastic Differential Equation*, Springer

[研究課題]　◆◆◆ https://www.bayesco.org/top/books/stocpr

A　PDE から SDE へ

ブラック – ショールズの公式は同名の偏微分方程式を解いて求められた（研究課題 B）．それは以前から知られた熱伝導方程式へ導くことにより，すでに知られていた解を利用した方法である．本書は確率論の書である他，確率微分方程式を解くストレートな方法をとっている PDE（偏微分方程式）から SDE（確率微分方程式）の流れとして説明し，定義的だけで，その流れの最先端であるが，ファインマン – カッツの方法を上記サイトで紹介する．この活用のしかたはこれからとしよう．

確率論に最も近い偏微分方程式のアプローチはコルモゴロフの「後向き方程式」（Backward Equation）であることを指摘し，「前向き方程式」（Forward Equation）との区別を示した．

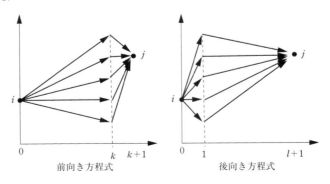

前向き方程式　　　　　　　後向き方程式

B 熱伝導方程式によるブラック - ショールズ方程式の解法

偏微分方程式を解く唯一の公式はないが，一応型通りの方法で解かれた．もっともそれは長いプロセスになる．ここでは一応それを追って解説した．以降は解説サイトにて詳説する．

> ワンポイント練習 9

[9.1] 次の確率微分方程式 SDE がそれぞれ示された解をもつことを示しなさい．
（Øksendal, p.72）
(ⅰ) $X(t) = \exp W(t)$ は $dX(t) = \frac{1}{2}X(t)dt + X(t)dW(t)$ の解
(ⅱ) $dX(t) = \frac{W(t)}{1+t}$ （ただし $W(o) = 0$）は $dX(t) = -\frac{X(t)}{1+t}dt + \frac{dW(t)}{1+t}$, $X(o) = 0$ の解

[9.2] ブラウン橋の共分散，分散の式を導きなさい．

[9.3] 一次元数直線上の 2 つの確率測度 P, Q はそれぞれ $N(\mu_1, \sigma_1^2)$, $N(\mu_1, \sigma_2^2)$ である．このとき，Radon-Nikodym 微分 $\frac{dQ}{dP}$ を求めなさい．

[9.4] 回帰平均 $\mu = 2.0$，平均回帰速度 $\alpha = 0.1$，初期値 $U(0) = 1.0$ のオルンスタイン - ウーレンベック過程 $U(t)$ において $E(U(t)) = 1.9$ に達する時間 $t_{1.9}$ および $U(t_{1.9})$ の分散，標準偏差を求めなさい．ただし，$\sigma = 1.5$ とする．

[9.5] $X(t) = (X_1(t), X_2(t))$ で，各成分は 3 次元標準ブラウン運動 $(W_1(t), W_2(t), W_3(t))$ によって

$$X_1(t) = W_1(t) + W_2(t) + W_3(t)$$
$$X_2(t) = (W_2(t))^2 - W_1(t)W_2(t)$$

と表されている．これを伊藤過程 dt, $dW_1(t)$, $dW_2(t)$, $dW_3(t)$ によってベクトル表示しなさい．（Øksendal, p.54）

第10章

ファイナンス数理入門[†]

小船幹生

　ここまでの章で，確率過程の基礎が定まりました．第10章と続く第11章では本格的な活用をめざし，近年著しい進歩をとげたファイナンス数理への入門基礎をわかりやすく解説します．本章では株式や債券などの将来価格を決定するための確率論数理として，まず第一にデリバティブとりわけオプションの価格決定の「ブラック－ショールズの公式」の活用のしかた，第二として短期金利の基本的なモデルの一つである「バシチェック・モデル」の意味を理解しイールドカーブを現実に作成してみましょう．（編者）

§10.1　確率微分方程式のファイナンス応用

[上がる][下がる]の世界　ここまでにブラウン運動や確率微分方程式，および伊藤の公式をくわしく学んだが，その応用をファイナンスの文脈で見ていこう．

　ファイナンスは数理的に見れば「上がる」「下がる」の世界であり，その数理は「上がる」「下がる」ことの見きわめになる．しかしながら，日経平均株価はランダムに変動しており，「上がる」か「下がる」かを予測するのは困難なように思える．一方もし，株価や金利の動きがブラウン運動をしているならば，これまでの議論からどのようなことが分かるだろうか．株価の上下を生み出す「不確かさ」を分析できれば，それをモデルに色々と考える

[†]　◆◆◆ https://www.bayesco.org/top/books/stocpr

　　未掲載の図版・Pythonコード・数式を含む練習問題の解答・解説までを掲載.

220　第10章　ファイナンス数理入門

ことができそうである.

これから扱うテーマと流れを,あらかじめまとめておこう.

	PDE 解析解のための 偏微分方程式	SDE ドリフト項＋ ランダム項 で記述	方程式の解
ブラック－ ショールズモデル	オプション価格の 満たすべき方程式	株価の変動を モデル化	オプション価格
バシチェックモデル	債券価格の満たすべ き方程式	金利の変動を モデル化	ゼロクーポン債価格

表にある「ブラック－ショールズモデル」と「バシチェックモデル」と呼ばれる数理モデルで考えていくが,どちらもその基礎に確率過程が据えられていることを,最初に意識しよう.

次に,ブラック－ショールズモデルは株価の変動を,バシチェックのモデルは金利の変動を対象としているが,どちらもブラウン運動を前提とした確率微分方程式から出発し,伊藤の公式を経て価格が満たす偏微分方程式を導出すれば,最終的に解析解を得られるという共通のストーリーを辿っているが,基本は確率微分方程式は「一定な動き(ドリフト項)とランダムな動き(ノイズ項)の組み合わせ」で表現されることを復習しておこう.

§10.2 オプションとは

条件付請求権 オプション(option)とは,その名の通り「選択」できる金融商品である.すなわち,現在時点では確定しておらず当事者に'任せられている'を意味し,ここではそれが特約として入っている.具体的には,将来の特定の時点で資産を購入(コール)または売却(プット)する権利(請求権,claims)を提供する「契約」商品である.この商品のメリットは,あくまで権利であって義務(obligation)ではない,ということにある.当然ながら自分が得をする場合は権利を行使すればよく(条件付請求権 contingent claims),もし将来時点の価格が売買の履行に望ましくない(損

§10.2 オプションとは 221

をする）場合には，その権利は行使されない．

　オプションの価格評価は，一般的に株価などの資産（原資産という）の価格に基づいて行われる．たとえば，現在時点 t でのある株価 $S(t)$ に対するコール・オプションの場合，満期時点（expiration date）T での株価が権利行使価格 K を超えると，

$$F(S(T)) = \begin{cases} S(T) - K, & S(T) > K \\ 0 & , \quad S(T) \leqq K \end{cases} \qquad (10.2.1)$$

のような精算（ペイオフ）が発生することはいいだろう．

　これは一方的に得になるので売り手は対価を要求し，それが価格である．

　なお，コール・オプションでは，買手のリスクは売手に移転しており（リスクヘッジ），当然売手はその補償対価（リスク・プレミアム）を要求する．不行使の場合は売手はこのリスク・プレミアムを利益として回収する．このリスク・プレミアムがなければ，そもそもコール・オプションは発売されない．

　一方，プット・オプションの場合も，満期時点 T での株価が権利行使価格 K を下回ると，

$$F(S(T)) = \begin{cases} K - S(T), & S(T) < K \\ 0 & , \quad S(T) \geqq K \end{cases} \qquad (10.2.2)$$

のような支払いが行われる．

　ついでながら max 関数を用いると，コール・オプション，プット・オプションの支払いはそれぞれ

$$F(S(T)) = \max(S(T) - K, 0), \quad F(S(T)) = \max(K - S(T), 0) \qquad (10.2.3)$$

と簡潔に表現できる．ここで，$\max(\cdot, 0)$ は，中身（$\cdot$）が正の値であればそのまま，負の値であれば 0 とする記号である．

　数値例　コール・オプションの具体的な数値例で確認しておこう．まず，確率的に 2 つの場合のいずれかとなる（その意味では'賭け'となる）．

コール・オプションの計算例

・権利行使価格 K が 50 ドル，満期時点の株価 $S(T)$ が 55 ドルの場合

コール・オプションの支払いは $(F(S(T))=\max(55-50,0)=5$ ドルとなり，オプションを行使すれば5ドル得をする．この場合は差額決済である．

・同じく満期時点の株価 $S(T)$ が45ドルの場合

コール・オプションの支払いは $(F(S(T))=\max(45-50,0)=0$ ドルとなり，この場合はオプションを行使する利益はないから権利は行使されず'パス'される．利益は発生しないが，権利を買い付けるときに売り手に支払ったプレミアムが損失となる．

オプション（コール）の精算の細目

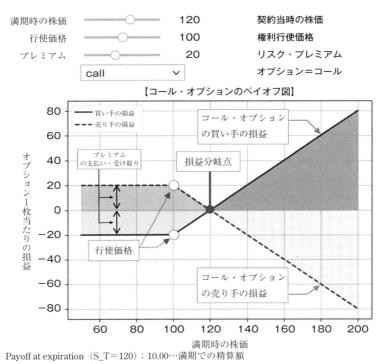

図 10.2.1　コール・オプションのペイオフ図

精算（ペイオフ）の細目のしくみが理解できないと，オプション全体は理解できないので，英語力が足かせにならないよう英語基礎力を備えることも成功の条件である．

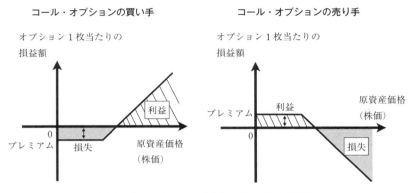

図10.2.2　コール・オプションのペイオフ図

§10.3　原資産（株価）の分布

原論文（1973）では，確率微分方程式で株価 S と時間 t を変数分離し，拡散方程式をフーリエ解析で解く正攻法をとっているが，現在では現実的とは考えられていない．そこで本節ではひとまず，株価 $S(t)$ を次のように確率微分方程式でモデル化しこれを伊藤の公式を用いて直接解き，式（10.3.2）を導く．

株価 $S(t)$ は，時間 t に関する確率微分方程式

$$dS(t) = \mu S(t)\,dt + \sigma S(t)\,dW(t) \qquad (10.3.1)$$

　　　μ：平均リターン，σ：ボラティリティ（標準偏差），
　　　$W(t)$：ブラウン運動

に従うと仮定される．誤差項を除けば

$$dS(t) \propto S(t)$$

で，これは指数関数を示していて，この先を読んでいる．つまり，株価の変動を幾何ブラウン運動としてモデル化したものであり，株価 $S(t)$ は指数関

数で表され[†]，数理統計学上は次の対数正規分布に従うことを意味する（対数正規ブラウン運動）．

$$S(t) = S_0 \exp\left\{\left(\mu - \frac{\sigma^2}{2}\right)t + \sigma W(t)\right\} \qquad (10.3.2)$$

実はこの式は，まず $g(t, S) = \log S$ とおけば，伊藤の公式を用いると

$$\frac{\partial g}{\partial S} = \frac{1}{S}, \qquad \frac{\partial^2 g}{\partial S^2} = -\frac{1}{S^2}$$

であるから，式（10.3.1）より

$$d(\log S) = \left(\mu - \frac{1}{2}\sigma^2\right)dt + \sigma dW(t)$$

となり，これを積分形に直し

$$\log S(t) = \left(\mu - \frac{1}{2}\sigma^2\right)t + \sigma W(t)$$

ゆえに

幾何ブラウン運動の確率微分方程式の解

$$S(t) = S_0 \exp\left\{\left(\mu - \frac{1}{2}\sigma^2\right)t + \sigma W(t)\right\}$$

となり，式（10.3.2）が得られた．これが今後重要となる（本章の章末（注1）を参照）．

可視化　株価の対数 $\log S(t)$ が正規分布に，株価 $S(t)$ は対数正規分布に従うことが示された．また結果の（10.3.3）は，ランダム項が $W(t)$ の形で入っているため，$S(t)$ の値が正規分布の形で，期間の長さに伴い広がっていくことがわかる（図 10.3.1）．

　注目したいのは，$\left(\mu - \frac{1}{2}\sigma^2\right)t$ の項であり，価格変動の幅であったボラティリティ σ が潜り込んでいる．つまり σ は，ブラウン運動の拡散の程度だけでなく，株価の対数の期待値

[†]　指数関数は等比数列（別名：幾何数列）で増大することに由来する．対数をとればブラウン運動の正規分布が出るから，この名称がある．

§10.3　原資産（株価）の分布　225

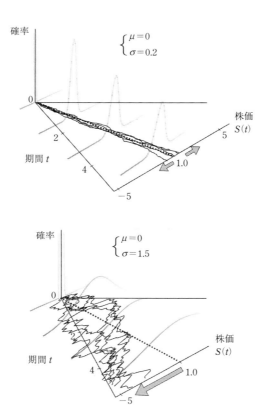

図 10.3.1 ブラック–ショールズモデルでの株価分布の比較
（2 通りのボラティリティ σ によるブラウン運動への影響）

$$E[\log S(t)] = \log S(0) + \left(\mu - \frac{1}{2}\sigma^2\right)t$$

に絡んでおり，σ が大きいとマイナス項が増加するため，トレンド自体が抑えられる（図 10.3.1）．

§10.4 ブラック-ショールズの公式

コール・オプション価格（プレミアム）のブラック-ショールズの公式

$$C(S(t),t) = S(t)\,\Phi(d_1) - Ke^{-r(T-t)}\,\Phi(d_2) \qquad (10.4.1)$$

ただし，

$$d_1 = \frac{\log\left(\dfrac{S(t)}{K}\right) + \left(r + \dfrac{1}{2}\sigma^2\right)(T-t)}{\sigma\sqrt{T-t}}, \qquad d_2 = d_1 - \sigma\sqrt{T-t}$$

Φ：標準正規分布の累積分布関数

$S(t), K, r, \sigma, T$ の意味は計算例参照

$t=0$ での導出は，章末注1に掲載した.

実際の数値計算例で理解を深めよう．まずは簡単に Excel などの表計算ソフトを用いて，数値例による価格を算出してみよう．実務上のファイナンス数理の計算は，原理を理解していれば Excel で済ませられることも多い．Python ではコマンド関数化されているので，かえって理解がさまたげられる恐れがある．簡単な問題ほど実力が試され恐しい（章末注2参照）.

計算例　株価 $S(t)=60$ ドル，権利行使価格 $K=65$ ドル，無リスク金利 $r=4\%$，ボラティリティ $\sigma=18\%$，満期 $T=0.5$ 年である．$t=0$ におけるコール・オプションの価格を計算する.

手際よく計算する．Φ の計算ができなければ始まらない．d_1, d_2 は，

$$d_1 = \frac{\ln\left(\dfrac{60}{65}\right) + \left(0.04 + \dfrac{0.18^2}{2}\right) \times 0.5}{0.18 \times \sqrt{0.5}}$$

$$= \frac{-0.0800 + 0.0281}{0.18 \times \sqrt{0.5}} = \frac{-0.0519}{0.1273} \approx -0.4077$$

$$d_2 = d_1 - 0.18 \times \sqrt{0.5} = -0.4077 - 0.1273 = -0.5350$$

次に Excel 関数 NORM. S. DIST より $\Phi(d_1)=0.342$，$\Phi(d_2)=0.296$ で

$$C = 60 \times 0.342 - 65 \times 0.9802 \times 0.296 \approx 1.66$$

§10.5　ブラック‐ショールズ方程式を出す

株価の変動を幾何ブラウン運動（対数正規ブラウン運動）としてモデル化し，オプション価格を偏微分方程式の解として表現するのがブラック‐ショールズモデルである．

まず最初に，「完備な市場」を枠組みの前提としよう．市場が完備であれば，無裁定の条件が働くことで一物一価となるが，これによると，どんな金融商品（オプションなど）でも既存の市場の資産，たとえば株や債券の組み合わせで複製可能となる．コール・オプションの価格 $C(t)$ も時間 t の関数で，等式

$$C(t) = p(t)S(t) + q(t)B(t) \qquad (10.5.1)$$

ただし

$$S = 株価などの原資産，\quad B = 債券などの無リスク資産$$

として表すことができる．

まず，無リスク資産（実際は預金や債券）の価格 $B(t)$ については，ランダム項のない指数型で

$$B(t) = B_0 \exp(rt)$$

として表される．ここで，B_0 は初期の無リスク資産の価格，r は無リスク金利である．

次に，原資産である株式とこの無リスク資産である債券を選び，その持ち比率 $p(t), q(t)$ の量を調整すれば，コール・オプションの価格は株と債券の価格からピタリと決まるだろう．

実際この量を式から数学的に消去すればブラック‐ショールズ方程式となる．そのため C に関する確率微分方程式を以下 2 通りで表し，その係数比較とすればよい．

まず式（10.5.1）を全微分すると

$$dC(t) = dp(t)S(t) + p(t)dS(t) + dq(t)B(t) + q(t)dB(t)$$
$$= p(t)dS(t) + q(t)dB(t) \qquad (10.5.2)$$

228　第 10 章　ファイナンス数理入門

実際には自己資本充足より，$dp(t)S(t)+dq(t)B(t)=0$，要するに，株を $dp(t)$ だけ買うために，債券を $-dq(t)$ だけ売る，または，その逆である．

$dC(t)$ に式 $dS(t)=\mu S(t)dt+\sigma S(t)dW(t)$ を用いて整理すると

$$dC(t)=\big(\mu p(t)S(t)+q(t)rB(t)\big)dt+p(t)\sigma S(t)dW(t)$$

他方 $C(t)$ は $S(t)$ の関数だから伊藤の公式（9.6.1）を適用し $C(S,t)$ の従う確率微分方程式

$$dC(t)=\left(\frac{\partial C}{\partial t}+\mu S(t)\frac{\partial C}{\partial S}+\frac{1}{2}\sigma^2 S(t)^2\frac{\partial^2 C}{\partial S^2}\right)dt+\sigma S(t)\frac{\partial C}{\partial S}dW(t) \quad (10.5.3)$$

を得る．

式（10.5.2）と式（10.5.3）について dt と $dW(t)$ の係数を等値し，そこから $p(t),q(t)$ を消去すれば「ブラック-ショールズ方程式」

$$\frac{\partial C(t)}{\partial t}+rS(t)\frac{\partial C(t)}{\partial S}+\frac{1}{2}\sigma^2 S(t)^2\frac{\partial^2 C(t)}{\partial S^2}=rC(t) \quad (10.5.4)$$

が得られる．これを§10.3冒頭で述べた手法を用いて，式（10.4.1）の解析解を得られる．

§10.6 オプションのリスク指標

コール・オプションの価格は，式（10.4.1）から求まったが，この微分からオプション価格が様々な要因にどのように反応するかを分析できる．この反応度をオプションの感応度，リスク指標または慣例から Greeks（ギリシア文字）と呼ぶ．以下代表的な感応度であるデルタ Δ とガンマ Γ について説明する．

デルタは，原資産価格の変化に対するオプション価格の変化率を表す．数式で確認すると，以下のような一階微分の形になる：

$$\Delta=\frac{\partial C}{\partial S}=\Phi(d_1)$$

例えば，ある投資家がコール・オプションを保有している場合，デルタが

§10.6　オプションのリスク指標　229

0.5であれば,原資産価格が1円上昇するとオプション価格は0.5円上昇することを意味する.

ガンマは,デルタの変化率,つまり原資産価格の変化に対するデルタの変化率を表す.数式で確認すると,以下のような二階微分の形になる:
$$\Gamma = \frac{\partial^2 C}{\partial S^2} = \frac{\phi(d_1)}{S\sigma\sqrt{T-t}}$$
デルタは原資産価格の変化に伴って変化するが,一定のデルタを維持するためには,原資産の保有量を常に調整する必要がある.ガンマは,この調整の頻度や規模を判断するのに役立つ.また,実際のオプション取引にあたっては,リスク指標の管理やモニタリングも重要になる(図10.6.1).

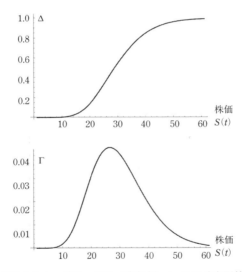

図10.6.1 グリークス(感応度)Δ,Γの分布形状

§10.7 バシチェックの確率微分方程式

ここからはブラウン運動の確率微分方程式ではあるが,話題を大きく変え,短期金利(short rate)の変動およびその下での収益の課題に移ろう.

よく知られたモデルとして 1977 年に発表されたバシチェックモデルを取り上げる．このモデルは前章で見たオルンスタイン-ウーレンベック過程と数理的には同じだが，解法や応用では広がっている．モデルは，短期金利の動向を基礎的な確率過程として捉え，その変動を数理的に解析する．ブラック-ショールズモデルと比較した，バシチェックモデルの特徴は，次のドリフト項 $\kappa(\theta-r(t))dt$ で記述された「平均回帰性」（mean-reverting）である．ブラック-ショールズモデルの株価 $S(t)$ は，トレンドに従って増加（または減少）し，そこにランダムさ（「酔歩」の千鳥足）が加わると，途方もない遠方にたどり着くこともあった．一方バシチェックモデルの短期金利 $r(t)$ は，いずれ長期的な均衡水準 θ に収束する性質を表している．そのようなわけでバシチェックモデルの確率微分方程式は

$$dr(t)=\kappa(\theta-r(t))dt+\sigma dW(t) \qquad (10.7.1)$$

のように記述される．

　ただし，

　$r(t)$：時刻 t における瞬間短期金利，κ：平均回帰速度，θ：長期的な平均金利（均衡水準），σ：ボラティリティ，$W(t)$：標準ブラウン運動

＊「回帰」とは文字通り「戻っていくこと」（reversion）で，統計学でいう「回帰」（regression）とは全く無関係．

偏微分方程式　この $r(t)$ の式を（10.5.1）に基づいて[†]，ゼロクーポン債の価格を $P=P(r,t)$ とした時間 t と金利 r の関数と考えると（注意：本来 T の関数だが，さし当たりは表示しない），偏微分方程式

$$\frac{\partial P(r,t)}{\partial t}+\kappa(\theta-r)\frac{\partial P(r,t)}{\partial r}+\frac{1}{2}\sigma^2\frac{\partial^2 P(r,t)}{\partial r^2}=rP(r,t) \qquad (10.7.2)$$

を得る（向学のためブラック-ショールズのときと同様に伊藤の公式を用いると，導出できる）．

　[†]　「ブラック-ショールズのときと同様な展開を見たい」という主旨である．

§10.7　バシチェックの確率微分方程式　231

今回も解析解は得られゼロクーポン債の価格式は，形は妙だがここから先は T も入れると，

ゼロクーポン債[†] の価格式

$$P(t, T) = A(t, T) e^{-B(t, T) r(t)} \tag{10.7.3}$$

ここで

$$A(t, T) = \exp\left\{\left(\theta - \frac{\sigma^2}{2\kappa^2}\right)(B(t, T) - (T - t)) - \frac{\sigma^2}{4\kappa}B(t, T)^2\right\}$$

$$B(t, T) = \frac{1 - e^{-\kappa(T - t)}}{\kappa}$$

$r, \theta, \sigma, \kappa, T$ の意味は計算例参照

$B(t, T)$ はボラティリティに相当する関数，$A(t, T)$ もバシチェックモデル特有の関数で，平均回帰速度 κ やボラティリティ σ などの情報を反映した金利の動きを反映している．

この式（10.7.3）式の解法については後述するとし，まずは数値計算例で簡単に確認しておこう．（→章末ワンポイント練習 3 を参照）

計算例 短期金利 $r(0) = 2\%$，長期金利の均衡水準 $\theta = 4\%$，ボラティリティ $\sigma = 0.5\%$，平均回帰速度 $\kappa = 0.2$，満期 $T = 2$ 年のとき，ゼロクーポン債の価格を求める．

$B(t, T), A(t, T)$ の順に値を求める．Excel 関数（EXP）で，順次

$$B(0, 2) = \frac{1 - e^{-0.2 \times 2}}{0.2} = \frac{0.3297}{0.2} = 1.6485,$$

$$A(0, 2) = \exp((0.04 - 0.0003125)(1.6485 - 2) - 0.00003125 \times 1.6485^2)$$

[†] ゼロクーポン債は，満期時に額面金額を受け取れるが，クーポン（利息）が支払われない債券である．このため，ゼロクーポン債の価格は，将来受け取れる額面金額を現在価値に割り引いた値となる．割引率は，金利水準や満期までの期間によって異なり，バシチェックモデルでは，これらの要因を考慮してゼロクーポン債の価格を計算する．

232　第 10 章　ファイナンス数理入門

$$= \exp(-0.01395 - 0.0000849)$$
$$= \exp(-0.0140349) \approx 0.9861,$$

よって首尾よく所期の値が出る.

$$P(0, 2) = 0.9861 \times e^{-1.6485 \times 0.02}$$
$$= 0.9861 \times 0.9676 \approx 0.9541$$

このように数値計算を自ら行うことで,モデルを実感できる.というよりも,真に理解しているかどうか自ら確認することになる.関数式に代入して'一発'で得てもその効果は薄い(編者).

確率微分方程式を解く　バシチェックモデルは確率過程としては,オルンスタイン - ウーレンベック過程であるので,第9章で済んでおり,すでに

期待値:$E[r(t)] = \theta + (r(0) - \theta)e^{-\kappa t} = r(0)e^{-\kappa t} + \theta(1 - e^{-\kappa t})$

$$V(r(t)) = \frac{\sigma^2}{2\kappa}(1 - e^{-2\kappa t}) \tag{10.7.4}$$

が得られている.

ちなみに t を 0 と ∞ で極限をとってみると

$$\lim_{t \to 0} E[r(t)] = r(0), \qquad \lim_{t \to \infty} E[r(t)] = \theta$$

で,$t \to \infty$ のときたしかに期待値は θ に回帰している.ただし期待値としてであってばらつきは残り,実際分散(10.7.4)は,

$$\lim_{t \to 0} Var[r(t)] = 0, \qquad \lim_{t \to \infty} Var[r(t)] = \frac{\sigma^2}{2\kappa}$$

である.

これで(瞬間)短期金利の振る舞いも明確になる.実際,時刻 t から T までの累積金利または累積リターン $R(t, T)$ を

$$R(t, T) = \int_t^T r(s) \, ds$$

のように定義しよう.短期金利は瞬間的な量だから,この累積金利 $R(t, T)$ の期待値と分散を求めると,期待値 $E(R(t, T))$ は

§10.7　バシチェックの確率微分方程式　233

$$E\left[-\theta(T-t)-(r(t)-\theta)\frac{1-e^{-\kappa(T-t)}}{\kappa}+\frac{\sigma}{\kappa}\int_t^T(1-e^{-\kappa(T-s)})\,dW(s)\right]$$

$$=-\theta(T-t)-(r(t)-\theta)\frac{1-e^{-\kappa(T-t)}}{\kappa},\qquad(10.7.5)$$

分散 $V(R(t,T))$ は

$$\frac{\sigma^2}{\kappa^2}\int_t^T(1-e^{-\kappa(T-s)})^2ds=\frac{\sigma^2}{\kappa^2}\left[s+\frac{2}{\kappa}e^{-\kappa(T-s)}-\frac{1}{2\kappa}e^{-2\kappa(T-s)}\right]_t^T$$

$$=\frac{\sigma^2}{2\kappa^3}(2\kappa(T-t)+3-4e^{-\kappa(T-t)}+e^{-2\kappa(T-t)})\qquad(10.7.6)$$

§10.8 　債券価格とイールドカーブとは

　イールドカーブ（ゼロクーポン債の利回り曲線）を描くことができる．かなり長くなっているが，よく見ると $r(t)$ の指数関数として，式（10.7.3）を導くことができる．実際，債券価格の基礎は複利計算である．1 単位の n 期の複利の元利合計は $(1+i)^n$ で，ゼロクーポン債の現在価値 P_n は

$$P_n=\frac{1}{(1+i)^n}=(1+i)^{-n}$$

これを i について解けば，利回り（rate of return）i は

$$i=\frac{-\log P_n}{n},$$

n が連続時間なら，複利計算が連続し満期までの時間（time to maturity）は $T-t$ であるから，$i=Y(t,T)$ とおくと，i は T の関数となって

$$Y(t,T)=-\frac{1}{T-t}\log P(t,T)$$

を得る．これを，「金利の「期間構造」（term structure of interest rate），あるいは T の「イールド曲線」（yield curve）という．$Y(t,T)$ は金利（利回り），$P(t,T)$ は（t における）債券価格で，表し方は異なるが[†]，両者は一対一に対応しどちらでも同一のことを表現している．

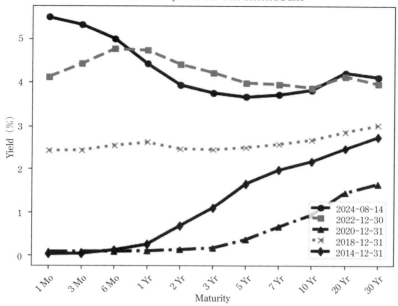

図 10.8.1 アメリカの財務省（U.S. DEPARTMENT OF THE TREASURY）から取得したデータに基づく，5時点のイールドカーブ

金利は保持者の利益に直結し，「イールド」（産出収益）といわれる．「イールドカーブ」は，債券市場において特定の期間（$t\sim T$）にわたる金利（一般に「〜年物」と呼ぶ）の水準を示すグラフである．縦軸に金利（利回り），横軸に満期までの期間を取る．例えば上の図 10.8.1 は，アメリカの財務省（U.S. DEPARTMENT OF THE TREASURY）の Web ページから取得した 5 通りの t での現実のイールドカーブである．

実際には大きく分けて，イールドカーブには「順イールド」（期間が長くなるほど金利が上昇する）と「逆イールド」（期間が長くなるほど金利が低下する）の 2 種類がある．

---

† したがってたがいに反対の動きをする．すなわち，金利が上昇（または低下）すると債券価格は低下（または上昇）する．

§10.8 債券価格とイールドカーブとは　235

バシチェックモデルによるイールドカーブ　累積金利 $R(t,T)$ の平均と分散を導出したが，解析的には連続複利のスポットレート（瞬間金利の連続）から定義されたイールドカーブで

$$Y(t,T) = -\frac{\log P(t,T)}{T-t} \tag{10.8.1}$$

解から理論的に

$$= -\frac{1}{T-t} \log\left(A(t,T) e^{-B(t,T)r(t)}\right)$$

$$= -\frac{1}{T-t} \log A(t,T) + \frac{B(t,T)}{T-t} r(t) \tag{10.8.2}$$

長期金利の均衡水準 $\theta = 0.05$　平均回帰速度 $\kappa = 0.3$　ボラティリティ $\sigma = 0.04$　短期金利 $r(t) = 0.03$
注意：バシチェックモデルはマイナス金利もあり得る．ただし，長期的には θ に回帰する．

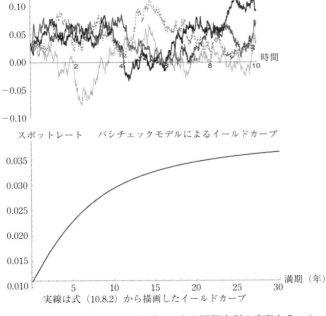

実線は式（10.8.2）から描画したイールドカーブ

図 10.8.2　バシチェックモデルによる短期金利の変動シミュレーション（上）と，式（10.8.2）のイールドカーブ（下）

となる.

　以上，バシチェックモデルを基に，イールドカーブの導出過程を見てきた．数式展開はやや複雑であったが，流れをもう一度確認すると，短期金利の確率的振る舞いを記述する確率微分方程式から，満期までの累積金利の分布を特定し，それを用いてゼロクーポン債の価格を導出した．そして，このゼロクーポン債価格から，イールドカーブを得る方程式を算出した．

　結語　本章では，このように確率過程のファイナンス数理への応用について議論してきたが，現実の株価や金利には，ブラウン運動から外れるような動きも観察されている．景気との関連があったり，ファット・テール，ロング・テールと呼ばれる極めて稀な変動（株価の暴落等）が起きることも，少なくはない．そのため，金融の現場においては，パラメータ自体もモデル化したり，ジャンプの要素を加えるなど，いろいろな工夫が考察されている．

注1　コール・オプション価格評価式の直接導出

　§10.4 から丹念に分布計算で直接的に得られる.

　$t=T$ における資産価格は，$\rho, \sigma^2 =$ 一定の場合の $X(t)$ からランダムに

$$X(T) = X(0)\exp\left\{\left(\rho - \frac{1}{2}\sigma^2\right)T + \sigma W(T)\right\}$$

で，コール・オプションの利得計算は満期 T において行使価格から

$$F = \max(X(T)-K, 0)$$
$$= X(T)-K \quad (X(T) \geqq K), \quad 0(X(T) < K)$$

による．ギルサノフの定理によって W は標準ブラウン運動に従っていると考えてよい．よって $\sigma W(T)$ は $N(0, \sigma^2 T)$ の分布を仮定してよい．よって F がもたらす期待利得は，$N(0, \sigma^2 T)$ の確率分布を入れ，かつ経済学上の割引率（連続利子率で）$e^{-\rho T}$ も考慮して

$$p(F) = e^{-\rho T}\int_{-\infty}^{\infty}\frac{1}{\sqrt{2\pi}\,\beta\sqrt{T}}e^{-\frac{y^2}{2\beta^2 T}}f(x_1 e^{y+\left(\rho-\frac{1}{2}\beta^2\right)T})\,dy. \quad x_1 = X(0)$$

ただし，$f(x) = x-K(x \geqq K)$，$f(x) = 0 \quad (x < K)$

　したがって，積分には y の不等式領域

$$e^{y+\left(\rho-\frac{1}{2}\beta^2\right)T} \geqq \frac{K}{x_1}$$

いいかえれば

§10.8　債券価格とイールドカーブとは　237

$$y \geqq \log_e\left(\frac{K}{x_1}\right) - \left(\rho - \frac{1}{2}\beta^2\right)T \quad (\equiv y^*)$$

だけが寄与する．そこで $f(x)$ を代入して積分を実行すると，2 部分に分かれ

$$x_1\int_{y*}^{\infty}\frac{1}{\sqrt{2\pi}\,\beta\sqrt{T}}\,e^{-\frac{y^2}{2\beta^2T}}e^{y+\left(\rho-\frac{1}{2}\beta^2\right)T}dy - K\int_{y*}^{\infty}\frac{1}{\sqrt{2\pi}\,\beta\sqrt{T}}\,e^{-\frac{y^2}{2\beta^2T}}\,dy.$$

$$= ① + ②$$

① : 第 1 項の積分は，2 次式の演算

② : 簡単な第 2 項は，正規分布 $N(0,\beta^2T)$ に従う確率変数を U として，$KP(U\geqq y^*)$
   となる．

$$-\frac{y^2}{2\beta^2T}+y+\left(\rho-\frac{1}{2}\beta^2\right)T = -\frac{1}{2\beta^2T}(y-\beta^2T)^2+\rho T$$

から，正規分布 $N(\beta^2T,\beta^2T)$ に従う確率変数を V として

$$e^{\rho T}Pr(V\geqq y^*)$$

となる．

　これで $p(F)$ の積分は正規分布表に帰着したわけで

$$p(F)=x_1P(V\geqq y^*)-e^{-\rho T}KPr(U\geqq y^*)$$

もっとも，正規分布表は不等号 $\leqq$ によっているので，多少のやり残しはあり

$$Pr(U\geqq y^*)=P(-U\leqq -y^*)=\Phi\left(\frac{-y^*}{\beta\sqrt{T}}\right),$$

$$Pr(V\geqq y^*)=P(-V\leqq -y^*)=\Phi\left(\frac{-y^*+\beta^2T}{\beta\sqrt{T}}\right)$$

となる．$\Phi(\ \ )$ の中の 2 数は似ており，この際 y^* を含めて

$$u=\frac{\log_e\dfrac{x_1}{e^{-\rho T}K}}{\beta\sqrt{T}}+\frac{1}{2}\beta\sqrt{T}$$

とするとそれぞれ $u-\beta\sqrt{T}$，u であるのは見やすい．すなわち

コール・オプションの評価式（Black‐Scholes）

$$p(F)=x_1\Phi(u)-e^{-\rho T}K\Phi(u-\beta\sqrt{T})$$

これですべて証明された．

　なお，ついでながら

$$u-\beta\sqrt{T}=\frac{\log_e\dfrac{x_1}{e^{-\rho T}K}}{\beta\sqrt{T}}-\frac{1}{2}\beta\sqrt{T}$$

は u の式と反対の形をとるのも興味深い．

注 2　Python によるコール・オプションの価格を算出

　Python 関数内の計算手順がブラックボックス化されているが，実データを取り込めるメリットがある．手順は以下の通りである：

　（ⅰ）**パッケージのインストールとライブラリのインポート**：option−price パッケージをインストール（pip）し，オプション価格算出に必要なライブラリ option-price をインポートする．

　（ⅱ）**データ取得**：**pandas_datareader** を使用して，2020 年 1 月 1 日から 2024 年 6 月 30 日までの日経平均株価の日次データを取得し，ボラティリティの計算を行う（ボラティリティの計算が不要であれば，なくてもよい）．

　（ⅲ）**パラメータ設定**：オプション価格算出のための各パラメータ値を設定する．具体的には，直近の株価，行使価格，無リスク金利，ボラティリティ，行使期間または行使日である．

　（ⅳ）**オプション価格の算出**：Option クラスを使用して，指定されたパラメータに基づくコール・オプション価格を算出する．

　（ⅴ）**結果の表示**：算出されたオプション価格の詳細情報を表示する．

　価格算出に特化した optionprice と，ほぼ標準装備と言ってよい pandas，numpy といった汎用的なライブラリを利用しており，また，日経平均株価のデータを取得して実行しているため，ブラックボックスとはいえデータの前処理も必要なくかなり単純なコードで結果を表示できる．

　実行して得られた結果を，簡単に以下の図 10.8.3 で示しておこう．

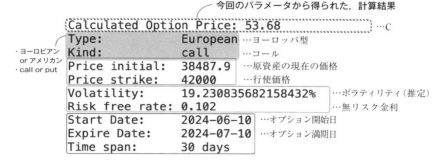

図 10.8.3　Python によるコール・オプションの価格算出

§10.8　債券価格とイールドカーブとは　239

ワンポイント練習10

[10.1] **コール・オプションのペイオフ** 権利行使価格 $K = 50$ ドルとして，関数 $F(S(T))$ $= \max(S(T) - K, 0)$ を用いて，コール・オプションのペイオフを計算しなさい．なお，満期時点での株価 $S(T)$ は次の3つのシナリオで考えるとする：

1. $S(T) = 52$ ドル　　2. $S(T) = 48$ ドル　　3. $S(T) = 40$ ドル

[10.2] **オプション価格の計算** 現在の株価が50ドル，オプションの権利行使価格が55ドルであるコール・オプションを考える．オプションの期間はそれぞれ3ヶ月（0.25年），6ヶ月（0.5年），12ヶ月（1年）とする．無リスク金利を年率5%とし，ボラティリティは年率10%，15%，20%，25%，30%としたとき，以下の問に答えなさい．なお，ブラック-ショールズの公式は以下の通りである：

$$C(S(t), t) = S(t)\Phi(d_1) - Ke^{-r(T-t)}\Phi(d_2)$$

ただし，

$$d_1 = \frac{\log \dfrac{S(t)}{K} + \left(r + \dfrac{1}{2}\sigma^2\right)(T-t)}{\sigma\sqrt{T-t}}, \qquad d_2 = d_1 - \sigma\sqrt{T-t}$$

〔$\Phi(x)$ は標準正規分布の累積分布関数を示す〕

(1) それぞれの期間とボラティリティの組み合わせにおけるコール・オプションの価格をブラック-ショールズの公式を用いて計算し，表にまとめなさい．

(2) 表より，ボラティリティ（x軸）とコール・オプション価格（y軸）の関係を期間ごとにグラフ化しなさい．

(3) 各期間におけるボラティリティがオプション価格に与える影響について簡単に考察しなさい．

[10.3] **ゼロクーポン債価格の計算** 現在の短期金利 $r(t)$ が2%，長期平均金利 θ が5%，ボラティリティ σ が1%とする．ゼロクーポン債の満期はそれぞれ1年，3年，5年とする．平均回帰係数（κ）を 0.1，0.3，0.5，0.7，1.0，1.5 と設定したとき，以下の問に答えなさい．なお，バシチェックの公式は，以下の通りである：

$$P(t, T) = A(t, T)e^{-B(t, T)r(t)}$$

ただし，

$$A(t, T) = \exp\left\{\left(\theta - \frac{\sigma^2}{2\kappa^2}\right)(B(t, T) - (T-t)) - \frac{\sigma^2}{4\kappa}B(t, T)^2\right\}$$

$$B(t, T) = \frac{1 - e^{-\kappa(T-t)}}{\kappa}$$

(1) 各平均回帰速度（$\kappa = 0.1$，0.3，0.5，0.7，1.0，1.5）と満期（1年，3年，5

年）の組み合わせにおけるゼロクーポン債価格をバシチェックの公式を用いて計算し，表にまとめなさい．

(2) 表より，平均回帰係数（x 軸）とゼロクーポン債価格（y 軸）の関係を期間ごとにグラフ化しなさい．

(3) 平均回帰係数がゼロクーポン債価格に与える影響について簡単に考察しなさい．

[10.4] **スポットレートの計算**　問 2 のパラメータ（短期金利 $r(t)=2\%$，長期金利 $\theta=4\%$，ボラティリティ $\sigma=0.5\%$，平均回帰係数 $\kappa=0.2$，満期 $T=2$ 年）から，$B(0,2)=1.6485$，$A(0,2)=0.9861$ が得られた．ではこの値から，以下の式を用いて，スポットレートの予測値を求めよ．

$$y(t,T)=-\frac{1}{T-t}\ln A(t,T)+\frac{B(t,T)}{T-t}r(t)$$

[10.5] **オプションのリスク指標の計算**　現在の株価 $S_0=120$ 円，オプションの行使価格 $K=130$ 円，無リスク金利 $r=3\%$，ボラティリティ $\sigma=25\%$，満期までの期間 $T=0.5$ 年における，コール・オプションについて，以下の問に答えなさい．ただし，ブラック－ショールズモデルにおけるデルタ・ガンマは，次のように計算される．

$$\Delta=\Phi(d_1)$$

$$\Gamma=\frac{\phi(d_1)}{S_0\sigma\sqrt{T}}$$

ここで，

$$d_1=\frac{\ln\left(\dfrac{S_0}{K}\right)+\left(r+\dfrac{\sigma^2}{2}\right)T}{\sigma\sqrt{T}}$$

(1) デルタ $\left(\Delta=\dfrac{\partial C}{\partial S}\right)$ を計算せよ．

(2) ガンマ $\left(\Gamma=\dfrac{\partial^2 C}{\partial S^2}\right)$ を計算せよ．

§10.8　債券価格とイールドカーブとは　241

第11章

信用リスク評価入門[†]

山中　卓

　第10章に引き続き，確率論数理を基礎にして「信用リスク」の評価を学びます．
信用リスクは企業からの代金の支払い，貸金の返済が確かであるかどうか，その可
能，不可能の確率をいいます．未払い，滞納は「デフォルト」と言われ，将来のデ
フォルト確率および債券価格をどう見積るかについては，時間を軸にブラック・
ショールズの公式の数理を用いる方法と，イベント（事象）の発生件数，発生率を
見てゆく方法があります．前者はすでに見た第10章の応用ですが，後者はポアソン
過程を元にしてデフォルト発生時点の確率分布が得られます．いずれも確率論の直
接応用として有用です．（編者）

§11.1　信用リスク評価とは

　企業にとって，取引相手からの代金の支払いが滞る，また，借金の返済が
行われないといった事態が生じ得ることは経営上のリスクである．そのよう
な債務の滞納・未払いという事態は「デフォルト（債務不履行）default」と
呼ばれ，デフォルトが発生するリスクである「信用リスク credit risk」を前
もって見積もることは企業が取引相手を選定し，経営リスクを管理する際に
重要な要件とされてきた．とくに金融機関においては，投融資の実行の判断
やそのリスク管理に際して，信用リスクが顕在化する確率や顕在化に伴う損
失額の評価が行われる．このように，確率は信用リスク評価の有効な道具と
して用いられる．とりわけ，時間のパラメタをもつ確率変数である確率過程

[†]　◆◆◆ https://www.bayesco.org/top/books/stocpr
　　練習問題の解答・解説までを掲載．

は資産額の不確定な変動やイベントの不規則な生起を数学的に記述するのに適しており，信用リスク評価のために様々な形で使われている[†].

二つのアプローチ　確率過程の理論に基づく信用リスクの手段として代表的なものに「構造型アプローチ」と呼ばれるものがある．構造型アプローチによる信用リスク評価では，企業の財務状態の時間推移を適当な確率過程でモデル化した上で，デフォルトの発生に相当する財務状況に陥る確率を計算する[‡].

構造型アプローチとは別の信用リスク評価の手法として，これまた代表的なものに「誘導型アプローチ」がある．金融市場で取引されている債券の利回りや価格には債券を発行した企業がデフォルト状態に陥る蓋然性が織り込まれていると考えられる．そこで，債券利回りに暗に反映されているデフォルト発生率そのものを表現する確率過程を導入すれば，そこから算定されるデフォルト発生確率を金融商品の価格付けなどに利用することができる．こ

表 11.1.1　信用リスク評価手法の分類

タイプ	確率過程の利用形態
構造型アプローチ	企業の財務状況の時間推移を表す確率過程を用意し，デフォルト発生の確率的状況を予測する．デフォルト発生状況の明示的な表現を伴う．
誘導型アプローチ	デフォルト発生そのものを記述する確率過程（デフォルト強度モデル）を用意して，デフォルトの発生を予測する．デフォルト発生時の企業の状態は明示的には表現されない．

[†]　確率過程モデル以外にも，統計手法や機械学習を用いて，信用リスクの大きさを推定する方法がある．金融実務における与信判断においては，そのような統計・機械学習による推定法を用いることも多い.

[‡]　構造型アプローチは構造型モデルにもとづくアプローチのことであるが，「モデル」が「アプローチ」を含意した形の専門用語「構造型モデル」が充てられることが多い．ここでは本書の性格に鑑み，より一般的な用語と思われる「構造型アプローチ」を採用した.

§11.1　信用リスク評価とは　243

れが誘導型アプローチである．構造型アプローチが企業のデフォルト発生時の財務状況を明示的に扱う立場であるのに対して，誘導型アプローチではデフォルト発生メカニズムは明示的には扱わない．

表 11.1.1 は構造型アプローチと誘導型アプローチのそのような特徴を整理したものである．本章のこのあとに続く各節においては，はじめにランダム・ウォークによる構造型アプローチを用いてデフォルト発生を予測する様子を簡単な例題によって示す．それに続いて，連続時間型の確率過程として代表的な幾何ブラウン運動を用いた構造型アプローチによるリスク評価の諸相を論じる．さらには，誘導型アプローチ[†]によるリスク評価をポアソン過程やその一般化を用いて議論する．

§11.2　構造型アプローチによる信用リスク評価

構造型アプローチではデフォルト状態における企業の財務状態を明示的に扱う．ここでは端的に，企業の財務構造を総資産と負債でとらえることにし，負債の返済は総資産を取り崩して行われると考えることにする[‡]．

企業の総資産額は時間の経過とともに企業活動の結果を反映して変動する．また，負債額も企業の財務活動の結果として変動する．例えば，図 11.2.1 は実在の企業（トヨタ自動車(株)）の総資産額と負債額の時間推移を表したグラフである．総資産額と負債額が時間の経過に応じて変動する様子がみてとれる．

ある時点において，総資産額が負債額を下回ったとする．その状況におい

[†]　誘導型アプローチは，構造型アプローチと異なり，デフォルト発生のメカニズムに対する構造的解析を経ることなく当該事象の生起確率を直接的に扱う形（Reduced form）のモデルを用いてデフォルト発生を予測するものであり，慣例的専門用語として「誘導型モデル」や「縮約型モデル」などが充てられる．本章では構造型アプローチとの整合性から，「誘導型アプローチ」と呼ぶことにした．

[‡]　いわゆる企業財務の貸借対照表（バランス・シート）を念頭においている．

244　第 11 章　信用リスク評価入門

図 11.2.1　トヨタ自動車（株）の総資産額と負債額の時系列データ．負債額は簿価とし，総資産額は簿価に時価総額を加えた額とした．

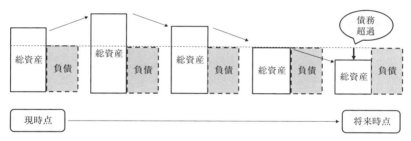

図 11.2.2　総資産額の時間変動によってデフォルト（債務超過）が発生する様子のイメージ

ては，総資産をすべて負債の支払いに充てたとしても企業は債務の返済を果たすことができない．このような，総資産額が負債額を下回った状態は一種のデフォルトとみなされ，とくにこのタイプのデフォルトは債務超過と呼ばれる．図 11.2.2 はそのような債務超過に至る総資産額の変動の様子を模式的に表したものである．

ランダム・ウォークからのスタート　債務超過発生の予測方法を簡明に議論するために，総資産額の変動をランダム・ウォークで表現する素朴な数理

§11.2　構造型アプローチによる信用リスク評価　245

モデルを考えてみよう.

例題（構造型アプローチの原型）

　総資産額は初期時点において 3 単位円である. 各期の事業が好調な場合に総資産額は 1 単位円だけ増加し, 不調の場合には 1 単位円だけ減少する. 各期における増減はいずれも確率 50%で生じ, 異なる期間の好不調の生起は独立である. 負債額は 2 単位円で変動しない.

　ちょうど 4 期後において総資産額が負債額よりも小さい確率はいくらか. ただし, それ以前における債務超過発生はない.

例題の答（デフォルト確率）

　4 期間後において総資産額が負債額を下回っている事象が生起するのは,「事業が 4 期間全てにおいて不調の場合」と「4 期間のうち 3 期間において不調の場合」である.

　4 期間全てにおいて事業が不調である確率は

$$_4\mathrm{C}_4\left(\frac{1}{2}\right)^4=\frac{1}{16},$$

4 期間のうち 3 期間において事業が不調である確率は

$$_4\mathrm{C}_3\left(\frac{1}{2}\right)^4=\frac{4}{16}$$

である. 排反性により, 総資産額が負債額を下回る確率はこれらの和で

$$\frac{5}{16}=0.3125$$

となる.

　この例題は, 第 6 章で扱ったランダム・ウォークの話題に他ならない. すなわち, 各項 X_i が 2 値集合 $\{\pm1\}$ に値をとり,

$$P(X_i=1)=p=0.5, \qquad P(X_i=-1)=q=1-p=0.5$$

である独立な確率変数列 $\{X_i\}$ から, 総資産額の対称ランダム・ウォーク

246　第 11 章　信用リスク評価入門

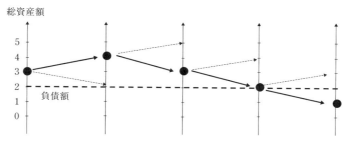

図 11.2.3 ランダム・ウォークによる構造型アプローチ

$$V_n = V_0 + X_1 + X_2 + \cdots + X_n, \quad V_0 = 3$$

を構成し，これが将来時点 $n=4$ において負債額 $D=2$ を下回る確率 $P(V_4<2)$ を求める，という問題になっている（図 11.2.3）．最後に得られた $P(V_4<2)$ の値がこの簡易な構造型アプローチの下で算出された「4期後の時点におけるデフォルト確率」である．

一般には，§6.1 の (6.1.4) 式でみたように初期値が 0 で上昇確率が p である単純ランダム・ウォーク

$$S_n = X_1 + X_2 + \cdots + X_n, \quad S_0 = 0$$

が時点 n において整数値 x をとる確率は

$$P(S_n = x) = \begin{cases} {}_n C_{\frac{n+x}{2}} \, p^{\frac{n+x}{2}} (1-p)^{\frac{n-x}{2}} & (n+x=偶数, \ -n \leq x \leq n) \\ 0 & (それ以外) \end{cases}$$

であるので，これを用いて総資産額 V_n が負債額 D を下回る確率は次のように求めることができる．

$$P(V_n < D) = \sum_{x=V_0-n}^{D-1} P(V_n = x) = \sum_{x=V_0-n}^{D-1} P(S_n = x - V_0)$$

例題ではちょうど 4 期後の時点にのみ注目して，その時点における債務超過の生起確率を考えたが，4 期までの間に債務超過が生じる事象 $\{\tau \leq 4\}$ の確率に注目する問題の立て方もある．ここに，τ は，初めて債務超過の発生する時刻を表す確率変数である．より一般には，確率変数 τ の確率分布を論じることもできる．これに関しては，後のほうの節（§11.6）において，特殊な幾何ブラウン運動を用いた構造型アプローチについて詳しく論じる．

§11.2 構造型アプローチによる信用リスク評価

ちなみに，上の例題で求められた確率は，事象の包含関係から $P(\tau \leqq 4)$ の下界になっていることがわかる．

ここまでの議論から，構造型アプローチのアイデアを整理しよう．

構造型アプローチによる信用リスク評価（要点）
1. 総資産額の変動を表す確率過程 $\{V_t\}$ を基礎におく
2. 負債額 D に対して，特定の将来時点 T における事象 $\{V_T < D\}$ や事象 $\{\tau \leqq T\}$ などの生起確率を算定する

---

§11.3 幾何ブラウン運動を用いる構造型アプローチ

総資産額の変動　構造型アプローチの適用において，総資産額の変動にどのような確率過程をあてはめるかがその出発点であった．連続時間型で考えるなら，総資産額の変動を表現する確率過程として簡明で扱いやすいものとして，第9章で導入され，第10章では株価のモデルとして取り上げた幾何ブラウン運動がある：

$$V(t) = V_0 \exp\left(\left(\mu - \frac{\sigma^2}{2}\right)t + \sigma W(t)\right) \tag{11.3.1}$$

ここで，$V(t)$ は時点 t における総資産額を表わす．$V_0(=V(0))$ は現時点 $t=0$ における総資産額であり，μ と σ はそれぞれ総資産額のトレンドとボラティリティを表すパラメタである．$\{W(t)\}$ は標準ブラウン運動を表す．確率過程 $\{V(t)\}$ を確率微分方程式の形式で表現すれば，

$$\frac{dV(t)}{V(t)} = \mu dt + \sigma dW(t) \tag{11.3.2}$$

となるので，この総資産額のモデル化は総資産額の変化率をドリフト付きブラウン運動でモデル化したことを意味している[†]．いうまでもなく，(μ, σ)

[†]　時間パラメタの離散か連続かの違いとは別に，この点で§11.2に導入した例題とは資産価値の変動特性が異なっている．

はリスク評価の対象に固有のパラメタであり，これらは統計的推定など何らかの方法で予め特定しておく必要がある．このように，モデルに基づく信用リスク評価には，パラメタ推定という重要な問題が常に伴う．

デフォルト確率　ここでは与えられた時点 T におけるデフォルト状態の有無を考察の対象とする．すなわち，時点 T における総資産額 $V(T)$ が負債額 D_T を下回る債務超過の状況をこのモデルにおけるデフォルト状態とする．また，負債額については，時間によらず一定値 $D_t=D$ をとる，という簡潔な設定とする．

図 11.3.1 は時点 0 から将来のある時点 T までの総資産の時間変動を模式的に表したものである．総資産額 $V(t)$ が幾何ブラウン運動に従ってランダムに変動していく様子がみられる．時点 T の総資産額の対数をとった確率変数は，

平均 $\log V_0 + \left(\mu - \dfrac{\sigma^2}{2}\right)T$，分散 $\sigma^2 T$ の正規分布 $N\left(\log V_0 + \left(\mu - \dfrac{\sigma^2}{2}\right)T, \sigma^2 T\right)$

に従う．このことから，デフォルト確率 $P(V(T) < D)$ は，標準正規分布の累積分布関数 Φ を用いて与えることができる．具体的には次になる[†]：

$$
\begin{aligned}
P(V(T) < D) &= P\left(V_0 \exp\left(\left(\mu - \frac{\sigma^2}{2}\right)T + \sigma W(T)\right) < D\right) \\
&= P\left(\log V_0 + \left(\mu - \frac{\sigma^2}{2}\right)T + \sigma W(T) < \log D\right) \\
&= P\left(W(T) < \frac{\log D - \log V_0 - \left(\mu - \frac{\sigma^2}{2}\right)T}{\sigma}\right) \\
&= \Phi\left(-\frac{\log V_0 - \log D + \left(\mu - \frac{\sigma^2}{2}\right)T}{\sigma\sqrt{T}}\right) \quad (11.3.3)
\end{aligned}
$$

[†]　(11.3.3) 式では，最初の等号は $V(T)$ を幾何ブラウン運動で表現し，2 番目の等号では，1 行目の右辺の不等号の両辺に対して対数をとった．3 番目は，標準ブラウン運動の分布関数の形に変形であり，最後の等号は $W(T)$ が正規分布 $N(0, T)$ に従うことによる．

§11.3　幾何ブラウン運動を用いる構造型アプローチ　249

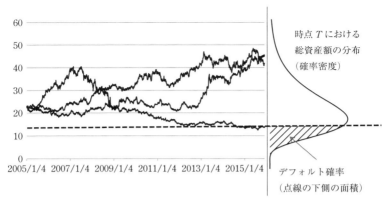

図 11.3.1　総資産額の変動を表す確率過程の標本とデフォルト確率の模式図

§11.4　デフォルト距離によるリスク評価

デフォルトへの近さ　企業の財務状況がデフォルトにどの程度近いところにあるか，という視点からリスクを評価するための尺度が，前節の構造型アプローチにおけるデフォルト確率（11.3.3）から派生することを示そう．将来時点 T は任意に固定しておく（必ずしも「満期」ではない）．

まず，(11.3.3) 式から，デフォルト確率は標準正規分布 $N(0,1)$ に従う確率変数の値が，境目の閾値（しきい値，threshold）

$$-\frac{\log V_0 - \log D + \left(\mu - \frac{\sigma^2}{2}\right)T}{\sigma\sqrt{T}}$$

よりも小さいという事象の確率である．この閾値が小さいほどデフォルト確率は小さいが，$-$ を外すことで符号反転した

$$DD := \frac{\log V_0 - \log D + \left(\mu - \frac{\sigma^2}{2}\right)T}{\sigma\sqrt{T}} \tag{11.4.1}$$

が大きいほど，デフォルト確率は小さく，それだけデフォルトが起こりづら

い．この意味で，DD は財務状況がデフォルト状態までどのくらい離れているかを示すひとつの指標とみなすことができ，「デフォルト距離（Distance to Default）」と呼ばれている．

ここでデフォルト距離 DD については，より詳細に，つぎのような解釈が可能である．表現式（11.4.1）の分子を

$$\left(\log V_0 + \left(\mu - \frac{\sigma^2}{2}\right)T\right) - \log D$$

と書き直してみると，これは時点 T における総資産額の対数の期待値（第 1 項）と負債額の対数（第 2 項）との差を表しており，対数の世界で，総資産額がデフォルト水準である負債額からどのくらい離れているかを測る「絶対距離」と解釈できる．デフォルト距離 DD は，その絶対距離を時点 T における総資産のリスク量を意味するボラティリティ $\sigma\sqrt{T}$ で割っており，「リスク量 1 単位あたりの，総資産額のデフォルト水準からの距離」を表している．DD が大きければデフォルトの確率は小さい．

計算例：$V_0 = 1.5$，$D = 1$，$\mu = 0.05$，$\sigma = 0.1$，$T = 5$ の場合は $DD = 2.89$ であり，デフォルト確率は大むね片側 3σ の確率 1.9/1000（0.19%）と見積もられ，一応 '安心' といえよう．

§11.5　信用リスクのある債券の価格

構造型アプローチの下で，信用リスクのある債券の価格評価を行うことを考えよう．簡便のための設定として，債券の発行体である企業は 1 単位の割引債[†]のみを発行し，1 単位の株式を発行しているとする．債券の額面を D，満期を T で表す．時点 t における債券の価格は B_t，株式の価格は S_t で表すことにする．また，無リスク金利を一定値とし，r で表すことにする．

債券と株式の利得　このような設定の下で債券および株式が保有者にどのような利得をもたらすかみてみよう．ここで，債券の保有者は債権者，株式

[†] 割引債（ゼロ・クーポン債）との用語は利払いがない債券を指す．

の保有者である株主は債務者である．満期において債券の発行体である企業にデフォルトがなければ，債権者は額面に相当する金額を受け取ることができる．これに対してデフォルトの状態にある，すなわち支払い原資である総資産額が債券の額面を下回る場合には，債権者は総資産額を超えて受け取ることはできない．よって，債権者の満期時点 T において受け取る金額はつぎの式で表せる．

$$B_T = \min(V(T), D)$$
$$= D - \max(D - V(T), 0) \qquad (11.5.1)$$

これは，満期の時点 T における債券価格に相当する．

一方で，満期時点 T において株主は債権者への支払いが終わった後に残った総資産額を受け取ることになる（残余請求権）．また，株主は満期時点 T における総資産額が債務額を下回っていたとしても，不足分の支払いを負担することはない（株主有限責任）．よって，満期時点 T において株主が受け取る金額は，

$$S_T = \max(V(T) - D, 0) \qquad (11.5.2)$$

と表される．これは，満期の時点 T における株価に相当する．

オプションとの類似 満期の時点 T における債券価格 B_T と株価 S_T が総資産額 $V(T)$ に依存して決まる様子を図示すると図 11.5.1 となる．図 11.5.1 より株主の満期における利得は，総資産を原資産とし，行使価格を負債額とするコール・オプションを購入した場合の満期における利得とみなせる．また，債券の保有者の利得は，同じ満期と行使価格のプット・オプションを売却するとともに，額面 D の無リスクの割引債を購入した場合に

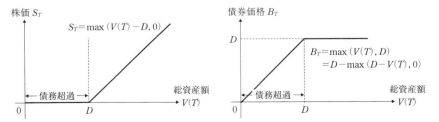

図 11.5.1　株主と債券の保有者の満期における利得

得られる利得に相当する．従って，時点 $t=0$ における株価および債券の理論価格はコール・オプションおよびプット・オプションそれぞれの理論価格を与えるブラック・ショールズの公式（第 10 章を参照）

$$C=S(0)\Phi(d_1)-Ke^{-rT}\Phi(d_2), \qquad P=Ke^{-rT}\Phi(-d_2)-S(0)\Phi(-d_1)$$

$$\text{ただし，} \qquad d_1=\frac{\log\left(\dfrac{S(0)}{K}\right)+\left(r+\dfrac{\sigma^2}{2}\right)T}{\sigma\sqrt{T}}, \qquad d_2=d_1-\sigma\sqrt{T}$$

から得られる．

株価と債券価格　株価はコール・オプションの価格にそのまま対応するので

$$S_0=V_0\Phi(d_1)-De^{-rT}\Phi(d_2) \tag{11.5.3}$$

となる．また，債券の保有は無リスクの割引債とプット・オプションの売却の組み合わせになり，債券価格は

$$B_0=De^{-rT}-(De^{-rT}\Phi(-d_2)-V_0\Phi(-d_1)) \tag{11.5.4}$$

$$=De^{-rT}(1-\Phi(-d_2))-V_0\Phi(-d_1)$$

$$=De^{-rT}\Phi(d_2)-V_0\Phi(-d_1) \tag{11.5.5}$$

となる†．ただし，今回は d_1, d_2 は

$$d_1=\frac{\log\left(\dfrac{V_0}{D}\right)+\left(r+\dfrac{\sigma^2}{2}\right)T}{\sigma\sqrt{T}}, \qquad d_2=d_1-\sigma\sqrt{T} \tag{11.5.6}$$

とおいている．

§11.6　初到達時刻アプローチ

満期 T という特定時点における債務超過とは別に，満期 T 以前の期間における債務超過の発生をもってデフォルトをとらえる考え方もある．デフォ

---

†　債券価格は，（11.5.4）の表現より，額面の割引現在価値（無リスクな割引債の理論価格）からプット・オプションの価値を差し引いた形になっていることに注目しよう．

ルトをそのようにとらえた構造型アプローチは初到達時刻アプローチと呼ぶこともできる. そこでは, 債務超過に初めて陥る時刻

$$\tau = \inf\{t \,|\, V(t) < D\} \tag{11.6.1}$$

によって定義[†]される確率変数 τ が主要な役目を受けもつ. これを用いることによって, 考察の対象となる事象を

$$\{\tau \leq T\}$$

と表すことができる.

簡易的なモデル例　総資産額の変動がブラウン運動と指数関数で結ばれる簡易的なモデルの下で, 定められた時点 T までにデフォルトが発生する確率

$$P(\tau \leq T)$$

を求めることができる. まず, 構造型アプローチにおいて総資産額の対数

$$X(t) = \log V(t)$$

の変動は, 標準ブラウン運動 $\{W(t)\}$ を用いて次のように表されるとする.

$$X(t) = X_0 + \sigma W(t) \tag{11.6.2}$$

ここに, σ は正数, X_0 は $\log V(0)$ を表す. また, $\tilde{D} = \log D$ とおけば, (11.6.1) 式は

$$\tau = \inf\{t \,|\, X(t) < \tilde{D}\} \tag{11.6.3}$$

と同値 (同じこと) である.

　一般に, ブラウン運動の水準 $\alpha < 0$ への初到達時刻を

$$\tau_\alpha = \inf\{t \geq 0 \,|\, W(t) = \alpha\}$$

とすれば, その累積分布関数 $P(\tau_\alpha \leq t)$ はつぎのように求められる. ブラウン運動の条件付確率密度の対称性 (α に達して以降は径路の確率は上下対称となること) から, 等式

$$P(W(t) \leq \alpha \,|\, \tau_\alpha \leq t) = P(W(t) \geq \alpha \,|\, \tau_\alpha \leq t) \tag{11.6.4}$$

が成り立つので, 両辺に $P(\tau_\alpha \leq t)$ を掛ければ,

$$P(\tau_\alpha \leq t, W(t) \leq \alpha) = P(\tau_\alpha \leq t, W(t) \geq \alpha) \tag{11.6.5}$$

[†]　inf は「下限」(infimum) を意味する. τ は'タウ'と読む.

である．また，ブラウン運動の連続性と $\alpha < 0$ から $\{W(t) \leqq \alpha\} \subset \{\tau_\alpha \leqq t\}$ となるから，

$$P(\tau_\alpha \leqq t, W(t) \leqq \alpha) = P(W(t) \leqq \alpha) \qquad (11.6.6)$$

を得る．よって，(11.6.5) 式と (11.6.6) 式の左辺はともに $P(W(t) \leqq \alpha)$ に等しい．これと，互いに排反な事象 $\{\tau_\alpha \leqq t, W(t) \leqq \alpha\}$，$\{\tau_\alpha \leqq t, W(t) \geqq \alpha\}$ の和事象が $\{\tau_\alpha \leqq t\}$ であることにより，

$$P(\tau_\alpha \leqq t) = P(\tau_\alpha \leqq t, W(t) \leqq \alpha) + P(\tau_\alpha \leqq t, W(t) \geqq \alpha)$$

$$= 2P(W(t) \leqq \alpha) = \frac{2}{\sqrt{2\pi t}} \int_{-\alpha}^{\infty} e^{-\frac{x^2}{2t}} dx \qquad (11.6.7)$$

を得る．最右辺に現れた t は正規確率変数 $W(t)$ の分散である．ここで，α として $(\tilde{D} - X_0)/\sigma$ をとれば，

$$P(\tau \leqq T) = P(\tau_{(\tilde{D}-X_0)/\sigma} \leqq T) \qquad (11.6.8)$$

であるので，T までのデフォルト時刻 τ に関して求めたかった確率は，

$$\boxed{P(\tau \leqq T) = \frac{2}{\sqrt{2\pi T}} \int_{(X_0-\tilde{D})/\sigma}^{\infty} e^{-\frac{x^2}{2T}} dx \qquad (11.6.9)}$$

と得られた．

一般の場合　ここまで総資産額の対数がドリフトのないブラウン運動に従うモデルについてみたが，総資産額の変動がドリフト付きブラウン運動，さらには幾何ブラウン運動に従う場合における初期デフォルト時刻の確率分布は，上記の標準ブラウン運動の議論と確率測度の変換（ギルサノフの定理と呼ばれている．第 9 章を参照．）の議論を組み合わせることで求めることが可能である．例えば，総資産額の変動が幾何ブラウン運動に従う場合のデフォルト時刻 τ の分布については

$$P(\tau \leqq T) = \Phi(a_1) + \left(\frac{D}{V_0}\right)^{2b} \Phi(a_2) \qquad (11.6.10)$$

となることが知られている．ここに，

$$a_1 = \frac{\log \dfrac{D}{V_0} - \left(\mu - \dfrac{1}{2}\sigma^2\right)T}{\sigma\sqrt{T}}, \quad a_2 = \frac{\log \dfrac{D}{V_0} + \left(\mu - \dfrac{1}{2}\sigma^2\right)T}{\sigma\sqrt{T}}, \quad b = \frac{\mu - \dfrac{1}{2}\sigma^2}{\sigma^2}$$

である[†].

§11.7 誘導型アプローチによる信用リスク評価

第5章において時点 t までに発生するイベントの件数を表す確率過程としてポアソン過程を導入した．ポアソン過程のようにイベントの件数を表す確率過程は一般に計数過程と呼ばれている．第5章において，ポアソン過程はイベントの発生率を意味する強度で特徴づけられることを述べた．一般の計数過程もまた同様に，強度を表す確率過程で特徴づけられる．以下では，デフォルト発生をイベントとみなした計数過程を導入し，デフォルト発生の確率的状況を考察する．そこではイベント件数よりも最初のイベント発生時刻に重要な意味がある．構造型アプローチがデフォルト発生の背景となる企業の状態に注目するのに対し，このような信用リスク評価のアプローチは，デフォルト発生の構造に係る明示的考察を省略する形になっていることから，誘導型あるいは縮約型（Reduced-form）という接頭辞が付けられる．

計数過程　始めに計数過程とそれに付随する強度について述べておこう．対象となるイベント発生時刻を表す確率変数列を $\tau_1 < \tau_2 < \cdots$ として，時点 t までのイベント発生件数を表す確率変数 $N_t = \sum_{i=1}^{\infty} 1_{\{\tau_i < t\}}$ が独立増分過程となるとき，確率過程 $\{N_t\}$ は計数過程（counting process）と呼ばれる．イベント発生時刻をあらためて τ と書くとき，イベントの瞬間的発生率を意味する強度は

$$\lambda(t) := \lim_{\Delta t \to 0} \frac{1}{\Delta t} P(t < \tau \leq t + \Delta t \,|\, \mathscr{F}_t) \qquad (11.7.1)$$

のように定義される．ここに，$\mathscr{F}_t$ はイベント発生の確率的背景に対応する完全加法族（σ 代数）を表す．特に $\mathscr{F}_t$ が空集合と全事象のみからなる場合，強度は確率1で定数または確定的な時間関数となる．

信用リスク評価においては，企業群から発生するデフォルトの件数を計数

[†]　この導出については Bielecki et. al.（2009）を参照されたい．

過程のモデリングによって解析することもできるが，この問題は§11.8で触れる．対象企業が一社のみの場合にデフォルトの発生時点を考察するには，初期時点 $t=0$ から後の最初のイベント発生時刻を $\tau(=\tau_1)$ として，デフォルトが時点 t 以前には発生しない確率 $P(\tau>t)$（生存確率），あるいは時点 t においてすでにデフォルトが発生している確率 $P(\tau\leqq t)=1-P(\tau>t)$ を考えることになる．

強度が一定のケース　手始めに，誘導型アプローチによる信用リスク評価の入門として，強度が一定値 λ をとる場合，すなわち計数過程をポアソン過程とした場合の強度と生存確率（あるいはデフォルトしない確率）の関係をやや詳しく考察しよう．上記の通り，最初のデフォルト時点として定義される確率変数を τ で表わす．このとき，微小な時間区間 $[t,t+\Delta t]$ においてデフォルトが発生する確率は，強度がイベント発生率を意味することに注意すれば，

$$P(t<\tau\leqq t+\Delta t)=\lambda\Delta t+o(\Delta t)$$

となる．これより，時間区間 $[0,t]$ の m 等分割：$0=t_0<t_1<\cdots<t_m=t$ の各区間におけるデフォルト発生確率は

$$P(t_{i-1}<\tau\leqq t_i)=\lambda\frac{t}{m}+o\left(\frac{t}{m}\right)\quad(m\to\infty)$$

となる[†]ので，ポアソン過程が独立増分であることにより，各小区間でデフォルトが発生しない確率は

$$1-P(t_{i-1}<\tau\leqq t_i)=1-\lambda\frac{t}{m}+o\left(\frac{t}{m}\right)\quad(m\to\infty)$$

となる．これより，$[0,t]$ の分割の全区間においてデフォルトが発生しない確率として，

$$P(\tau>t)=\left(1-\lambda\frac{t}{m}\right)^m+o\left(\frac{t}{m}\right)\quad(m\to\infty)$$

[†]　$o(\cdot)$ は 'スモール・オー' と読み，$o(h)$ は h より高位の無限小，つまり h が 0 に収束するとき h より速く 0 に収束する，いいかえると $o(h)/h\to 0$ となる h の関数を一般に表す（$o(h)$ としてたとえば h^2 がある）．

§11.7　誘導型アプローチによる信用リスク評価　257

が得られる．従って，生存確率は

$$P(\tau > t) = \lim_{m \to \infty}\left(1 - \lambda\,\frac{t}{m}\right)^m = e^{-\lambda t}$$

となり，時点 t 以前のデフォルト発生の確率は

$$P(\tau \leqq t) = 1 - e^{-\lambda t}, \qquad t \geqq 0 \tag{11.7.2}$$

であることがわかる．これはパラメータ λ の指数分布である．

強度が時間変化するケース　つぎに，強度が一定でなく確定的時間関数の場合を考える．時間区間 $[0, t]$ を m 等分した各区間内においてデフォルト強度は定数で，異なる区間では異なる定数値を取り得るとしよう．すなわち，$t_i = \dfrac{i}{m}t$ として，i 番目の小区間 $[t_{i-1}, t_i]$ における強度を一定値 λ_i とする．ここで $\Delta t = \dfrac{t}{m}$ とおくと，第 i 番目の小区間における生存確率は $e^{-\lambda_i \Delta t}$ であり，全区間では

$$P(\tau > t) = e^{-\lambda_1 \Delta t} \times e^{-\lambda_2 \Delta t} \times \cdots \times e^{-\lambda_m \Delta t} = e^{-\sum \lambda_i \Delta t}$$

となる．ここまでの議論を $m \to \infty$ の極限で考えれば，強度が一般の確定的時間関数の場合に，区間 $[0, t]$ における生存確率は

$$P(\tau > t) = \exp\left(-\int_0^t \lambda(s)\,ds\right) \tag{11.7.3}$$

となることを予想できよう．

債券価格とデフォルト強度　最後に，ここまで見てきた生存確率またはデフォルト確率と，債券価格との関連を考察しておこう．今，債券保有の満期 T において，それまでにデフォルトがなければ 1 単位円の利得が得られ，デフォルトしていたら利得はないとする．この場合，債券を購入することによって得られる利得は事象 A の指示関数：

$$1_A(\omega) = \begin{cases} 1 & \omega \in A \text{ のとき} \\ 0 & \omega \notin A \text{ のとき} \end{cases}$$

を用いて $1_{\{\tau > T\}}$ と表される．ここで，現在と将来の価値を換算する際の割引率として無リスク金利を用い，無リスク金利は確定的で一定値 r とすれば，将来時点 T における利得の換算値は $e^{-rT}1_{\{\tau > T\}}$ となる．債券の価格 B_T は将来の利得への対価であると考えれば，理論的にそれはこの換算値の期待値に

258　第 11 章　信用リスク評価入門

設定，すなわち

$$B_T = E\left[e^{-rT}1_{\{\tau > T\}}\right] = e^{-rT}E\left[1_{\{\tau > T\}}\right]$$

とするのが妥当と考えられる†．右辺に現れている期待値は生存確率 $P(\tau > T)$ にほかならないので，債券価格は，割引ファクター e^{-rT} と生存確率 $P(\tau > T)$ との積の形で表される．デフォルト確率を用いた表現では，

$$B_T = e^{-rT}(1 - P(\tau \leq T))$$

となる．

　いま，債券の価格をこのようにデフォルト確率に関連づける考え方を承認する立場に立つなら，逆に経験的に観測される債券価格から，そこに含意されるデフォルト強度を推計することもできる．先ず金融市場で観測される債券価格を $\hat{B}_T$ とすれば，そこに含意されたデフォルト確率は

$$\hat{P}(\tau \leq T) = 1 - e^{rT}\hat{B}_T \tag{11.7.4}$$

と算出される．次に，デフォルト強度が一定値をとるとすると，観測された債券価格に含意されるデフォルト強度の推定値 $\hat{\lambda}$ は，$\hat{P}(\tau \leq T) = 1 - e^{-\lambda T}$ という関係を参照して得られる等式

$$e^{-\hat{\lambda}T} = e^{rT}\hat{B}_T$$

より，

$$\hat{\lambda} = -\frac{\log \hat{B}_T}{T} - r \tag{11.7.5}$$

のように求めることができる‡．こうして得られるデフォルト強度の推定値は，デフォルト発生にその利得が依存する金融商品の価格評価に利用することができるであろう．

---

†　割引率として無リスク金利を用いることは，債券価格の評価者がリスク中立的な投資家であることを想定したことになる．

‡　第 1 項の $-\dfrac{\log \hat{B}_T}{T}$ は債券の利回りを表している．$\hat{\lambda}$ は債券の利回りと無リスク金利の差である．これは，信用リスクのある債券と信用リスクのない債券の利殖率の格差なので，金利差を表す用語であるスプレッドを用いて，信用スプレッドと呼ばれている．

§11.7　誘導型アプローチによる信用リスク評価　259

§11.8 関連のトピック

ここまでに紹介した内容に関連する興味あるトピックをいくつか述べてお
こう.

各アプローチの展開　本章では総資産価値の変動を幾何ブラウン運動で表
現し，満期と呼ばれる決められた将来時点における債務超過をもってデフォ
ルト発生をとらえるモデルを考えた．このモデルは 1974 年に Robert. C.
Merton によって発表された債券の価格評価手法に端を発することから，
「Merton モデル」と呼ばれている．総資産額の変動を幾何ブラウン運動と
は別の確率過程によって表現するアプローチもあり，例えばジャンプ項をも
つ確率過程によるモデルが提案されている．総資産額の変動を直接的に確率
過程で記述する代わりに，資産額変動の源泉である利益の変動を確率過程で
記述するものもある．そのような構造型アプローチのさまざまな具体例につ
いては，例えば，Lando（2004）や Genser（2006）が有益である.

誘導型アプローチに関しては，イベント発生率を意味する強度にもとづい
て，デフォルト発生時点の確率分布が導かれる様子をみた．強度を確率過程
とみなすアプローチに関して，それに用いられる確率過程の例については，
楠岡 他（2001）や Duffie and Singleton（2003）がある.

企業群のリスク評価　ここまでの想定は，個別の企業に関してデフォルト
発生を確率的に予測する問題であった．これに対し，取引先企業単体ではな
く，取引先企業の集合（企業群）からデフォルトがどの程度の件数で発生す
るか，あるいは，企業の信用力の変化を意味する信用格付変更がどの程度の
件数で発生するか，というイベント件数の予測も企業の経営管理の上で有益
といえる．デフォルト件数を予測するには，取引先企業群をひとかたまりと
考えて，そこで発生するデフォルトをもってイベントとみなすことにより，
計数過程 $\{N_t\}$ を適用することができる．これにより，デフォルト件数を確
率的に予測することができる．強度が変動する場合についても，同様のアイ
デアが適用できる．計数過程とそのファイナンスへの応用については Björk

（2021）を参照されたい．

　信用リスクを含めた金融リスクの問題とは別に，保険数理分野においても確率過程が有効に応用されている．例を挙げれば，計数過程に基づいて保険会社の保険金支払い不能の蓋然性を捉える試みがある．こうした保険分野における確率過程の応用については，室井（2017）や清水（2018）が参考になる．

【第 11 章の参考文献】

楠岡成雄・青沼君明・中山秀敏（2001）クレジット・リスク・モデル，金融財政事情研究会.

室井芳史（2017）保険と金融の数理，共立出版.

清水泰隆（2018）保険数理と統計的方法，共立出版.

Bielecki, T. R., Rutkowski, M.（2001）*Credit Risk: Modeling, Valuation and Hedging*, Springer.

Björk, T.（2021）*Point Processes and Jump Diffusions: An Introduction with Finance Applications*, Cambridge Univ. Press.

Duffie, D., Singleton, K. J.（2003）*Credit Risk: Pricing, Management, and Measurement*, Princeton University Press.

Genser, M.（2006）*A structural Framework for the Pricing Corporate Securities*, Springer.

Lando, D.（2004）*Credit Risk Modeling*, Princeton University Press.

研究課題　債券価格と満期等のパラメタ値の関係（感応度）

　確率過程の話題ではないが，証券分析の基礎研修・セミナー等では信用リスク評価の結果として得られるデフォルト確率や債券価格の理論式の特徴を解析することがしばしば行われる．そのような背景から，構造型アプローチの下で算出されるデフォルト確率や債券価格が満期やその他のパラメタ値とどのように関係しているかという問題に関して，金融の実務家向けの計算練習問題を読者の参考のために紹介する．

§11.8　関連のトピック　261

課題 1　デフォルト確率の期間構造
　　　　——デフォルト距離（11.4.1）の時点 T に対する感応度——
　信用リスク診断の根拠となるデフォルト確率は，一般にデフォルトが発生するどうかを考える期間の長さに応じて変化する．デフォルト確率と時点 T の関係はデフォルト確率の「期間構造」と呼ばれる．デフォルト確率がデフォルト距離と単調な関数で結ばれていることを利用して，時点 T の関数としてのデフォルト距離のグラフの概形を調べる．すなわ

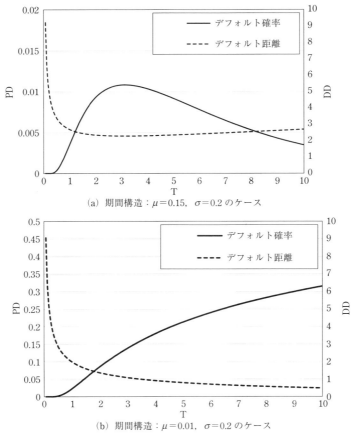

(a) 期間構造：$\mu=0.15$，$\sigma=0.2$ のケース

(b) 期間構造：$\mu=0.01$，$\sigma=0.2$ のケース

図　デフォルト確率の期間構造．横軸はデフォルト判定を行う時点 T．縦軸（左）はデフォルト確率，右縦軸はデフォルト距離にそれぞれ対応する．現時点での総資産額と負債額は $V_0=150$，$D=100$ とした．

ち，デフォルト距離（11.4.1）を T の関数とみるとき，その導関数は，

$$\frac{\partial DD}{\partial T} = \frac{\left(\mu - \frac{\sigma^2}{2}\right)T - (\log V_0 - \log D)}{2\sigma T^{\frac{3}{2}}}$$

である．これよりまず，総資産額のトレンドがボラティリティに対して比較的優勢な $2\mu > \sigma^2$ の条件下ではデフォルト確率は，

$$0 < T < \frac{\log V_0 - \log D}{\mu - \frac{\sigma^2}{2}}$$

の期間で増加し（デフォルト距離は減少，DD の導関数< 0），

$$T > \frac{\log V_0 - \log D}{\mu - \frac{\sigma^2}{2}}$$

の期間では減少するという期間構造が見てとれる．これに対し，総資産額のトレンドがボラティリティに対して比較的小さい $2\mu < \sigma^2$ という条件下では，時点 T が先に行くにつれ，デフォルト確率は単調に増大する期間構造になっている．前ページの図はこれら2通りの条件下におけるデフォルト確率の期間構造を例示したものである．

課題 2　原資産価格に対する感応度

　　　　──総資産額 V_0 の増加に伴って，債券価格 B_0 の値が上昇すること──

プット・オプション価格 P の原資産価格 S_0 に対する感応度であるデルタは $\frac{\partial P}{\partial S_0} = \Phi(d_1) - 1$ であるから，債券価格の総資産額に対する感応度は $\frac{\partial B_0}{\partial V_0} = 1 - \Phi(d_1)$ となる．この感応度のグラフの概形を図示したものが下図である．$\Phi(d_1) \leq 1$ だから，感応度 $\frac{\partial B_0}{\partial V_0} = 1 - \Phi(d_1)$ は正の値をとり，よって，初期時点の総資産額 V_0 が増加した場合に債券価格 B_0 も上昇する．

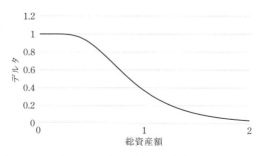

図　債券価格の総資産額（初期時点）に対する感応度（デルタ）

課題 3　金利感応度
　　　——債券価格 (11.5.5) の無リスク金利 r に対する感応度——
プット・オプションの無リスク金利に対する感応度（通例でローと呼ばれている指標）は
$$\frac{\partial P}{\partial r} = -TDe^{-rT}\Phi(-d_2)$$
である．これより，債券価格の無リスク金利 r に対する感応度は
$$\frac{\partial B_0}{\partial r} = -TDe^{-rT} - TDe^{-rT}\Phi(-d_2) = -TDe^{-rT}(1+\Phi(-d_2))$$
となる．

課題 4　信用スプレッドの期間構造
　　　——満期 T を横軸とし，「信用スプレッド」を縦軸にとったグラフ——
§11.5 の構造型アプローチの下で，債券利回り y と債券価格 B_0 および額面 D は $B_0 \exp(yT) = D$ を満たすので，
$$y = \frac{1}{T}\log\frac{D}{B_0}$$
と表される．ただし，(11.5.5)式より $B_0 = De^{-rT}\Phi(d_2) - V_0\Phi(-d_1)$ である．この信用リスクのある債券の利回りと無リスクの債券の利回りの差は信用スプレッド[†]
$$s = y - r = \frac{1}{T}\log\frac{D}{B_0} - r$$
と呼ばれる．

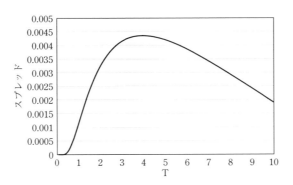

図　信用スプレッドの期間構造の一例

[†]　spread　一般に「拡がり」「開き」「差」の意．

パラメタ設定の一例として，$D=1$，$V_0=1.5$，$r=0.2$，$\sigma=0.1$ とした場合の信用スプレッドの期間構造を前ページの図に示した．

ワンポイント練習 11

[11.1]　負債額 $D=1$ に対し，総資産額の時系列 V_n，$n=0,1,2,\cdots$ が単純ランダム・ウォーク

$$V_n=V_0+X_1+X_2+\cdots+X_n,\quad V_0=2$$

に従うとする．ただし，X_i，$i=1,2,3,\cdots$ は 2 値（±1）の独立系列で，

$$P(X_i=+1)=p=0.6,\qquad P(X_i=-1)=1-p=0.4$$

を満たすとする．つぎに記す確率をそれぞれ求めなさい．

ⅰ）時点 $n=4$ における債務超過 $\{V_4<1\}$ の確率．

ⅱ）時点 $n=4$ において最初の債務超過が起こる確率．

ⅲ）時点 $n=4$ 以前に最初の債務超過が起こる確率．

[11.2]　負債額 $D=1$ に対して，総資産額 $V(t)$ がつぎのように変動するとする．

$$V(t)=V_0+W(t),\qquad t\geqq0,\quad V_0=2$$

ここに，$\{W(t)\}$ は標準ブラウン運動（$EW(t)=0$，$EW(t)^2=t$）を表す．このとき，時点 $t=1$ 以前に最初の債務超過が起こる確率を求めなさい．

[11.3]　デフォルト発生がポアソン過程に従い，強度が一定値 $\lambda=0.5$ に等しいと考えられる対象について，初期時点 $t=0$ 以降最初のデフォルト発生が時点 $t=2$ 以前である確率を求めなさい．

[11.4]　無リスク金利を年率 1% とする．満期が 1 年後である債券があり，債券を保有することによって得られる利得は，満期においてデフォルトしていない場合には 100 円，デフォルトしている場合には 0 円である．この債券が金融市場にて 98 円で取引されているとき，この債券価格にはどの程度のデフォルト確率が含意されているか？さらに，デフォルト強度の推定値 $\hat\lambda$ を求めなさい．

[11.5]　パラメータ $\lambda=1/2$ の指数乱数 $T_1,T_2,T_3,\cdots$ を生成し，さらに強度 λ のポアソン過程を構成する時刻列 $\tau_1,\tau_2,\tau_3,\cdots$ を $T_1,T_1+T_2,T_1+T_2+T_3,\cdots$ として生成しなさい（τ_5 まで）．

§11.8　関連のトピック　265

ワンポイント練習の解答

[1.1] 順列は $6^3＝216$ 通り．うち $S＝9$ には $6＋6＋3＋3＋6＋1＝25$ 通り，$S＝10$ には $6＋6＋3＋6＋3＋3＝27$ 通りが属する．等しくない．正しい確率感覚が試される良問．

[1.2] 幾何学的確率では面積割合を確率と見なす．球面の面積 $＝4\pi R^2$（$R＝$ 半径）であるから，確率 $p＝0.047/(5.15\times10^8)\approx9.1\times10^{-11}$ 「極めて小さい」としては常識的値．

[1.3] $P(A|B)$ は A の確率を述べており，したがって，（ i ）が正しい．

[1.4] （ i ）は公式通り，あとは小さい事象から（iv），（iii），（ ii ）と進める．（ i ） $1-\{3(1/3)-3(1/9)+1/27\}＝8/27$ （ ii ） $3\{(1/3)-2(2/27)-(1/27)\}＝4/9$ （iii） $3\{3(1/9)-(1/27)\}＝2/9$ （iv） $1/27$

[1.5] オッズを a 対 $10-a$ とし，$a\cdot100+(10-a)(-130)＝0$ から $a＝5.65$．おおむね「5.5 対 4.5 ないしは 6 対 4 程度」が常識的で通じる．

[2.1] Y の累積分布関数は，$0\leqq y\leqq1$ の範囲で $F_Y(y)＝P(Y\leqq y)＝P(2X/(X+1)\leqq y)＝P(X\leqq y/(2-y))＝y/(2-y)$ よって，Y の密度関数は，微分から $g(y)＝(y/(2-y))'＝2/(2-y)^2$ （$0\leqq y\leqq1$）確率変数の変数変換の密度関数を求める基本操作．

[2.2] これらの確率の和では $P(y＝k)$ は k 回生じるから $P(X\geqq1)+P(X\geqq2)+P(X\geqq3)+P(X\geqq4)+P(X\geqq5)+P(X\geqq6)＝E(X)$ 和から $E(X)＝1+15/6＝3.5$

[2.3] チェビシェフの不等式からは，$P(|X-\mu|\geqq1.5\sigma)\leqq1/(1.5)^2＝0.444$ 実際の確率では，$\sigma＝\sqrt{1/12}$，$1.5\sigma＝0.433$ から範囲は $0.5\pm0.433＝0.067,\ 0.933$．$P(|X-\mu|\geqq1.5\sigma)＝(0.067-0)+(1-0.933)＝0.134$ チェビシェフの不等式は，具体的な分布に依存せず一般性を重視するため，実際の確率より緩い上限を与える．

[2.4] $\mu_1＝0$，$\mu_2＝1/3$，$\mu_3＝0$，$\mu_4＝1/5$，$\mu_5＝0$ より $V(X)＝1/3$，対称性から歪度 $＝0$，尖度 $＝\mu_4/(\mu_2)^2-3＝(1/5)/(1/9)-3＝1,8-3＝-1,2$

[2.5] （ i ）いない確率 $＝(365\cdot364\cdot363\cdot362)/365^4＝0.9836$，いる確率 $＝0.0164$ （ ii ）$1-(12\cdot11\cdot10\cdot9)/12^4＝0.429$

[3.1]

Binom vs Po	Binom	Poisson
5	0.10292	0.10082
6	0.03676	0.05041
7	0.00900	0.02160
8	0.00145	0.00810
9	0.00014	0.00270
10	0.00001	0.00081

[3.2] X 社，Y 社の 10 日間の変化量に対して $\sigma_X＝632\,456$，$\sigma_Y＝158\,114$（ドル）とし，$\rho＝0.7$ とすると，$\sigma_{X+Y}＝751\,665$（ドル）

リスク基準として確率 99% 範囲なら $z_{0.01}=2.326$ から

$751\,665\times2.326=1\,748\,373$（ドル） がその限界.

［3.3］（ⅰ） $U=e^{-2X}$ から $P(X\leqq x)=P(U\geqq e^{-2x})=1-e^{-2x}$. 密度関数は $2e^{-2x}$（$\lambda=2$ の指数分布）（ⅱ） ［0.1243, 0.6625, 3.0864, 1.3427, 0.1145, 0.2083, 1.4309, 0.0253, 0.5049, 0.0599］

［3.4］ $P(|X|>5)=5.733\times10^{-7}$, $P(|X|>6)=1.973\times10^{-9}$ 宝くじの1等当選確率（日本のジャンボ宝くじ）$\approx1\times10^{-7}$（大むね1千万分の1）とすると，$P(|X|>5)$ は宝くじ1等当選確率よりやや高く，$P(|X|>6)$ ははるかに低い.

［3.5］ $E(X)=e^{\mu+(\sigma^2)/2}\approx1.64872$, $V(X)=(e^{\sigma^2}-1)e^{2\mu+\sigma^2}\approx4.67077$
歪度 $=(e^{\sigma^2}+2)\sqrt{e^{\sigma^2}-1}\approx6.185$

［4.1］ $(x^6+x^5+\cdots+x)(x^4+x^3+x^2+x)$ の係数より求める.

		1	1	1	1	1	1	
			1	1	1	1		
		1	1	1	1	1	1	
	1	1	1	1	1	1		
	1	1	1	1	1			
1	1	1	1	1	1			
1	2	3	4	4	4	3	2	1

よって $10,9,8,\cdots3,2$ の確率は $1/12,\ 1/6,\ 1/4,\ 1/3,\ 1/3,\ 1/3,\ 1/4,\ 1/6,\ 1/12$.
期待値は $E(X+Y)=E(X)+E(Y)=(7/2)+(5/2)=6$. $V(X)=35/12$ は既出，
$V(Y)=30/4-(5/2)^2=5/4$, $V(X+Y)=(35/12)+(5/4)=50/12=4.167$

［4.2］ $\rho_{UV}=(ac+\rho(ad+bc)+bd)/(\sqrt{a^2+b^2+2\rho ab}\,\sqrt{c^2+d^2+2\rho cd})$

［4.3］ $AX=\begin{pmatrix}a&b\\c&d\end{pmatrix}\begin{pmatrix}X_1\\X_2\end{pmatrix}=\begin{pmatrix}aX_1+bX_2\\cX_1+dX_2\end{pmatrix}$ より aX_1+bX_2, cX_1+dX_2 に対し E,V の公式を適用. 平均 $=\begin{pmatrix}a&b\\c&d\end{pmatrix}\begin{pmatrix}1\\-1\end{pmatrix}$, 分散共分散行列 $=\begin{pmatrix}a&b\\c&d\end{pmatrix}\begin{pmatrix}4&3\\3&9\end{pmatrix}\begin{pmatrix}a&c\\b&d\end{pmatrix}$ の2次元正規分布.

［4.4］（ⅰ） $E(Y|X=1)=1/3$, $E(Y|X=-1)=-1/2$, $V(Y|X=1)=8/9$, $V(Y|X=-1)=3/4$（ⅱ） $E(Y)=2/15$

［4.5］ $P(X=i|Y=j)=P(Y=j|X=i)\cdot P(X=i)/P(Y=j)$ より $P(X=1|Y=1)=4/5$, $P(X=-1|Y=1)=1/5$, $P(X=1|Y=-1)=2/5$, $P(X=-1|Y=-1)=3/5$

［5.1］ 回数 X は $N(6000(1/6),\ 6000(1/6)(5/6))$ にしたがうから，X を標準化して $(X-1000)/\sqrt{6000(1/6)(5/6)}$ とすると，$X=990, 1010$ に対し標準化値 $=-0.3461,\ 3461$. 正規分布表あるいは NORM.INV からこの間の確率は 0.2710.

ワンポイント練習の解答　267

［5.2］ $E(X_i)=1/2$, $V(X_i)=1/12$, $X_1, X_2, \cdots, X_{12}$ は独立に一様分布に従い，和 $S_{12}=X_1+X_2+\cdots+X_{12}$ は中心極限定理により正規分布 $N(6,1)$ に従う．これを標準化すると，$Z=S_n-6\sim N(0,1)$，標準正規乱数の代用となる．

［5.3］ $D(X_1+X_2+\cdots+X_n)=\sqrt{n}\,\sigma$（$\sqrt{\ }$ 法則より）より $\sqrt{400}\cdot 8=160$，$160/60=2.6$（人）．

［5.4］ 期待値 $=1.5+0.2+\cdots+1.5=5.9$，分散 $=(1.5)^2+(0.2)^2+\cdots+(1.5)^2=8.59$，再生性から分布は正規分布．

［5.5］ 分布は再生性から，$\lambda=1+0.8+1.4+5+2.1=10.3$ のポアソン分布 $Po(10.3)$．Excel の POISSON より，引数 0.0566 とすれば $0,1,2,\cdots,5$ の確率の計 $=0.057$

［6.1］ Excel の BINOM で $Bi(10, 3/5)$ を引き，-10，-8，-6，-4，-2，0，2，4，6，8，10 に貼り付けると，0.0001，0.0016（中途略），0.403，0.0060

［6.2］ 近似式から，$1/\sqrt{5\pi}=0.252$，$2^{10}=1024$ を乗じて 258.36（通り）
＊正確には $63/256=0.246$，これより 252（通り）

［6.3］ $q/p=2/3$ より，破産確率は $\{(2/3)^4-(2/3)^{10}\}/\{1-(2/3)^{10}\}=0.183$，ゲームの価値 $=(-4)\cdot 0.183+6\cdot 0.817=4.166$

［6.4］ $P=\displaystyle\int_{0.8}^1 1/(\pi\sqrt{x(1-x)}\,)dx+\int_0^{0.1} 1/(\pi\sqrt{x(1-x)}\,)dx=0.295+0.205=0.5$

［6.5］（ⅰ）$X=X_1+X_2+\cdots+X_{100}$，$X_i\sim N(0,1/100)$ $(i=1,2,\cdots,100)$
（ⅱ）$X=X_1+X_2+\cdots+X_{100}$，$X_i\sim Po(1/100)$ $(i=1,2,\cdots,100)$

［7.1］ $P(A_i)=1/2^i$ だから $\displaystyle\sum_{i=1}^\infty P(A_i)=1<\infty$（有限）でボレル・カンテリの法則による．

［7.2］ $E(X_i)=0$ より $E(X_i^2)=V(X_i)=1$．大数の強法則より成立．

［7.3］ 各カウント X_i は $Bi(n,p)$ に従うからその和 X は漸近的に $N(np, np(1-p))$ に従う．$n=1\,000$，$p=0.25$ なら $N(250, 187.5)$．

［7.4］ 各カウントは $Po(\lambda)$ に従うから，その和は $Po(n\lambda)$．$\mu=\lambda$，$\sigma^2=\lambda$ として漸近的に $N(n\lambda, n\lambda)$ に従う．$n=20$，$\lambda=5$ なら $N(100, 100)$．

［7.5］ X^2 の列の平均 Y_n に中心極限を適用する．$E(X^2)=1(=V(X))$，また正規分布の歪度から $V(X^2)=E(X^4)-(E(X^2))^2=3-1=2$ よって Y_n は正規分布 $N(1, 2/n)$，$n=200$ なら $N(1, 1/100)$ に従う．標準化すれば $(0.9, 1.1)$ は標準正規分布 $[-1,1]$ の確率，0.683 の確率を持つ．

［8.1］（ⅰ）10 （ⅱ）ブラウン運動のある区間における2次変分は区間長に二次平均収束する．（ⅲ）5（根拠は同じ）

［8.2］（ⅰ）3次正規分布で，平均ベクトル $=\begin{pmatrix}1\\2\\3\end{pmatrix}$，分散共分散行列 $=\begin{pmatrix}1&1&1\\1&2&2\\1&2&3\end{pmatrix}$

（ⅱ）　$\sqrt{1/3}=0.577$, $\sqrt{1/2}=0.707$, $\sqrt{2/3}=0.816$

［8.3］　$E(X_{n+1}X_n\cdots X_1|X_n\cdots X_1, X_{n-1}, X_n\cdots X_1, \cdots, X_1)=X_n\cdots X_1\,E(X_{n+1})=X_n\cdots X_1$

［8.4］（ⅰ）　定義通りで，各増分の正規性は $N(3(t_{i+1}-t_i), 4(t_{i+1}-t_i))$．　$Cov(V(s), V(t))=4\min(s,t)=4\,s$

（ⅱ）　$V(1)$ は $N(3,4)$, $V(2)$ は $N(6,8)$ に従い，相関係数 $\rho=\sqrt{1/2}$ より
平均$=[\sqrt{1/2}\cdot(\sqrt{8}/\sqrt{4})(x-3)]+6=x+3$，　分散$=8(1-(\sqrt{1/2})^2)=4$　の正規分布.

［8.5］　期待値（平均）$=6/(4+6)=0.6$　分散$=4\cdot 6(4+6+1)(4+6)^2=24/(11\cdot 100)=0.022$
モード（最頻値）$=(6-1)/(6+4-2)=5/8=0.625$　メディアン（中央値）$=0.607$（Excel
の BETA.INV による）＊モードまではテキスト，平均は常識範囲内.

［9.1］（ⅰ）　§9.8で，$\gamma=1$, $\sigma=1$ のケース，（ⅱ）は $(9,5,11)$ の記号で $A(t)\equiv 0$,
$B(t)=1/(1+t)$, $g(t,x)=x/(1+t)$ とおくと $\partial g/\partial t=-x/(1+t)^2=-(g(t,x))/(1+t)$

（ⅱ）　正確を期するため，記号を変えて　$X(t)\equiv B(t)$, 　$A(t)\equiv 0$, 　$B(t)\equiv 1$ とおく.
ここで $Y(t)=(X(t))/(1+t)$ に対し，$g(t,x)=x/(1+t)$ として伊藤の定理から $\partial g/\partial t=$
$-x/(1+x)^2$, $\partial g/\partial x=1/(1+t)$ 　よって以下で題意の解となる. $dY(t)=-X(t)/(1+t)^2dt$
$+dW(t)/(1+t)=-Y(t)/(1+t)\,dt+dW(t)/(1+t)$

［9.2］　一般に $0<s<t<T$ として，共分散$=E\Big((T-s)\int_0^s\dfrac{W(u)}{1-u}\,du\cdot(T-t)\int_0^t\dfrac{W(x)}{1-u}\,du\Big)$
$=(T-s)(T-t)=\int_0^s\dfrac{du}{(1-u)^2}=(T-t)\dfrac{s}{T}=s\Big(1-\dfrac{t}{T}\Big)$，　分散$=t\Big(1-\dfrac{t}{T}\Big)$

［9.3］　尤度比で $dQ/dP=(\sigma_1/\sigma_2)\exp[-1/2\{(x-\mu_2)^2/\sigma_2{}^2+(x-\mu_1)^2/\sigma_1{}^2\}]$，以下略

［9.4］　$e^{-at}=0.1$ より，$t=t_{1.9}=-\log 0.1/a=2.303/0.1=23.03$　分散は $V(U(t_{1.9}))=$
$(1.5)^2/(2\cdot(0.1))(1-(0.1)^2)=11.375$　$D(U(t_{1.9}))=3.372$

［9.5］　$\begin{pmatrix}dX_1(t)\\dX_2(t)\end{pmatrix}=\begin{pmatrix}0\\1\end{pmatrix}dt+\begin{pmatrix}1 & 1 & 1\\ -W_3(t) & -2W_2(t) & -W_1(t)\end{pmatrix}\cdot\begin{pmatrix}dW_1(t)\\dW_2(t)\\dW_3(t)\end{pmatrix}$

＊第10, 11章の解答・解説はサイトを参照してください.

◆◆◆ https://www.bayesco.org/top/books/stocpr

ワンポイント練習の解答　269

参 考 文 献*（第 1 章〜9 章）

*第 10，11 章文献は各章

和書

[1] 青本和彦・上野健爾・加藤和也・神保道夫・砂田利一・高橋陽一郎・深谷賢治・俣野博・室田一雄編著（2005）岩波　数学入門辞典，岩波書店.

[2] 足立修一（2016）制御工学の基礎，東京電機大学出版局.

[3] 石村貞夫・石村園子（2008）増補版　金融・証券のためのブラック・ショールズ微分方程式，東京図書.

[4] 伊藤清（1963）確率論，岩波書店.

[5] 伊藤清三（1963）ルベーグ積分入門，裳華房.

[6] 岩沢宏和（2012）リスクを知るための確率・統計入門，東京図書.

[7] キャンベル，J. Y.，ロー，A.W.，マッキンレイ，A.C.（祝迫得夫，大橋和彦，中村信弘，本多俊毅，和田賢治訳）（2003）ファイナンスのための計量分析，共立出版.

[8] 楠岡成雄・青沼君明・中川秀敏（2001）クレジット・リスク・モデル—評価モデルの実用化とクレジット・デリバティブへの応用，金融財政事情研究会.

[9] 国沢清典（1982）確率論とその応用，岩波書店.

[10] 国沢清典（編）（1996）確率統計演習 1 確率，培風館.

[11] 齋藤正彦（2006）微分積分学，東京図書.

[12] 佐藤茂（2013）実務家のためのオプション取引入門，ダイヤモンド社.

[13] 佐藤坦（1994）はじめての確率論 測度から確率へ，共立出版.

[14] 沢木勝茂（1994）ファイナンスの数理，朝倉書店.

[15] ジョン ハル（三菱証券商品開発本部訳）（2005）フィナンシャルエンジニアリング：デリバティブ取引とリスク管理の総体系，金融財政事情研究会事情研究会.

[16] 竹内啓（1982）偶然と必然，東京大学出版会.

[17] ダフィー，D.（山崎昭・桑名陽一・大橋和彦・本多俊毅訳）（1998）資産価格の理論　株式・債権・デリバティブのプライシング，創文社.

[18] 束野仁政（2023）量子コンピュータの頭の中—計算しながら理解する量子アルゴリズムの世界，技術評論社.

[19] 津野義道（2002）ランダム・ウォーク 乱れに潜む不思議な現象，牧野書房．

[20] 鶴見茂（1964）確率論，至文堂．

[21] テル・ハール，D.（田中友安・池田和義訳）（1960）熱統計学Ⅰ，みすず書房．

[22] デュレット，R.（今野紀雄・中村和敬・曽雌隆洋・馬霞 訳）（2012）確率過程の基礎，シュプリンガー・ジャパン（丸善出版）．

[23] 東京大学教養学部統計学教室（編）（2024）統計学入門（45刷），東京大学出版会．

[24] 東京大学教養学部統計学教室（編）（1992）自然科学の統計学，東京大学出版会．

[25] 長井英生（1999）確率微分方程式，共立出版．

[26] 成田清正（2020）計算と例題で「なるほど」と分かる確率微分方程式，共立出版．

[27] 原島鮮（1978）（改訂版）熱力学・統計力学，培風館．

[28] 一松信（1981）解析学序説 上巻，裳華房．

[29] 一松信（1982）解析学序説 下巻，裳華房．

[30] ファーロウ，S.J.（伊理正夫・伊理由美訳）（1996）偏微分方程式 科学者・技術者のための使い方と解き方，朝倉書店．

[31] 福島正俊・石井一成（1996）自然現象と確率過程 増補版，日本評論社．

[32] 藤田岳彦（2010）弱点克服 大学生の確率・統計，東京図書．

[33] 藤田岳彦（2017）新版 ファイナンスの確率解析入門，講談社．

[34] 俣野博・神保道夫（2024）熱・波動と微分方程式，岩波書店．

[35] 松原望（2024）改訂版 入門ベイズ統計，東京図書．

[36] 松原望（1985）新版 意思決定の基礎，朝倉書店．

[37] 松原望（2017）ベルヌーイ家の遺した数学，東京図書．

[38] 松原望（2011）ベルヌーイ家の人々 －物理と数学を築いた天才一家の真実－，技術評論社．

[39] 松原望・森本栄一（2023）わかりやすい統計学―データサイエンス応用，丸善出版．

[40] 松原望・山村吉信翻訳（2016）ファイナンスのための統計学―統計的アプローチによる評価と意思決定―，東京図書．

[41] 三村征雄編（1955）大学演習 微分積分学，裳華房．

[42] 宮本宗実（2004）統計力学 数学からの入門，日本評論社．

[43] 森村英典・木島正明（1991）ファイナンスのための確率過程，日科技連

出版社.

[44] 吉田耕作・加藤敏夫（1961）大学演習 応用数学Ⅰ，裳華房.

洋書

[45] Bernoulli, J., Sylla, E.D.（2005）The art of conjecturing, together with Letter to a friend on sets in court tennis, Johns Hopkins University Press.

[46] Breiman, L.（1968）Probability, Addison-Wesley Educational Publishers Inc.

[47] Chow, Y.S., Robbins, H. and Siegmund, D.（1991）The Theory of Optimal Stopping, Dover.

[48] Cuthbertson, K., Nitzsche, D.（2001）Financial Engineering: Derivatives and Risk Management, Wiley.

[49] Feller, W.（1971）An Introduction to Probability Theory and its Applications, Volume2, Second Edition, Wiley.

[50] Flarend, A., Hilborn, R.（2022）Quantum Computing, Oxford University Press.

[51] Itô, K., McKean, H. P. Jr.（1996）Diffusion Processes and their Sample Paths, Springer.

[52] Karatzas, I., Shreve, S.E.（1997）Brownian Motion and Stochastic Calculus（Second Edition）Springer.

[53] Karlin, S., Taylor, H.E.（1975）A First Course in Stochastic Processes（Second Edition）Academic Press.

[54] Lai, T.L., Xing, H.（2008）Statistical Models and Methods for Financial Markets, Springer.

[55] Mumford, D., Desolneux, A.（2024）Pattern Theory, A K Peters/CRC Press.

[56] Musiela, M., Rutkowski, M.（2005）Martingale Methods in Financial Modelling, Springer.

[57] Øksendal, B.（2002）Stochastic Differential Equations An Introduction with Applications（5th Edition）Springer.

[58] Parzen, E.（1960）Modern Probability Theory and Its Applications, Wiley.

[59] Royden, H.L.（1978）Real Analysis（Second Edition）Macmillan Library Reference.

[60] Spitzer, F.（1964）Principles of Random Walk, Springer.

[61] Williams, D.（1991）Probability with Martingales, Cambridge.

学習用項目別事項索引

⇒：参照，　　ff：以降，　　HP は必ずしも参照していない．

数字・欧字

$1/n$ 法則	80
1 対 1 変換	94
2 次元正規分布	84, 87
⇒ 正規分布	
2 次の平均収束	188
2 次変分	167, 169
2 次変分有界	167
3 次, 4 次のモーメント	29, 30
⇒ モーメント	
Doob の不等式	178
$dt, dW(t)$ で表す	192
E-V 分析	28
Feynman-Kac の公式	
⇒ HP	
Fokker-Planck	161
F 分布	56
i.o.	128
liminf	129
limsup	128, 129
$n \to \infty$	136
NORM.S.DIST	33
⇒ 正規分布	
O.U. 過程	205
⇒ オルンスタイン-ウーレンベック過程	
t 分布	56
σ(集合)体	122
σ 代数	122

ア行

アインスタイン	157
イールド	234
——カーブ（曲線）	235
逆——	235
順——	235
一様可積分	139
一様分布	56
伊藤過程	193
伊藤の確率積分	84, 190ff
⇒ 確率積分	
伊藤の公式	97, 137, 167, 184ff, 193ff, 195, 224, 231
イベント件数	256
ウィーナー	157
ウィーナー過程	97
⇒ ブラウン運動	
上向き横断数	178
エルゴード仮説	140
エンタングル状態	74
エントロピー関数	39
オッズ	3
⇒ 見込み	
オプション	221ff, 252
——価格	221
コール・——	221, 223, 253
プット・——	221, 222, 253, 263, 264
重み　17	
オルンスタイン-ウーレンベック過程	184, 205, 231, 233

カ行

概収束	130, 134ff, 135, 139
カイ 2 乗分布	56
ガウス	45
下極限	129
拡散	
——過程	112
——方程式	160, 161
⇒ HP	
確信の度合い	3
確率	1ff, 120
——1	135, 177
——過程	1ff, 58ff, 96ff, 153ff
——空間	124
——収束	134ff, 136, 139
——積分	97, 107, 128, 137, 157, 184ff, 187
——測度	10, 121
⇒ 測度も見よ．	
——の意味	1ff
——の公理	124
——の公理的定義	9
——の定義	4
——微分	157, 167, 194
——微分方程式	97, 167, 184, 195, 200ff, 220ff, 230
——分布	12ff, 28, 35ff
⇒ 分布	
——変数	2, 12ff, 58
——密度関数	16
重ね合わせ	74

索　引　273

可算無限　　121, 122, 123
可測　　　　　　172
　——関数　　　　12
　——事象　⇒ 事象
　——集合　　122, 132
株価　　　　　　163
株式利得率　　　63
可付番無限　⇒ 可算無限
カメロン-マルティンの
　定理　　　　214
カラテオドリ　　153
関数解析　　　137
関数空間論　　137
完全加法(性, 族)　128,
　　　121, 122, 172
感応度　　261, 263, 264
ガンマ　　　　229
　——関数　　　54
　——分布　16, 55, 83
関連　　　　　　77
幾何学的確率　　5
幾何ブラウン運動
　196, 224, 247, 248, 260
幾何分布　　　53
期間構造　234, 262, 264
期待値　4, 17, 17ff, 21, 22,
　　　51, 68, 97
　条件付——　⇒ 条件付
逆イールド　⇒ イールド
逆三角関数　　118
逆正弦法則　97, 108, 115ff
客観説　⇒ 頻度説
吸収壁　　　　108
共通部分　　　9
強度　　　　42, 257
共分散　61ff, 71, 72, 163,
　　　190
　分散——行列
　⇒ 分散共分散行列

極限　　　　　134
極限定理　　　120ff
ギリシア文字　　229
ギルサノフ(の定理)　211,
　　　214, 256
金利感応度　⇒ 感応度
空事象　⇒ 事象
偶然の理論　　6
計数過程　　　256
継続時間　　　110
径路　　99, 100, 164
ケトレー　　　45
原始関数　　　185
原資産　　　　222
原点復帰　100, 108, 112ff
広義に　　　　150
格子モデル　　105
構造型(アプローチ)　242ff,
　　　244, 260
公理論的確率　　128
コール(・オプション)
　　　221, 223, 253
　——(価格)評価式　237,
　　　238
　⇒ オプションも
ゴルトン　　45, 49
コルモゴロフ
　——の後向き方程式
　　　218, HP
　——の拡張定理　153
　——の不等式　149
　——の前向き方程式
　　　218, HP
根元事象　　　7
コンボリューション　14,
　　　15, 81ff

サ行

債権価格　221, 234, 258,
　　　259, 264
サイコロ　　　81
最小の完全加法族　133
再生的(性)　　84
裁定　　　209, 214
サイバネティクス　158
細分化　　　　170
債務不履行　　242
シグモイド型　33, 137
時系列データ　　63
時系列分析　　58
試行　　　　　7
資産　　　　　244
指示関数　　　258
事象　　　7, 60, 120
　可測——　　　122
　空——　　8, 125
　積——　　　8
　排反な——　　8
　補——　　8, 125
　和——　　　8
指数関数　　　16
指数成長型　　200
指数分布　35, 42, 52
自然対数の底　40
シミュレーション　141
ジャンプ項　　260
集合族　　　　122
収束　　　　　134
　概——　⇒ 概収束
　確率——　⇒ 確率収束
　平均——　⇒ 平均収束
　法則——　⇒ 法則収束
収束定理　　　108
収束部　　　　130
周辺
　——確率　　　81

――（確率）分布　14, 61, 70, 77
――確率密度関数　61
主観説　2
樹形図　103, 105
順イールド　⇒ イールド
瞬間短期金利　231
順序統計量　69
上極限　128
条件付
　――確率　104
　――確率分布　33, 66
　――期待値　33, 67, 92
　――請求権　221, 222
　――分散　33
情報とは切り方 𝓕　170
信用スプレッド　264
信用リスク　242ff, 251, 256, 261
信用リスク評価　242ff
酔歩　⇒ ランダム・ウォーク
裾　29
スプレッド　259
スポットレート　236
正規性　162
正規分布　16, 35, 45ff, 53
　2次元――　84, 87
　対数――　48
　多次元――　72
　標準――　16, 33, 46, 227
　――表（NORM.S.DIST）　33, 146
請求権　221
生成　132
積事象　⇒ 事象
積の法則　10
積分　186
積分可能　165
積分不可能　166

絶対連続　16
ゼロクーポン債　221, 232, 234
尖度　30, 51
全微分　186, 193
相加平均　80
相関
　――係数　61ff, 65
　無――　64, 78, 88
総資産額　263
増大する情報系　170
相対頻度の極限　2
族　122
測度　16, 121
　――変換　213
　確率――　10, 121
　ルベーグ――　10, 153

夕行

対数正規ブラウン運動
　⇒ 幾何ブラウン運動
対数正規分布　⇒ 正規分布
大数の法則　18, 80, 140ff
　――の強法則　130, 140, 143
　――の弱法則　140, 141, 143
大標本理論　140
宝くじ　6
多項式の確率微分　195
多次元　58
　――確率変数　58
　――正規分布　72
　――ブラウン運動　199, 215
たたみこみ
　⇒ コンボリューション
短期金利　230, 232
単純ランダム・ウォーク

　⇒ ランダム・ウォーク
単調性　126
チェビシェフの不等式　27, 140, 142, 149
　⇒ 不等式も
逐次分析　107
中心極限定理　49ff, 98, 140, 145, 163
超幾何分布　53
長期金利　232
長期的な平均金利　231
調和級数　131
つき　115
停止時間　111ff
定数変化法　206
テイラー展開　194
デフォルト　242ff
　――確率　246, 249, 262
　――強度　258, 259
　――距離　250, 263
　――件数　260
デルタ　229
同時
　――（確率）分布　14, 60, 65, 70, 77, 81
　――密度関数　87
等長性　189
等比級数　131
独立（性）　59, 76ff, 82, 88
　――確率変数　76ff
独立増分　162
ド・モアブル　36, 45
ド・モアブル-ラプラスの
　定理　49, 146
ド・モルガンの法則　8
ドリフト　39, 159
トレンド　226

ナ行

二項定理	37
二項分布	13, 35, 36, 52, 53, 83, 98
任意停止(抽出)定理	111, 174, 175, 176

ハ行

排反な事象	8
破産問題	107, 108ff, 108, 174
バシチェックモデル	230ff, 184, 221
パスカル	6
発散部	130
バナッハ空間	137
ピアソン	45
微分積分学の基本定理	186
微分方程式	97
確率—— ⇒ 確率微分方程式	
偏—— ⇒ 偏微分方程式	
標準化変数	46
標準正規分布 ⇒ 正規分布	
標準正規分布表	146
標準ブラウン運動 ⇒ ブラウン運動	
標準偏差	24ff, 80
平等に確からしい	4
標本空間	7, 60
標本分布	56
ヒルベルト空間	137
頻度(説)	2
フィルター	171
フィルトレーション	169, 170
ブール代数	122

ブールの不等式	127, 128
フェルマー	6
負債	244
プット(・オプション)	221, 222, 253, 263, 264
⇒ オプションも	
不等式(以下，各項)	
⇒ コルモゴロフの不等式	
⇒ チェビシェフの不等式	
⇒ ブールの不等式	
負の二項分布	54
部分積分	192
ブラウン	157
ブラウン運動(標準)	58, 72, 93, 97ff, 103, 107, 128, 137, 157, 159, 162, 188, 248, 254, 256
——の径路	164
幾何—— ⇒ 幾何ブラウン運動	
多次元——	199, 215
標準——	248, 256
ブラウン橋	201
ブラック-ショールズ	97
——のオプション(価格)決定式	197, 204, 205
——モデル	221ff
プレミアム	227
分散	24ff, 26, 51, 79, 97
和の——	62
分散共分散行列	72, 89
分布(以下も見よ)	138
⇒ F分布	
⇒ t分布	
⇒ 一様分布	
⇒ ガンマ分布	
⇒ 指数分布	

⇒ 正規分布	
⇒ 対数正規分布	
⇒ 超幾何分布	
⇒ 二項分布	
⇒ 負の二項分布	
⇒ ベータ分布	
⇒ ベルヌーイ分布	
⇒ ポアソン分布	
⇒ 待ち時間分布	
ペイオフ(精算)	222
平均回帰係数(速度，性)	231, 232
平均収束	134ff, 137, 139
ベイズ統計学	3
ベータ関数	55
ベータ分布	55, 180
ベルヌーイ	36, 142
ベルヌーイ分布	19
偏差値得点	48
偏微分方程式	231
ポアソン	40, 82ff
ポアソン過程	42, 257
ポアソン分布	13, 35, 40, 52, 83
法則収束	134ff, 137
ポーカー	5
保険金支払い不能	261
補事象 ⇒ 事象	
ボラティリティ	17, 159, 226, 231, 251, 263
ポリヤのつぼ	107, 179
ボレル	122
ボレル-カンテリの補題	128, 130, 140, 150

マ行

待ち時間(分布)	44, 54
マルコフ過程	97
マルチンゲール	67, 97,

276 　索　　引

	102, 103, 106, 123,
	157, 171, 173, 180
——収束定理	176
——性	106
——測度	57
——理論	33
指数——	197
同値——	107
満期時点	222
満期までの時間	234
見込み	3
密度関数 ⇒ 確率密度関数	
無記憶性	44
無限回起こる	128
無裁定	214
無相関 ⇒ 相関	
無リスク金利	264
無リスク資産	228
メッシュ	171
モード	29
モーメント	28ff, 50
——母関数	14, 15, 31,
	50ff, 82, 146
3次の——	29
4次の——	30

ヤ行

有界変分	167
有限加法性	128
有限加法族	123
尤度	57
誘導型アプローチ	256
尤度比	57, 107, 209, 213,
	214
尤度比と同値マルチンゲール変換	214
ゆらぎ	159
余事象 ⇒ 事象	
予測術	6

ラ行

ラジアン法	118
ラドン-ニコディム微分	
	57, 107, 214
ラプラス	6, 36, 45
——の定義	4, 13, 128
ランジュバン方程式	205
ランダム	76
ランダム・ウォーク(単純)	
	1, 19, 39, 59, 93, 96, 97,
	99, 115, 172, 174ff, 231,
	245, 247

リード	115
離散(型)確率分布	13, 25
リスク指標	229
リスク中立確率	214
量子コンピューティング	
	74
累積分布関数	32ff, 33, 137
$\sqrt{n}$ 法則	80
ルベーグ	122
——可測	153
——測度 ⇒ 測度	
連続	165
連続(型)確率分布	16, 25
連続関数	165
連続性	127, 164
連続複利	236
ロイヤルストレートフラッシュ	5

ワ行

歪度	29, 48, 51
和事象 ⇒ 事象	
和の分散 ⇒ 分散	
和の法則	9
割引ファクター	259

索　引　277

■編著者紹介

松原　望　東京大学名誉教授

1942 年　東京生まれ
1966 年　東京大学教養学部基礎科学科卒業
　　　　　文部省統計数理研究所・研究員
　　　　　スタンフォード大学大学院博士課程（統計学専攻），同 Ph.D 取得
　　　　　筑波大学社会工学系助教授
　　　　　エール大学政治学部フルブライト客員研究員
　　　　　東京大学教養学部（社会科学科）・大学院総合文化研究科教授
　　　　　同大学院新領域創成科学研究科教授
　　　　　上智大学外国語学部（国際関係論副専攻）教授
　　　　　聖学院大学大学院政治政策学研究科教授
　　　　　主な著書・編書
　　　　　『統計学入門』共著（東京大学出版会），『ベイズ統計学概説』（培風館）
　　　　　『統計学 超入門』（技術評論社）
　　　　　『わかりやすい統計学——データサイエンス基礎』，同応用（丸善）
　　　　　著者のインターネットサイト　https://www.bayesco.org/top/books/stocpr

■著者紹介

山中　卓

2006 年　東京大学理学部数学科卒業
2011 年　東京大学大学院情報理工学系研究科数理情報学専攻博士課程修了．
　　　　　博士（情報理工学）
現　在　青山学院大学理工学部数理サイエンス学科准教授

小船幹生

2014 年　京都大学理学部物理学科卒業
2018 年　京都大学大学院理学研究科・理学部　物理学・宇宙物理学専攻
　　　　　博士課程退学
現　在　統計学やデータサイエンスの研究・教育に携わる

改訂版　入門 確率過程　　　　　　　　　　　　　Printed in Japan

2003 年 11 月 25 日　　初　版　第 1 刷発行　　　©Nozomu Matsubara,
2025 年 1 月 25 日　　改訂版　第 1 刷発行　　　　Suguru Yamanaka,
　　　　　　　　　　　　　　　　　　　　　　　　Mikio Kofune 2003, 2025

編著者　松原　望　　著者　山中　卓・小船幹生
発行所　東京図書株式会社
〒102-0072　東京都千代田区飯田橋 3-11-19
振替 00140-4-13803　電話 03(3288)9461
http://www.tokyo-tosho.co.jp/

ISBN 978-4-489-02431-3